Anatoli Asolski   Die Zelle

ROMAN

ANATOLI ASOLSKI

Die Zelle

Aus dem Russischen übertragen von Andreas Tretner

Reclam Verlag Leipzig

Gefördert vom Literarischen Colloquium Berlin mit Mitteln
des Auswärtigen Amtes und der Senatsverwaltung für Wissenschaft,
Forschung und Kultur Berlin.
Die Arbeit des Übersetzers wurde durch das
Sächsische Staatsministerium für Wissenschaft und Kunst gefördert.

Die Originalausgabe (»Kletka«) erschien 1996 in Novyj mir,
Heft 5–6.

1. Auflage, 1999
© Reclam Verlag Leipzig 1999
»Kletka« © Anatoli Asolski 1996
Alle deutschen Rechte vorbehalten
Buchgestaltung von Matthias Gubig, Berlin
Schutzumschlag unter Verwendung der Zeichnung »Hunger«
von Pawel Filonow (1925)
© Russisches Museum, St. Petersburg
Fotografie des Autors von Renate von Mangoldt, Berlin
Gesetzt aus Joanna MT von Peter Conrad, Brandis
Gedruckt und gebunden von Ebner Ulm
Printed in Germany

ISBN 3-379-00770-6

1

Mit dem Fingernagel öffnete der geübte Dieb das Türschloß und betrat eine Wohnung, die kaum gute Beute versprach: Wie in allen Häusern Petrograds war es kalt und karg, der Novemberregen schlug gegen die trüben Scheiben und überschwemmte das Fensterbrett; doch wies ein untrüglicher Instinkt den Weg zum Schrank, wo sich immerhin einiges fand. Damenpumps und Überschuhe, Wäsche und Kleider wurden in den Sack gestopft, dazu Täßchen und Löffelchen und allerlei unangenehm klirrendes, offensichtlich medizinisches Gerät: diverse Messerchen, Feilchen, Zängchen und Hämmerchen (*Dem vorzüglichen Chirurgen Barinow L. G. vom Revolutionären Militärrat*). Prompt weckte das Klirren den Säugling im Kinderbettchen, welcher quäkte und auf die Nerven ging, und als der Dieb seiner Beute zuletzt noch das Deckbettchen einverleibte, nachdem er den plärrenden Winzling männlichen Geschlechts herausgeschüttelt hatte, war dessen gellendes Geschrei in der ganzen Wohnung zu hören, die daraufhin eilends verlassen wurde; dem stand jedoch der Sack im Weg, der von Diebesgut so prall gefüllt war, daß er sich in der Tür verkeilte, also mußte die Flucht durch das Fenster erfolgen. Von der Kälte und der Zugluft wehklagte der Säugling nun beinahe wie ein Großer, und der Dieb bedauerte es, daß sämtliches zu Hieb und Stich geeignete Instrumentarium im Sack verstaut war und er nicht wußte, wie dem Schreihals das Maul stopfen. Darum also (so klärte sich vor Gericht) erwürgte er den Säugling und sprang dann aus dem ersten Stock auf die Straße, wo er kurz darauf gefaßt und beinahe in Stücke gerissen wurde; den Säugling hielt man zu diesem Zeitpunkt für tot. Die herbeigeeilte Mutter sank weinend auf den kleinen, blauen Körper nieder, schob ihn sich unter die Jacke, in die warme, dunkle Höhle zwischen ihren Brüsten hinein – und das Kind gab Lebenszeichen von sich, wurde zum zweiten Mal geboren, aber eigentlich zum dritten Mal, denn dem Bottich, wohin man die ausgeschabten Föten rutschen läßt, war es wie durch ein Wunder entkommen: Einzig dem Vater hätte sich die Mutter zur Abtreibung anvertrauen können, und den hatten sie zur rechten Zeit gegen Denikin ins Feld geschickt. So kam es, daß der herangewachsene Wanja Barinow weder im August noch im November seinen Geburtstag feierte, es überhaupt mied, ihn zu erwähnen; später dann starb er so viele Tode, wurde so oft ins Leben zurückgeholt und wiedergeboren, daß er ganz den Überblick verlor; »Zwanzigstes Jahrhundert!« pflegte Iwan Barinow auf die Frage nach seinem Geburtstag zu antworten, da er nicht umhinkam, unter verschiedenen Namen zu leben, immer mit dem passenden Ausweis zur Hand, und sein Lachen klang nervös. Getauft worden war er in einer kleinen Kirche auf dem Bolschoi Sampsonjewski, wie in alten Zeiten der Karl-Marx-Prospekt geheißen hatte; die Mutter schenkte dem Flehen der gläubigen Verwandtschaft Gehör und trug das Kind ins Gotteshaus, welches wenig später von den Atheisten geschleift wurde. Dagegen konnte das Haus, in dem Iwan geboren wurde, schwerlich untergehen, es war für kommende Zeiten gebaut, weder die kühnen Projekte des Stadtbauamts noch die Dekrete der neuen Machthaber konnten ihm etwas anhaben, die Wohnung selbst widerstand eisern allen Wohnraumverdichtungskampagnen, denn in jeder Kommission, gleich wie revolutionär, saßen Frauen, denen der Revolutionschirurg Leonid Grigorjewitsch Barinow Märchen zu erzählen wußte, von ihnen hatte er zehn an jedem Finger, darunter auch die Praktikantinnen, die er an der Militärmedizinischen Akademie Leichen zu zerschnippeln lehrte. Iwans Mutter, Jekaterina Ignatjewna, entstammte einer Familie, die zum Zerschnippeln, Zersägen und sonstigen Zerstören keinerlei Neigung hatte, nicht nach ihr kam der Junge, der seine Händchen gar nicht oft genug nach der Tischdecke ausstrecken konnte, um sie vom Tisch zu reißen, und nach der Tapete, um sie herunterzufetzen; es kam vor, daß er sich mit seinen Milchzähnchen in des Vaters Hosenbein verbiß, und das Spielzeug, das die Gäste ins Haus brachten, wurde zunächst auf Festigkeit geprüft, indem er mit ihm gegen die Wand hämmerte; später, als Iwan breitbeinig durch die Wohnung zu tappen begann, lernte er, es akkurat in alle Einzelteile zu zerlegen. Bücher, dies sei angemerkt, zerrupfte er mit Vorliebe, weshalb der Vater Regale errichtete, die so hoch waren, daß auch der zehnjährige Iwan nicht an sie herankam, der durchaus schon den Drang nach Wissen verspürte und in Prügeleien mit älteren Jungen nicht selten die Oberhand behielt. Wie ihr Raufbold an die Kandare zu nehmen war, wußten sich die Eltern keinen Rat, darum war der Jubel groß, als eines Tages ein entfernter Verwandter des Vaters vor der Tür stand, der Petrograder Fabrikarbeiter Pantelej, eben aus dem Gouvernement Saratow zurück, wohin er entsandt worden war, einen Kolchos zu gründen, der im selben Moment zerfiel, als man den Bauern zugestand, ihre Rotbunten aus der genossenschaftlichen Herde heimzuholen; diese kurze Periode der Nachgiebigkeit war zuviel für den Petrograder Arbeiter, zum Zeichen des Protestes trollte er sich nach Hause, racheschnaubend, und ließ, von Iwans Eltern unbemerkt, seinen Haß gegen den Privatbesitz an Grund und Boden und seine Verachtung für die neuen Moden auf die Pobacken des Jungen niederprasseln. Die Zähne zusammengebissen, reckte Wanja dem schwirrenden Riemen gehorsam sein wutentbranntes Hinterteil entgegen, irgendwie stachelte ihn diese Auspeitschungsprozedur sogar an; und so sollten Vater und Mutter nie davon erfahren, daß Pantelej ihren Sohn tagtäglich züchtigte: Wanja schwieg, Wanja lernte, den Schmerz hinzunehmen, zu ertragen – und war verwundert, als er merkte, daß er von den Schlägen der Altersgefährten, mit denen er sich inbrünstig drosch, keine Schmerzen spürte, während sich bei einem Klaps der Mutter der Körper krümmte vor Pein. Schmerzen gibt es verschiedene – so die Mutmaßung, zu der er gelangte –, und am leichtesten waren Schläge zu ertragen, die man im Kampf gegen Feinde einsteckte, Jungen aus der Nachbarschaft, die so waren wie er. Den Haß gegen Pantelej staute er in sich auf; nach Ende der Züchtigung und geheucheltem Ach und Weh knöpfte er sich die Hosen zu und ging seelenruhig ins Nachbarzimmer, seine Schulaufgaben zu erledigen, vergessen war die pädagogische Séance, die den Eltern, hätten sie davon Wind bekommen, natürlich gegen den Strich gegangen wäre – doch hatten die mit ihren eigenen Freuden und Leiden genug zu tun. Der Vater war zu jener Zeit gerade wegen »fehlerhaften Umgangs mit der weiblichen Belegschaft« von der Akademie geflogen, was die Mutter bei den kurzen und heftigen Familienkrächen hohnlachend in Erinnerung zu bringen pflegte. Doch ahnte Iwan, noch bevor er ganz erwachsen war, daß man die Mutter genausogut eines gewissen Umgangs mit der »männlichen Belegschaft« hätte bezichtigen können, mit ihrer Schönheit und anhaltenden Jugend stach sie die ge-

: 8 :

samte Leningrader Weiblichkeit aus, die Männer machten ihr Platz, wenn sie einen Laden betrat. Das Wort ›Akademie‹ schien der Familie irgendwie anzuhängen, kaum hatte der Vater die Militärmedizinische verlassen, kam die Mutter als Bibliothekarin an der Artillerieakademie unter; die dort studierenden Kommandeure (gespornt und gestiefelt durch die Bank) geleiteten die Mutter in Scharen bis vor die Haustür, wozu die Studentinnen des Instituts, an dem der Vater nun lehrte, nicht den Mut hatten. Selbst auf der Elternversammlung in der Schule erschien die Mutter mit akademischen Rotgardisten im Gefolge, und von dort kam sie einmal voller Entrüstung nach Hause. »Unser Herr Sohn will in den Zirkus!« schrie sie dem Vater noch von der Schwelle entgegen, der aber brummte nur und grinste vergnügt: Der Sohn schnitt dem pädagogischen Personal Grimassen, bespritzte sich mit Tinte, fragte den Direktor, mit welcher Opposition er denn sympathisiere, der rechten oder der linken – so daß der Politstellvertretende die verblüffende Frage gestellt hatte, ob es sein könne, daß er, Barinow, und seine Frau schlechte Erziehungsarbeit leisten. Die Mutter, Kaufmannstochter aus Pensa, war zur Arroganz gegenüber aller provinzieller Possenreißerei erzogen, der Vater hingegen schmetterte Opernarien. Freilich kam der mütterliche Verdruß Pantelej zu Ohren, dessen Riemen immer öfter über den auf dem Diwan hingestreckten Jungen tanzte und ihn lehrte, Ehrabschneidern trotzig die Stirn zu bieten, mochten sie auch in der Überzahl sein. Vermutlich überspannte Pantelej den Bogen, und den Bengel in die Herde zu pressen, hätte er ohnehin nicht vermocht, vor jeder Exekution nahm er ein Gläschen zu sich, manchmal auch zwei, er soff sich zugrunde und starb, drei Jahre bevor sie im Smolny sein Idol um die Ecke brachten, seinen Herrn und Wohltäter, Kirow. Iwan wurde endlich in Ruhe gelassen, sein Mittagessen bereitete er sich selbst, das Kochbuch in der Hand, dem er mehr traute als der Mutter, die häufiger vor dem Spiegel stand als am Herd; das Buch hatte die Mutter aus der Artillerieakademie mitgebracht, eine Ernährungsinstruktion für Armeeköche inklusive Rezepten, irgendwie nach Männerkörpern riechend, die in Paradeuniformen steckten und wacker, mit klappernden Stiefeleisen und klirrenden Sporen, über das Pflaster marschierten. Es gab noch andere Bücher, die Studenten der Akademie fütterten Iwan damit wie ein Hündchen, und eines davon, es hieß ›Algebra‹, beeindruckte ihn so, daß er Hof und Kino darüber vergaß, stundenlang saß er zu Hause und guckte an die Wand, überwältigt von dieser sonderbaren Entdeckung: Plötzlich stellte sich heraus, daß man Menschen, Gegenstände, Phänomene, Begebenheiten, Schmerz und Freude so weit abtöten, austrocknen, in etwas Unbestimmtes verwandeln konnte, daß sie mit den Buchstaben des lateinischen Alphabets zu bezeichnen waren, und ob es 7 Tintenfässer im Klassenraum gab oder 12, alle steckten sie nun im Symbol ›a‹, darin ließen sich so viele Tintenfässer, Kolchoskühe und Straßenbahnen unterbringen, wie man wollte – so ein gefräßiges, alles in sich hineinsaugendes Buchstäbchen war das und trat immer zusammen mit einem zweiten auf, so daß Hammel (›a‹) und Geflügel (›b‹) zusammen einen Viehbestand bilden konnten, an dem schon kein Gackern und Blöken und Scharren mehr festzustellen war, nicht Zottelpelz noch flatterndes Gefieder: Alles kam in einen Topf, und an dem stand ›c‹. Je nach Aufgabenstellung konnten die drei Symbole auch als Geld in Erscheinung treten, in Rubeln und Kopeken, aber was man dafür im Laden wirklich zu kaufen bekam, wo es doch auch noch diese Lebensmittelkarten gab, blieb schleierhaft, und Wanja, wie von Sinnen, starrte an die Wand, stand furchtsam auf, stahl sich zum Fenster, sah den Brotladen, der geschlossen war wegen Renovierung, sah die Leute eilen ... Womöglich existierten sie ja gar nicht? Sym-

: 10 :

bole, die an Symbolen vorüberhetzten! Und seine Hand berührte das Fensterbrett, betastete es, spürte, wie hart und glatt es war, seine Augen sahen die weiße Farbkruste. So geschah es noch manchen Tag: Iwans Augen, Ohren und Hände tasteten über die Dinge, seine Nase erschnüffelte die Gerüche der Wohnung, die Duftnoten des Hofes, seine Finger glitten über spiegelglatte Flächen und über Höcker – bis seine heißen Handflächen eines Tages auf zwei kugeligen Schwellungen zu liegen kamen, den Brüsten von Nataschka aus dem Nachbareingang, und die Hitze strömte hinab in die Beine, den ganzen Körper durchfuhr eine süße Pein, vor der man sich doch hätte in acht nehmen müssen; doch die Rettung schien gleichfalls von Nataschka zu kommen, jenem seltsamen, nicht enden wollenden Schmerz, und die Hände klebten an den beiden Schwellungen fest, unversehens schärfte sich Iwans Geruchssinn, von hinten an Nataschka geschmiegt, sog er den Küchenduft ihrer Haare ein, bekam plötzlich Lust, sich tiefer in sie hineinzupressen, in ihr zu sein, eins zu werden mit ihr. Außer den zwei Halbkugeln in seinen Händen waren die beiden runden Pohälften zu spüren; plötzlich aber bog Nataschka sich nach vorn, stieß Iwan mit diesem Po von sich weg; die Hände glitten wie von selbst von den Hügeln, das Mädchen ging, die Einkaufstasche schwenkend, in einen Laden, während der Junge, glühend vor Scham, allein im kalten Treppenhaus zurückblieb; er haßte Nataschka dafür. Als er dann erwachsen war und etwas von Frauen wußte, hießen alle die, bei denen Männer vor ihrer eigenen kindlichen Scham und ihrem kindlichen Schmerz Zuflucht suchten, für ihn »Nataschka«; vergessen war da längst, daß das Mädchen in ihm jenes glühende Interesse an dem großen Geheimnis der Kugelförmigkeit allen Seins geweckt hatte, ein Rätsel, das ihn damals erst einmal zur Schreibtischlampe trieb; seine Hand fuhr ihr unter den Schirm wie unter ein Kleid und verbrannte sich an der Birne, streichelnd ging die Hand über den heißen Glaskörper, doch bewirkten Hitze und Rundheit nicht diese süße Pein in seinem Körper, nicht diese Wonne, und was Freude war, was Wonne und was Schmerz, ließ sich ohnehin nicht unterscheiden, zu essen machte auch Freude, satt zu sein war allemal angenehmer als zu hungern, einmal aber wünschte er sich derart heftig diesen bohrenden Schmerz herbei, daß er aus der Schule rannte, sich auf das Trittbrett der Straßenbahn stellte, an das andere Newaufer hinüberfuhr und in den Sommergarten schlich, wo, naß vom Herbstregen, die Statuen weiblicher Majestäten standen; er brachte es fertig, die Hände an deren Kugeln zu legen, doch er fühlte nichts, gar nichts, nur harten Stein. Dann fiel ihm die Mutter ein, er dachte an die Kugelformen, aus denen sich ihr lebendiger, warmer, von Blutgefäßen durchzogener Körper zusammensetzte; eines Sonntagmorgens (der Vater hatte Dienst in der Klinik) näherte sich Wanja, den Atem anhaltend, der schlafenden Mutter, zog einen Deckenzipfel beiseite; der tiefe Ausschnitt des Nachthemdes gab den Blick auf zwei rosa Brüste frei, seine Hand berührte die eine, näher zu ihm liegende, doch keine Hitze und kein wohliger Schmerz stellten sich ein, und an der anderen Brust die gleiche Gefühllosigkeit, nicht anders als an der Glühbirne oder am Lampenschirm, der in seinen Ausmaßen über jede Brust hinausging. Ihn packte die Verzweiflung, ein Fünkchen Hoffnung blieb gleichwohl; Wanja überlegte schon fieberhaft, wie er am besten unter die Decke schlüpfen und nach den ovalen Hälften greifen konnte, da fühlte er plötzlich den Blick der Mutter auf sich, sah Aufruhr, Neugier, etwas Spott und Rührung in ihren Augen. Sie zog die Decke zum Kinn, setzte sich auf, Wanja erzählte ihr alles – von Nataschka, von den kalten Frauen im Sommergarten, und die Mutter litt mit ihm, drückte ihn an sich, sagte, daß mit Algebra nicht hinter das Nataschka-Geheimnis zu kom-

: 12 :

men war, hier brauchte es Geometrie und Stereometrie, und die nötigen Bücher würde sie ihm mitbringen, dafür war sie ja Chefin in einer Bibliothek. So groß aber war der Wunsch, unverzüglich dieses Geheimnis zu enträtseln, daß die Bücher von den unteren Borden des Vaters geangelt und zu einem Stapel aufgetürmt wurden, den die Mutter sogleich wieder einriß; die Hand des Jungen konnte gerade noch nach dem ›Lehrbuch der pathologischen Physiologie‹ eines N. N. Annitschkow greifen, Professor der Militärmedizinischen Akademie, und die Mutter versprach es fest: Eine Stehleiter wird gekauft, ganz bestimmt! Noch ehe der Vater sie vom Markt mitbrachte, hatte ein an das Regal herangerückter Tisch Iwan schon Zugang zu den alten Folianten verschafft, ›Aus den Werken S. Exz. Fürst Sergej Michailowitsch‹ stand in Schnörkeln auf einem Titelblatt, sehr zur Erheiterung des wissenschaftlichen Mitarbeiters Nikitin, häufiger Gast und Freund des Hauses, der der Mutter dennoch nahelegte, die aus dem Bibliotheksbestand ausgesonderten Bücher doch endlich zu verbrennen. Zumeist erschien er mit einem Blumenstrauß, den er der Mutter überreichte, bevor er so nüchtern und mit finsterer Miene den Raum betrat wie ein Lehrer das Klassenzimmer, und alle nicht zum Unterricht gehörenden Gespräche waren untersagt; mehr noch, die Anwesenheit eines Kindes, also Iwans, erschien ihm in gleichem Maße schädlich und verwerflich wie die eines Erstkläßlers unter zigarettenrauchenden Sitzenbleibern, so durfte Iwan nicht mit am Tisch sitzen, sondern wurde auf seine Leiter geschickt, wobei keiner wissen konnte, daß Iwans Gehör sich seit Nataschka verfeinert hatte: Das Mädchen trieb sich auf dem Hof herum, schwätzte Dummheiten, die auf der Leiter oben ankamen, wenn das Lüftungsfensterchen offenstand; lautes Reden nahm Iwan nicht wahr, ließ es an sich vorüberrauschen; wo aber geflüstert wurde, hörte Iwan hin, und ohne einstweilen die Worte zu verstehen und ihren Sinn zu begreifen, wußte er schon, daß sie, in ihm verborgen, eines Tages von allein zu sprechen begännen, hervorgeholt von Farben und Gerüchen, die mit dem damals Gehörten korrespondierten. So lebte er, einmal im Verzug und einmal im voraus, die Worte erreichten ihn zeitversetzt, erst ein Jahr nach Kirows Tod würde jenes heutige Gespräch, zwei Zimmer weiter, in ihm heraufklingen. Rußlands Unglück, so versuchte Nikitin den Vater und die Mutter zu überzeugen, komme daher, daß es alleweil vom Sattsein träume, der Drang zum vollen Bauch führe zu Armut, Hunger und Tod, dem also, worin die Geschichte dieses Staates ausschließlich bestehe, dessen Bevölkerung nie und nimmer in der Lage sei, sich zu ernähren, wo die Menge an Nahrung der Anzahl der Esser nicht entspreche und die Machthaber sich deshalb gezwungen sehen, nicht die Masse der Nahrungsmittel zu erhöhen, sondern die Masse der Leute auszuhungern. Revolutionen, Kriege, Machtwechsel seien die besten Wege, den Überlebenden die Ernährung zu sichern, so behauptete Nikitin felsenfest, und die Menschen in Rußland werden auch fürderhin mit allen erlaubten und unerlaubten Methoden gemeuchelt werden, wenn man ihnen nicht die Ration dadurch kürzt, daß man sie ins Gefängnis oder ins Lager steckt, und daran wird sich nie etwas ändern bis in alle Ewigkeit. Jetzt gerade wieder – Nikitin schäumte – probieren es die Bolschewiken, vernichten aus rein politischen Gründen den produktivsten Teil der Landbevölkerung, die sogenannten Kulaken, wobei ja auch dieser Pantelej mit Hand angelegt hat, davon wird das Korn nur noch weniger und der massenhafte Hungertod zur staatstragenden Notwendigkeit, in den nächsten Monaten oder Jahren wird man zur Massenvernichtung der städtischen Bevölkerung übergehen, Verhaftungen stehen bevor, Leningrad wird veröden, das sage ich euch, Zahlen können nun einmal nicht lügen!

Mit solchen Zwangsvorstellungen redete er die Eltern mürbe, und sie pflichteten ihm bei: Ja, man muß vorsichtig sein, darf keine Bekanntschaften mit Leuten pflegen, die unter Verdacht stehen könnten, darf nicht den geringsten Anlaß geben zu ... Während Wanja dem Wüterich zuhörte und gleichzeitig alle seine Worte von sich abprallen ließ, spähte er von der Höhe der Leiter auf den Hof, wo Nataschka beim Wäscheaufhängen war, riskierte auch einen Blick hinüber zu dem Balkon, auf den manchmal eine vergnügte junge Frau in offenstehender Kittelschürze heraustrat, um heimlich vor ihrem Ehemann eine Zigarette zu rauchen; die Welt war so vielfältig, daß kein Buch sie erklären konnte, trotzdem waren die Versuche, alles auf Erden mit einem Wort oder einer Formel zu erfassen, berückend – seltsame, mit dem bloßen Verstand nicht zu begreifende Fäden verbanden Welt und Buch: Maupassant zum Beispiel konnte einen darauf bringen, über das Wesen unendlich kleiner mathematischer Größen nachzugrübeln, jenen stetig schrumpfenden Bereich zwischen der Null und den ihr zustrebenden Zahlen, während Goethes unschuldige Betrachtungen über die Farben des Regenbogens ihn geradewegs an das Fabriktor vom ›Roten Wyborger‹ zu treiben schienen, aus dem, in einer Schar von Lehrlingen, die Schulabgängerin Raja trat, die immer erst erstaunt tat und unschlüssig, um sich dann von den argwöhnenden Gefährtinnen zu verabschieden und Iwan mit nach Hause zu nehmen, wo sie sich küßten, bis ihnen die Sinne schwanden, und das Zahnfleisch tat weh; noch irgendwie anders zur Sache gingen die Mutter und Nikitin, heimlich, in den Wohnungen gewisser Bekannter, worüber der Vater seine Vermutungen hatte, sich jedoch ausschwieg, denn auch die Mutter übersah sein häufiges Fernbleiben geflissentlich, und sowieso wollte es beiden nicht auffallen, daß der wissenschaftliche Mitarbeiter Nikitin den eignen Geboten zuwiderhandelte, pflegte er doch selbst die Bekanntschaft mit verdächtigen Personen – und wenn es nur die Mutter war, die sie aus der Bibliothek gejagt hatten, als ihr kaufmännisches Elternhaus ruchbar wurde, und den Vater hätte er genausowenig kennen dürfen, denn der hatte schon wieder einen Verweis bekommen, wer weiß wofür. Nikitin nannte sich Genetiker und arbeitete im AIP, Allunionsinstitut für Pflanzenzucht, von wo er wahrscheinlich die Daten hatte bezüglich der Menge an Essern respektive an Weizen pro Nase und Mund im Unionsmittel, und seine Prognosen begannen sich zu bewahrheiten, die Verhaftungen hatten begonnen (mit fünfzehn las Iwan längst Zeitung und hörte Radio vor dem Einschlafen), einmal, mitten in der Nacht, wurde Nataschkas Vater abgeholt, der seine Wühltätigkeit gestand, wie das offenbar alle taten, die in Untersuchungshaft saßen, worüber sich die Eltern nicht genug wundern und grämen konnten, während es Nikitin zu höhnischem Gelächter hinriß und der Versicherung: Alle werden sie Geständnisse ablegen und öffentlich bereuen, alle stecken sie unter einer Decke, »ein Folterknecht läßt den anderen zappeln: Hast du etwa Leichen im Keller? ...« Einmal kam er ohne Blumenstrauß und verlangte, die Eltern sollten auf der Stelle abreisen, Leningrad sei zu gefährlich, er brüllte und war so in Fahrt, daß er Iwan gar nicht wahrnahm und sich in seinem Beisein zu der Beschwörung verstieg: »Leonid Grigorjewitsch, Sie kennen mein wahres Verhältnis zu Ihrer werten Gattin, Sie können sich vorstellen, wie ich ohne sie leiden werde, nichtsdestoweniger flehe ich Sie an und bin bereit, mich Ihnen zu Füßen zu werfen: Fahren Sie, solange Sie noch frei und am Leben sind, bitte!« Von diesem inständig wiederholten »bitte!« hallte die ganze Wohnung wider, vibrierend lag es in der Luft und stieß die Eltern immerfort in den Rücken; zwar hatten sie sich seit längerem mit dem Gedanken abgefunden, ihr Leningrad eines Tages verlassen zu müssen, wo beinahe alle Freunde und Bekannten zu Volksfeinden geworden waren – doch wie schwer fiel es, einfach abzureisen und eine solche Wohnung im Stich zu lassen! Nikitin kam nun beinahe täglich und versetzte die Eltern mit immer neuen, unglaublichen Nachrichten in Angst und Schrecken; eine passende Wohnung war übrigens schon gefunden, in Mogiljow, dem Vater eine Arbeit in Aussicht gestellt, die Mutter konnte in einer Schule unterkommen; es gab in Mogiljow einen, der wegzumüssen glaubte und bereit war, die Wohnung zu tauschen. Man fing an zu korrespondieren, die amtlichen Formalitäten waren schnell geregelt, doch irgendeine mächtige Hand schien den Umzug hinauszuzögern; wahrscheinlich will da wer bestochen sein, meinte der Vater, und die Mutter kam auf die Idee: Hatten sie nicht in Mogiljow einen Verwandten sitzen, der Leonid so einiges zu verdanken hatte, sollte der doch mal nachstoßen, gehörte immerhin zu den Stadtvätern, saß im Stadtparteikomitee! Der Vater unterlag ihren Überredungskünsten, schrieb nach Mogiljow, die Privatadresse des Verwandten wußte er nicht, weshalb er seinen Brief an das Parteikomitee schickte, die würden ihre Anführer ja wohl kennen, eine Antwort blieb jedoch aus, auch ein zweites Schreiben schien verlorengegangen und ebenso ein Telegramm, plötzlich aber tauchte dieser Verwandte persönlich in Leningrad auf, mit ihm die ganze Familie. Es klingelte Sturm; der auf seiner Leiter sitzende Iwan nahm selbstverständlich keine Notiz davon, die geheimnisvolle Zahl Pi beflügelte schon seit Monaten seine Phantasie, wie auch die Frau auf dem Balkon mit ihren Papirossy – perfekte Formen waren unwiderstehlich, die Ellipse ließ sich entweder als Ableitung eines Kreises denken oder als dessen Vorform; immerhin konnte er dem Stimmengewirr entnehmen, daß der Besuch die Eltern in freudige Aufregung versetzte, während die Gäste irgendwie gereizt schienen, es eilig hatten und gleich zur Sache zu kommen wünschten. Die Stimmen, erst laut, verstummten alsbald, Gastgeber und Gäste hatten sich zurückgezogen, beim Umblättern fiel Iwans Blick nach unten, da stand am Fuß der Leiter ein schmales Jüngelchen, das scheu zu ihm heraufäugte; dieser Junge war wohl genauso alt wie er, doch Iwan, der rittlings auf der Leiter saß, sah ihn kleiner, gestaucht, mit eingezogenem Kopf, irgendwie mickrig, Iwan thronte so deutlich über dem flachshaarigen Brillenfuchs, daß ein für allemal klar war, wer hier wem unterstand, und der Junge dort unten erkannte Iwans Überlegenheit sofort an, reichte ihm einen schönen, rotbäckigen Apfel hinauf und sagte, er würde ja alle, die in Leningrad wohnten, beneiden, hier gäbe es so viel Verschiedenes, Interessantes ... »Klim!« stellte er sich vor, aus Mogiljow, Iwans Vetter, ersten, vielleicht auch zweiten Grades, das wisse er nicht so genau, die Äpfel seien echte Krimäpfel und schmeckten sehr gut, solche süßen, roten gebe es in Mogiljow aber auch, und ganz so langweilig, wie man sich das vielleicht vorstellte, sei es dort wiederum nicht. Folgte der Bericht über die Mißlichkeiten einer Kindheit: Bis zum Alter von fünf Jahren hatte Klim nicht ohne Krücken gehen können, erst ausgiebige Schlammbäder in Jewpatorija bewirkten Besserung, und glücklicher noch als über die Tatsache, daß er seine Beine endlich gebrauchen konnte, war er gewesen, die Straßen entlangzuhumpeln und sich freuen zu können über die Häuser und die Menschen, weil sie nämlich alle so verschieden waren! Das war es! Keines gleicht dem anderen – kein Mensch, kein Haus, kein Baum, keine Stadt, die Dächer können aus Holz sein, aus Blech, Ziegeln oder Stroh, mit ganz verschiedenen Neigungswinkeln gegenüber den Mauern und dem Pflaster, auf manchen Dächern wächst sogar Gras. Und erst die Fenster! Dahinter gibt es Gardinen verschiedenster Farben, aus verschiedensten Stoffen, verschieden lang, manche verhüllen vor den Passanten, was in den

: 18 :

Zimmern ist, manche ermuntern im Gegenteil, Einblick zu nehmen und zu sehen, wer da wohnt und was er tut: ein Mädchen zum Beispiel, das angestrengt in ihr Schulbuch schaut und dabei auf dem Ende ihres Zopfes herumkaut; überhaupt benehmen sich die Menschen in ihren Behausungen anders als auf der Straße, das hatte er, Klim, schnell heraus, als er damals nah an die Fenster heranhumpelte und den Leuten beim Wohnen zusah, und ach: die Leute! So grundverschieden sind sie, daß das Wort ›Leute‹ die Vielfalt an Formungen und Färbungen gar nicht zu erfassen scheint, keine zwei Menschen, die einander völlig gleichen, irgendeinen Unterschied gibt es immer, in den Gesichtern, im Gang, in der Kleidung. Dabei mußte Klim zugeben: Je verschiedenartiger, verschieden unterschiedlicher ihm die Leute vorkamen, desto mehr wünschte er sich, sie mochten einmal alle gleich aussehen, und tatsächlich war an ihm damals eine Kolonne Rotgardisten vorbeimarschiert: Wie hatte er sich gefreut, sie zu sehen! Alle im gleichen hellgrünen Hemd, auch die Hosen von einer Sorte, anstelle von Hüten und Mützen trugen sie einheitlich graugrüne Kappen und über jeder Schulter anscheinend immer wieder dasselbe Gewehr mit demselben blauschimmernden Bajonett. Diese menschlichen Ebenbilder – eine Augenweide! Nur hielt der Eindruck nicht lange vor, das mit den Ebenbildern stimmte nicht, die immergleichen Blusen schlugen da, wo die Riemen saßen, unterschiedliche Falten, die Bajonette schwankten mal nach hier und mal nach da, die Schuhgrößen schwankten auch, und wenn man den Soldaten in die Gesichter schaute, war sowieso jede Gleichheit dahin, Lippen, Wangen, Kinnpartien, Augen – immer wieder andere, aber (Klim war vertraulich nahe an die Leiter herangerückt) das Verblüffende ist, bei aller augenfälligen Verschiedenheit sind es jedenfalls Menschen, unleugbar Menschen, mit Hunden nicht zu verwechseln, alle Menschen haben zwei Arme, zwei

Beine, eine Nase, zwei Augen, eine Durchschnittsgröße von eins achtundsechzig, und komisch ist auch, daß die Invaliden, die man auf der Straße trifft – Geschöpfe mit nur einem Bein oder einem Arm, Lahme, Taube, Einäugige –, daß alle die nur zu bestätigen scheinen, daß zum Menschen zwei Beine, zwei Arme, zwei Nasenlöcher und so weiter gehören, und mitbekommen hat man diese Ausstattung von den Eltern, aber Unterschiede gibt es auch, die liegen immer woanders, die Brüder von dem Mädchen zum Beispiel, das sich immer auf den Zopf beißt, sehen überhaupt nicht aus wie ihre Schwester, trotzdem haben alle in dieser Familie etwas gemeinsam, etwas, das niemand sonst hat, wobei die, die miteinander verwandt sind, sich meistens Mühe geben, durch irgendwelche äußeren oder inneren Merkmale von ihren Angehörigen abzustechen – diese verblüffenden Beobachtungen hat er, Klim Paschutin, in Mogiljow gemacht, und gehört hat er auch schon von einem gewissen Gregor Mendel, der mit Erbsen experimentierte, um das Geheimnis der ungleichen Gleichheit zu knacken; vielleicht ist Gregor Mendel als Kind auch ein Krüppel gewesen und hat sehnsüchtig denen hinterhergeschaut, die sich leicht und frei bewegen konnten und hurtig auf ihren zwei Beinen davongelaufen sind, kann ja sein ...

: 20 :

Apfelkauend saß Iwan auf der Leiter, hörte sich dieses Geschwätz an und war wütend; die zudringlichen Bekenntnisse des Mogiljower Bübchens verstopften ihm die Ohren, blockierten den ohnehin nur schwach herübersickernden Fluß von Worten, der im elterlichen Zimmer entsprang, dort wurde etwas Wichtiges, auch ihn Betreffendes entschieden; außerdem – das machte Iwan nun fast rasend – hatte dieser Knabe da unten seine Nase in Dinge gesteckt, die ihn, Iwan, schon lange interessierten, seit er nämlich die Findigkeit des menschlichen Gehirns durchschaut hatte, absolut verschiedene Dinge in einen mittels Symbol etikettierten Topf zu werfen, und auch das wußte er nicht erst seit gestern: Davon, daß man die Straßenbahnen aller vorhandenen Linien zum Begriff ›Straßenbahn‹ zusammenfaßte und vom Begriff ›Autobus‹ unterschied, stand jeder einzelne Wagen mit seinem Stromabnehmer nur noch deutlicher vor einem. »Der Apfel ist übrigens faul«, zischte er und sprang so von der Leiter hinunter, daß er den Mogiljower vor die Brust stoßen und einquetschen mußte, diesen mageren Hecht – so schmal und ängstlich, wie er war, konnte der keinem einen Stein ins Fenster werfen und abdampfen, nein, soviel war sicher: Dieser Vetter, egal welchen Grades!, taugte für keine Clique, einmal Krüppel, immer Krüppel, und jetzt rief seine Mogiljower Sippe nach ihm, lauthals, aus zwei Mündern, in der Frauenstimme schien ein Riemen mitzupfeifen, der unerwartete Verwandtenbesuch stand fremd im Korridor, wollte nicht zum Tee bleiben, kein Lächeln zum Abschied, kein freundliches Wort, der Vater, mürrisch, sagte auch nichts, die Mutter lächelte selig, aber diese Marotte kannte Iwan, Unannehmlichkeiten versetzten sie immer in gehobene Stimmung, einmal hatte sie die Bezugsscheine für Graupen verloren und davon einen fürchterlichen Lachanfall bekommen. Die Tür fiel ins Schloß hinter den Verwandten, die Unheil ins Haus gebracht zu haben schienen, und zum ersten Mal im Leben riefen die Eltern den Sohn zum Familienrat, und Nikitin, der es drei Meilen gegen den Wind roch, wenn Gefahr drohte, war auch schon da, hatte mit der Faust gegen die Tür gehämmert, als ob es keine Klingel gäbe. Ihm und dem Sohn wurde eröffnet, daß der Chirurg Barinow im Jahr 1919 mitsamt seinem Lazarett den Weißen in die Hände gefallen war und daraufhin Weiße und Rote bunt durcheinander verarztet hatte (was er später in keinem Fragebogen verschwieg), dort aber, im Hinterland der Weißen, war er auf seinen Schwager gestoßen, den weißgardistischen Offizier Jefrem Paschutin, der heute als angesehener kommunistischer Parteifunktionär Jefrem Paschutin in Mogiljow das Sagen hatte und es nicht nur vorzog, die Barinows nicht zu kennen, sondern auch willens und bereit war, sie dem NKWD auszuliefern, sollten sie es wagen, in die ihm unterstehende Stadt zu ziehen; bei den Weißen, so wurde dem verdatterten Vater mitgeteilt, sei Paschutin lediglich in der Mission eines revolutionären Untergrundkommissars gewesen (»Ha! Humbug!« brüllte Nikitin), und nun unterbreitete man einen Vorschlag zur Güte: Die Barinows vergäßen ihre Mogiljower Verwandten, erwähnten sie nirgends, mit keinem geschriebenen und gesprochenen Wort, und er, Paschutin, behielte die Information für sich, daß Barinow mehr als nur einen Weißen dem Tod entrissen hatte ... Die Mutter lachte schallend, die Wiederbegegnung mit der Stiefschwester, die irgendwann einmal unklarer Umstände halber aus der Familie verstoßen worden war, hatte sie aus der Fassung gebracht, während Iwan das schuldbewußte, Verständnis heischende Lächeln seines Vetters vor sich sah, Klim, benannt zu Ehren des legendären Volkskommissars Kliment Jefremowitsch Woroschilow – klar, der Brillenfuchs aus Mogiljow hatte gewußt, daß seine Eltern nicht mit guter Kunde kamen, und wollte darum Abbitte tun. »Nach Minsk, nach Minsk müßt ihr ziehen!« rief Nikitin, den Tisch umkreisend, und schmiedete bereits wieder an neuen Lebensplänen für die Familie Barinow, plötzlich blieb er stehen, direkt vor Iwan, und fing an, ihm einzuschärfen: Kein Wort zu irgendwem, man mußte äußerst vorsichtig sein, das Land wurde von Geistesgestörten mit unberechenbarem Verhalten regiert, Gangstern, die von klein auf an der Flasche hingen, solchen, um die normale Menschen einen Bogen machten. »Nichts gesehen! Nichts gehört! Keine Ahnung von irgendwas!« wurden Iwan die Grundregeln des Lebens eingebleut, und dann fegte Nikitin zum Bahnhof, eine Fahrkarte nach Minsk zu kaufen, der Zug

: 22 :

ging noch am selben Abend, Vater und Mutter blieben am Tisch sitzen bis in die Nacht, die Hände ineinander verflochten; die alte Liebe, die einst den roten Chirurgen und das Provinzfräulein aus gutem Hause zusammengeführt hatte, strahlte von Stund an in neuem Licht, es war, als hätten die Eltern Nachricht erhalten, von der gleichen tödlichen Krankheit befallen zu sein, und beschlossen, sich ihre letzten Tage nicht mit Zank und Vorwürfen, Nachtdiensten des Vaters und Blumen von Nikitin zu vergällen; der Vater ging ja auf die Fünfzig zu, und auch die Mutter, obgleich sie Männern durchaus noch den Kopf zu verdrehen wußte, begann kaum merklich zu welken; in Iwans Erinnerung würde sich das Bild der Mutter stets mit den Leningrader Weißen Nächten verbinden, sie war ein die Dunkelheit hinausschiebendes Licht; für Nikitin war sie Licht und Dunkel in einem.

Minsk war zum Asylort bestimmt worden, weil der weißrussische NKWD, wie Nikitin vermutete, seinen Hauptschlag nicht gegen Ärzte und Pädagogen führte, eher würden hier Schriftsteller und Dichter von den Tschekisten in die Zange genommen – dafür, daß sie ihre eigene Sowjetrepublik zu sehr in den Himmel lobten; diese Prophezeiungen waren noch nicht eingetroffen, als die Nachricht kam, daß man die Minsker Familie, die in die Leningrader Wohnung der Barinows gezogen war, komplett verhaftet hatte, anscheinend hatte die Wohnung schon auf der Liste gestanden; die Eltern sahen nun, wie recht Nikitin gehabt hatte, als er sie aus Leningrad scheuchte, entsprechend vertrauensvoll wurde Iwan einem Mathematiker vorgestellt, der durch Nikitin bereits von dem Gleichungen jeglicher Ordnung wie Nüsse knackenden Leningrader Schuljungen wußte, und kam unter dessen Fittiche. Iwan wiederum wußte, was er seiner Heimatstadt schuldig war, ihren berühmten, in die Zukunft weisenden Denkmälern; die leeren Augenhöhlen der Skulpturen schauen in alle Himmelsrichtungen und verschieben die Grenzen der Newastadt ins Unermeßliche; Potentaten stützen den Himmel mit stolzer Gebärde, laden sich die Last fremder Verfehlungen auf ihre Schultern; die Hände sind, wo nicht zum Beten gefaltet, versonnen ineinandergelegt oder im autoritären Schwung nach vorn geworfen, die geballte Faust demonstriert, wie man dem Feind an die Gurgel zu gehen oder den Schädel einzuschlagen hat. An der neuen Schule schlug Iwan noch in der ersten Pause einem Mitschüler die Nase blutig, wodurch er sich Respekt verschaffte und Ansehen erwarb in den Augen der stillen weißrussischen Mädchen, »Nataschkas« der Zukunft; der Sohn trat in die Fußstapfen des Vaters, da er, inzwischen Student, Nachtdienste an den Betten unschuldiger, kurzhaariger Komsomolzinnen leistete, wochenlang, bis er irgendwann genug davon hatte; das war, als er bei einer Medizinstudentin nächtigte und eher zufällig ein Biologielehrbuch aufschlug, wo er mit stockendem Herzen von Gregor Mendel las. Dieser Kämpfer an der Klosterfront, wie die Studentin ihn vorwitzig nannte, hatte gelebt wie ein Einsiedler, Amt und Würden erlaubten es ihm nicht, in fremde Fenster zu blicken und die Inneneinrichtung unbescholtener Familien in Augenschein zu nehmen, es gab auch keine Trupps von Soldaten, die in gleichen Käppis oder Helmen an ihm vorbeimarschiert wären, dafür hegte er auf den Klosterbeeten seine Erbsen und seine Zweifel an der Wahrheit des alten Spruchs, dem zufolge Gleiches nur Gleiches gebiert, und an der Natur sich selbst bestäubender Spezies verging er sich, indem er rotblühende mit weißblühenden Erbsen kreuzte, die Kinder aus dieser Ehe waren ausnahmslos weiß, ein viertel Teil der Enkel hingegen kam rot auf die Welt, was Iwan einigermaßen enttäuschte: Wenn ein so exaktes mengenmäßiges Verhältnis vorlag, mußten die Erbvorgänge diskret, ganzzahlig ablaufen und also mathemati-

: 24 :

schen Formen der Vervielfältigung unterworfen sein – selbst wenn man in Betracht zog, daß Menschen keine Schmetterlingsblütler sind und ihre Spezifik sich nicht auf Augenfarbe und Ohrenform beschränkt. Irgendein Mathematiker also würde der Sache eines Tages auf den Grund kommen, falls nicht Klim Paschutin ihm zuvorkam und das Rätsel von den Unterschieden im Gleichsein und der Gleichheit im Verschiedensein löste; der nämlich war in Gorki damit befaßt, an der dortigen Landwirtschaftsakademie, über seine Studienleistungen war man des Lobes voll. Iwan hingegen studierte an der physikalisch-mathematischen Fakultät der Minsker Universität, obwohl er sich ehrlich eingestehen mußte: Nicht für die Mathematik fühlte er sich geboren, hatte zu wenig Sitzfleisch, was den ihn protegierenden Professor nicht selten in Rage brachte; es mußte etwas anderes geben. Eines Nachts kam Nikitin schlangengleich in die Wohnung gehuscht, um im Flüsterton mitzuteilen, es stünden nun wohl bessere Zeiten bevor, die Wohnung auf dem Karl-Marx-Prospekt in Leningrad sei von allen Verdächtigungen frei, keiner werde von da mehr abgeholt, das Schwert der Scharfrichter sei stumpfer geworden, doch lockerlassen dürfe man gewiß nicht, es bleibe dabei, und Iwan solle immer daran denken: nichts gesehen, nichts gehört, keine Ahnung von irgendwas! Sollte dieser Namensvetter eines Bürgerkriegsgötzen, Klim Paschutin – hieß er nicht so? – sollte der getrost fleißig sein und kluge Aufsätze (doch! alles, was recht ist!) über heterozygote Mutationen verfassen, er, Iwan, sei verpflichtet, still und unauffällig zu leben, nur keinen Lärm zu schlagen, der eine gedruckte kleine Artikel über die einfachen Zahlen sei vorläufig genug. So froh war der Vater, den einzigen Freund der Familie wiederzusehen, daß er Nikitin bis zum Morgengrauen nicht gehen ließ, sie saßen im Finsteren und tranken Wodka, die Mutter überließ dem Freund ihre Hand, die dieser sich immer wieder an die Wangen legte, zu den Lippen führte. Beim Verlassen der Wohnung zog er den Hut in die Stirn und lief krumm, um nicht am Gang erkannt zu werden (er hatte sich, alle Spürhunde restlos zu verwirren, sogar ein Lispeln zugelegt), gelangte auf Schleichwegen zum Bahnhof, ließ sich vom ersten Morgengrauen schlucken – nicht ohne den Verhaltenskodex zuvor um einen neuen Punkt ergänzt zu haben: »Nur ja nicht nach Gorki!« So ging die Nacht zu Ende, eine der wunderbaren Nächte in Iwans Leben: die über das spielende Grammophon gehängte Decke, das beredte Schweigen der Menschen, die ihn liebten, er selbst im sanften Halbschlummer und sie alle miteinander nicht nur durch Familienbande verknüpft, sondern durch ein Stillschweigen verschworen. : 26 :

Auf die wunderbare Nacht folgte ein verhangener Morgen, Minsk im Oktober 1939, die beiden Teile Weißrußlands hatten sich wiedervereinigt, die ersten ›Westler‹ tauchten in den Hörsälen auf, neue Befürchtungen, neue Aufregungen, Nikitins Gebote gerieten zwar nicht in Vergessenheit, wurden jedoch von anderen Verdikten zugedeckt, über Klim Paschutin war inzwischen ein hymnischer Aufsatz erschienen, den Iwan gleichmütig und ohne Eifersucht zur Kenntnis genommen hatte, er wurde nicht einmal sonderlich nervös, als man ihn, den Beststudenten, im September ins Dekanat bestellte und instruierte, er solle nach Gorki fahren, und zwar sofort. Die Eile rührte daher, daß die Minsker Universität eine Art Patenschaft über den mathematischen Lehrstuhl an der Akademie in Gorki übernommen hatte, wo erst kürzlich das Studienfach Biometrie eingeführt worden war, die Vorlesungspläne wurden übererfüllt, alles lief gut, das Problem war nur, daß die Biologen dort eine neue Forschungsrichtung verfolgten, Wahrscheinlichkeitsprozesse bei neutralen Mutationen, und es fehlte dazu an Literatur, drei Doppelstunden Wahrscheinlichkeitstheorie waren dringend anzuliefern und irgendwie einzubleuen, die Bücher lagen bereit, zehn Pakete, das Auto wurde vom Rektorat gestellt, natürlich nicht für ihn, sondern für eine Abordnung deutscher Wissenschaftler, die nach Gorki fuhr, auf die mußte man sowieso ein Auge haben, daß ihnen nichts passierte, man war ja doch irgendwie befreundet, der Nichtangriffspakt vor Jahresfrist unterzeichnet worden, alles klar? Gesund und wohlbehalten in Gorki abliefern hieß die Devise, vom Glauben an den Triumph des Sozialismus beseelt, nicht wahr, und ... »Du hältst mir den Kopf hin für diese Deutschen, daß dir das klar ist!« kläffte der Offizier mit zwei Balken auf den Kragenspiegeln, der ins Dekanatszimmer gestürmt kam, und hielt Iwan die Faust unter die Nase, gleiches bekam der Chauffeur auf den Weg, der augenscheinlich gar kein Chauffeur war, sondern ein zufällig diensthabender operativer NKWD-Mitarbeiter, und der sich Mühe gab, den Blick weder von den Deutschen noch von der Straße zu wenden, während er ungeschickt das Steuer handhabte, vor jedem Schlagloch auf die Bremse trat und erörterte, wie es zu umfahren war.

Die Deutschen saßen im Fond; der eine, mager, sehnig und grobknochig wie eine Tschekistenfaust, sprach gut russisch, stammte aus Rußland (»vom Territorium des ehemaligen Rußland«, hieß es bei ihm), der andere, rundlich, glupschäugig, von kindlicher Neugier, kam aus Heidelberg und war Physiker; der Knochige mit Namen Jürgen Maisel, Chemiker und Biologe von Beruf, mißfiel Iwan außerordentlich. Zwar verstand er kaum ein Wort Deutsch, spürte jedoch den Hohn, mit dem sich Jürgen Maisel zu allem äußerte, was draußen vorüberzog, sah ihn mit dem Finger auf die Kolchosbauern in den Kartoffeläckern zeigen, hörte die geringschätzigen Kommentare angesichts der Kuhherden, die wahrlich nicht besonders gut im Futter standen, aber dafür weißrussische Kuhherden waren und ihm, Iwan,

Milch und Fleisch gaben; für die Straße hatte Maisel nichts als russische Mutterflüche übrig und für den Chauffeur, den er unentwegt zur Eile antrieb, gleich mit, der war nach geschlagenen drei Stunden Fahrt völlig am Ende und konnte kaum noch das Steuer halten, dabei stand der Termin fest: Die Deutschen hatten vor Sonnenuntergang in Gorki zu sein, koste es, was es wolle! Bereitwillig überließ der Chauffeur Maisel das Steuer, worauf der Wagen merklich an Tempo zulegte. Was Iwan aus der Fassung brachte, war indes nicht der Tachometer, nicht der Umstand, daß der ›Emka‹ einmal beinahe in den Graben geschlittert wäre, sondern der beiläufig hingeworfene Satz Maisels, aus dem hervorging, daß er ganz versessen darauf war, in Gorki einen Mann namens Klim Paschutin zu sehen und ihm, dem Autor eines Aufsatzes über Erbgangdominanzen, ein paar Fragen zu stellen! Dies nämlich war das Thema, mit dem sich Maisel in seinem Berliner Institut herumschlug, in Minsk war er aufgehalten worden und wollte nun seine Delegation einholen, die schon vor Tagen nach Gorki weitergereist war, was Iwan in eine ausgesprochen peinliche Lage brachte: Klim vor Augen treten wollte er auf gar keinen Fall, das Kerlchen würde ihm womöglich um den Hals fallen, allen Regeln der Konspiration zum Trotz, man mußte sich also verspäten, durfte erst in der Nacht eintreffen, konnte dann die Bücherstapel dem erstbesten Studenten aufhalsen, mit dem Dekan ein paar private Zusatzlektionen in Wahrscheinlichkeitstheorie aushandeln und sich unverzüglich auf den Rückweg nach Minsk machen – dieser Verwandte mit den übertrieben großen Begabungen, dem so viel Zukunft verheißen war, mochte ihm gestohlen bleiben; als es keine hundert Kilometer mehr bis Gorki waren, faßte Iwan sich ein Herz und dem Fahrer energisch ins Lenkrad, ließ ihn halten, sagte, bei dieser Fahrweise hätten sie, die Deutschen, die Verantwortung für eventuelle Unfallfolgen gefälligst selbst zu tragen, wenn er also um ein Dokument bitten dürfte, das die mitreisenden Russen aller Schuldzuweisungen bezüglich der vorauszusehenden Katastrophe entledigte! Mit verächtlichem Lächeln erklärte Maisel sich bereit, ein solches Schriftstück aufzusetzen und zu unterschreiben, wollte nur wissen, was genau darin stehen sollte und in welche Form gekleidet, damit es Rechtskraft erlangte; Iwan, den dieses Lächeln erboste (und der, wie sich nun zeigte, noch nicht allen kindlichen Übermut aus seiner Seele ausgemerzt hatte), fing an zu diktieren, Maisel mit seinem flugs gezückten ›Parker‹-Füller schrieb mit und übersetzte dem Kollegen simultan ins Deutsche, bis er endlich stutzte und hell entsetzt ausrief: »Für diese Provokation werden Sie büßen!« Dem glupschäugigen Dicken in seiner Arglosigkeit ging der Sinn des Diktierten mit Verzögerung auf, dann aber war ihm wohl nach Davonlaufen zumute, denn was bis dahin auf dem von Iwan gewünschten Rückversicherungspapier stand, war sinngemäß folgendes: *Wir, Maisel, Jürgen Luise, und Schmidt, Wilhelm, befinden uns bei vollem Verstand und bester Gesundheit auf dem Territorium der Weißrussischen Sozialistischen Sowjetrepublik und bekunden hiermit die Absicht, zum Zeichen des Protestes gegen die von Adolf Hitler verübten Untaten Selbstmord zu begehen ...* Maisel drohte mit diplomatischen Maßnahmen, doch immerhin zeitigte die Aktion den gewünschten Erfolg, denn während die Deutschen damit zu tun hatten, das Papier in kleine Stücke zu reißen und jeden einzelnen Schnipsel über die Flamme des Feuerzeugs zu halten, überließen sie das Steuer wieder dem Chauffeur, und der Wagen zuckelte im alten Tempo, Schlagloch für Schlagloch, Radspur für Radspur sorgsam mit den Scheinwerfen abtastend; nachdem Maisel lange Zeit geschwiegen hatte, tat er die herablassende Bemerkung, man würde Iwan das Provozieren schon noch lehren, und wenn er erst einmal bei der Gestapo landete, die fackelten nicht lange ... schön, er würde es keinem weitersagen, fügte er begütigend hinzu;

der sanftmütige Dicke brummte etwas in seinen Bart und schenkte Iwan sein Feuerzeug. In Gorki wurden die Deutschen so ehrerbietig empfangen, daß sie wohl gar nicht auf die Idee kamen, sich zu beschweren, Iwan nutzte das Brimborium, um rasch seine Bücher an den Mann zu bekommen, und verzog sich zum Schlafen ins Wohnheim, wobei er sich der Deutschen wegen Vorwürfe machte: Er hätte sie nicht so auf die Schippe nehmen dürfen; wenn sie auch selbst keine Beschwerde anstrengten, würde der Chauffeur gewiß das Seine tun. Auch am nächsten Morgen nagte noch das Gewissen, er bekam Lust, sich – zur Strafe! – selbst Schmerzen zuzufügen, bändelte auf dem Wohnheimflur mit einer »Nataschka« an, einem strohdummen, krummbeinigen Häschen aus Minsk, log ihr die Hucke voll, lud sie für den Abend in den Klub ein, wohl wissend, daß er Gorki schon am Tage den Rücken kehren würde; was an der Akademie für ihn zu tun blieb, würde in ein, höchstens zwei Stunden erledigt sein. Der fahrzeugführende Spitzel war mitsamt dem deutschem Feuerzeug, jenem Präsent für Iwan, schon auf und davon, bis zum Zug nach Minsk blieb noch Zeit, doch kaum hatte sich Iwans Stimmung ein wenig aufgehellt, kam ein neuer Dämpfer: Er sah Klim, von weitem, im Hörsaalgebäude stehen, erkannte ihn sofort, und ihm wurde kalt ums Herz; den Vetter umringte die Traube der Delegierten, er sprach deutsch mit ihnen – selbstsicher, einen ganzen Kopf größer als Iwan, im weißen Kittel; Jürgen Maisel, den es so sehr zu ihm gedrängt hatte, hielt Abstand, drängte sich nicht auf mit seinen Fragen, lauschte konzentriert, ohne etwas zu notieren, während die übrigen Deutschen ihre Füller über die Blöcke flitzen ließen. Um unbemerkt zu bleiben, suchte Iwan rasch das Weite, bog in einen Seitengang, fand den Lehrstuhl für Mathematik, besprach, was zu besprechen war, saß danach lange Zeit müßig in der Mensa herum und wollte schon zum Bahnhof gehen, als ihm einfiel, doch noch einen Abstecher in den berühmten Botanischen Garten zu machen, den er ohne Mühe fand, es gab keine weiteren Besucher; er ging in die Hocke, um den Blütenansatz irgendeiner seltenen Pflanze zu betrachten, fühlte sich als absoluter Laie, da er die Botanik schon seit der Schulzeit immer als Kleinmädchenwissenschaft abgetan hatte, eine Banknachbarin hatte für ihn in den Ferien Wald und Wiesen abgegrast und die Blumen fürs Herbarium gesammelt. Nun, da seine Hand den Stengel nah vor die Augen zog, meinte er in die Knospe hineinsehen zu können, die es nicht geschafft hatte aufzubrechen – vielleicht, weil die Wurzeln etwas für das Wachstum Notwendiges nicht aus der Erde hatten ziehen können, vielleicht, weil es an Licht und Wärme gefehlt hatte, dabei schien beides im Überfluß vorhanden, und im samtenen Schoß der Knospe saßen die unreifen Samen, in denen alles bereits wieder angelegt war: der schwer in seiner Hand liegende, vom Gewicht der Fortpflanzungsorgane gebeugte Stengel und das Wurzelsystem und der Duft dieses pflanzlichen Objekts, das immer wieder neu entsteht und immer wieder genauso, im ganzen und in allen seinen Teilen, die Natur ist eine einzige, endlose Wiederholung, alles ist Wiederholung, auch dieser Moment, der zur Neige gehende, hat den vorausgegangenen dupliziert und wird im nachfolgenden seine Kopie finden – ja doch, es läuft immer auf dasselbe Problem hinaus, Summe einer gegen Null konvergierenden Folge – und die Genetik, wenn man es recht bedenkt, ist die Wissenschaft von den Wiederholungen, bestrebt, jenes Element im Vererbungsprozeß zu finden, das nicht nur sich selbst, sondern auch das Milieu reproduziert, welches zur Reproduktion anstachelt, und dieses Element muß in der Zelle liegen, ein Herd, in dem beständig etwas warmgehalten wird, das die Vergangenheit und, so seltsam es scheint, ebenso die Zukunft in sich bewahrt; diese Herde sind Erdreich und Same, Schoß und Frucht in einem ...

Iwan stand auf, ihn bewegte ein unangenehmer Gedanke. Im Grunde hatte er all die letzten, in Weißrußland verbrachten Jahre nichts weiter getan, als krümelweise zusammenzutragen, was über die Zelle in Erfahrung zu bringen gewesen war, hatte hier etwas aufgeschnappt, dort etwas gelesen, sich zu erinnern versucht an etwas, was nie in seinem Kopf gewesen; er wußte, worüber die Biologen gerade stritten, alle waren sie sich unschlüssig – welche Subordination der Zelle wohl die Erbfaktoren in sich barg? Manch einer wollte gar nichts davon wissen, diesen Faktoren irgendeine Materialität zuzuschreiben, allzu verstiegen schien die Mutmaßung, eine Kette von Säuren oder Eiweißen könnte letztlich verantwortlich sein für Hingabe, Leidenschaft, Inspiration, Schmerz und Freude, das Denken, den Mond und die Sterne wie auch diesen Botanischen Garten, nein, eine geheime Kraft war da am Wirken, eine immaterielle Substanz, es konnte nicht anders sein! ...

Er zuckte zusammen, als er das Wort ›Bruderherz‹ hörte, das zweifellos ihm galt, warf schnelle Blicke nach links und nach rechts, denn er wußte schon, wer da hinter ihm stand: Klim, aus seinem Munde hatte er dieses Wort damals in Leningrad zum ersten Mal gehört; die Stimme war nun anders, nicht unbedingt erwachsen, aber klarer, das Näselnde war weg, wahrscheinlich hatten sie ihm die Polypen entfernt, der Blick hingegen war noch der alte, schuldbewußt und flehend, und das Lächeln kannte er auch, das war der Klim, dem die Eltern angst gemacht und eingeschärft, ja eingeimpft hatten: fernhalten von den Barinows! Aber nun hatten sie sich getroffen, und sofort war klar, daß das in Leningrad begonnene Gespräch über all die fern voneinander verbrachten Jahre fortgeführt worden war, und Klim fing zu schwärmen an, wie schön es wäre, wenn sie beide zusammenarbeiten könnten, da man doch nur so, in partnerschaftlicher Arbeit, dem großen Geheimnis der menschlichen Existenz auf die Schliche kommen könne, zwei einträchtige und zugleich widerstreitende Prinzipien, wie das Männliche und das Weibliche, im freien Spiel einander korrigierend, immerzu das Geschlecht wechselnd, im geschlossenen Raum ... – so ungefähr drückte Klim sich aus, worauf Iwan herausplatzte: »Dann such dir eine Frau!« – und als Klim, der ihn nicht verstand, traurig bemerkte, er könne ja nicht einmal richtig, wie es sich für einen Mann gehört, mit Frauen reden, da kam Iwan der Gedanke, ob die Chirurgen dem Vetter in ihrem Eifer außer den Polypen vielleicht noch etwas anderes wegoperiert hatten? ...

: 33 :   Ihre Begegnung dauerte nicht lange, nach ein, zwei Minuten war alles vorüber und das Wesentliche gesagt: daß es nämlich nicht mehr nur die Verwandtschaft war, was sie aneinanderband, sondern, wie listig und vertrackt Mutter Natur damit verfuhr; »bis bald!« hatten sie wie aus einem Mund gesagt – wann das sein würde, wußte der eine so wenig wie der andere. Sie standen ungefähr hundert Meter vom Gewächshaus entfernt, wo ein Lehrling dabei war, einen Wanddurchbruch zu verglasen, niemand sonst in der Nähe, Apfelbäume schützten sie vor Blicken von weiter her; und wie sie sich getroffen hatten, gingen sie wieder auseinander, zwei Spaziergänger, wen kümmerte es, er hätte die Eltern nicht damit behelligen müssen, doch liebte er sie so sehr seit jener wunderbaren Nacht, daß er ihnen von Klim erzählte; sie schauten ihn an, wortlos, ihre Blicke ein einziger Vorwurf, so leidend und beinahe verzweifelt, daß er sich schämte. Der Vater, siebenundvierzigjährig, war ergraut, die Mutter abgemagert, ihre blauen Augen funkelten vor gequälter Fröhlichkeit; als er den Blick vom schuldbeladenen Sohn abwandte, sie ein bitteres Lächeln aufsetzte, war Absolution erteilt, doch kam man nicht umhin, Nikitin zu unterrichten, der die Woche darauf für ein Stündchen bei ihnen hereinschneite, mit einem närrischen Bastwischbärtchen, das zu ihm paßte und sie alle belustigte. Den Paschutins wolle bestimmt keiner ans Leder, konnte er sie beruhigen, dafür saß der Alte viel zu sicher auf seinem Mogiljower Thron, man munkelte sogar von einer Versetzung nach dem paradiesischen Stawropol. Nikitin also beruhigte und erheiterte die Gemüter und entschwebte alsdann in sein Pflanzenzuchtinstitut, wo er Weizenkörner durchs Mikroskop betrachtete, eine Tätigkeit, die ihn gelehrt und dazu angehalten hatte, auch seine Mitmenschen nach Güte und Keimfähigkeit zu sortieren; jedoch hantierte das Regime mit weit leistungsfähigeren und präziseren Instrumenten, und es vergingen keine drei Monate, da wurde das Ehepaar Paschutin verhaftet und kurzerhand zu Volksfeinden erklärt; zwar meinte es das launische Schicksal gut mit den Barinows, denn die Paschutins wurden so schnell an die Wand gestellt, daß sie gar nicht dazu kamen, den Mund aufzutun, ihre Verwandtschaftsbande blieben unaufgedeckt; die Barinows waren da schon von Gewissensbissen zermartert bis dorthinaus. Dem verdienten, allseits verehrten Chirurgen, der noch vor kurzem mit seiner grauen Mähne und der stolzen Haltung des Kopfes an den König der Tiere erinnert hatte, bereit, jedem, der ihm zu nahe kam, mit Löwengebrüll das Mark zu erschüttern – ihm hing nun, nach dem Tod der Paschutins, diese Mähne wie ein Knäuel Putzwolle vom Kopf, und er brüllte nicht mehr, gab allenfalls ein heiseres Knurren von sich, brummte Unverständliches, doch Iwan stimmte zu, jaja, er hätte wirklich nicht nach Gorki fahren dürfen und schon gar nicht Klim vor die Füße laufen, der übrigens noch am Leben war und sogar noch an der Akademie, wo er weiter seine wissenschaftlichen Studien trieb. Da konnte Nikitin noch so eisern behaupten, daß zwischen Iwans Treffen mit seinem Vetter und der Verhaftung

: 34 :

der Paschutins kein Zusammenhang bestünde, die Angst hätte den einstigen Weißgardisten ins Verderben gelockt, das Bestreben, aus der Korona der weniger Verdächtigen in den engen Leuchtkreis der Unfehlbaren zu wechseln; aber auch Nikitin wurde kleinlaut, als er von Iwans Vorladung erfuhr, um so mehr fühlten sich die Eltern alarmiert. Es war derselbe Tschekist mit den zwei Balken auf den Kragenspiegeln und der hantelgroßen Faust, der Iwan nun anbrüllte: »Wer hat dir erlaubt, die Deutschen anzuwerben? Wieso hast du die Organe nicht verständigt?« Zu der Zeit hatte die deutsche Abordnung ihre Reise durch die Provinz längst beendet und die Rückkehr nach Berlin angetreten, die betreffenden Vorgänge waren numeriert und abgeheftet, nur der ungelenke Rapport des auf die Deutschen angesetzten Chauffeurs lag noch herum, wurde von vorn nach hinten und von hinten nach vorn gelesen, mit und ohne Kommas – was sich ihm entnehmen ließ, konnte nur enttäuschen. Iwan tat erschrocken und erzählte treu und brav, wie die Fahrt nach Gorki verlaufen war; törichterweise hatte der Chauffeur in seinem Bericht jenes Feuerzeug erwähnt, das Iwan nicht vorzeigen konnte, und den Tschekisten bot sich Gelegenheit, einen Langfinger in den eigenen Reihen zu überführen, der daraufhin degradiert wurde; das Feuerzeug bekam Iwan faustwarm ausgehändigt. Der Mann mit den zwei Balken, kein böser Mensch, suchte zum Schluß ein versöhnliches Wort: Er, Iwan, solle nur nicht schlecht von den Organen denken, ihre Arbeit sei schwer, Feinde gebe es in großer Zahl, Fehler könne man nicht immer sofort ausmerzen. Die Eltern, als sie die Geschichte vom Feuerzeug hörten, waren unendlich froh, das übrige behielt Iwan lieber für sich; zu Neujahr 1941 kam auch Nikitin heimlich nach Minsk, erfuhr von dem Ganzen, als sie in der Küche bei einem Glas beieinandersaßen; die Eltern, immer noch berauscht von ihren zweiten Flitterwochen, melancholisch den Grammophonklängen lauschend, saßen still daneben. »Ich spür das Unglück nahen ...«, greinte Nikitin.

Jener Tschekist mit dem Gerechtigkeitssinn führte dann auch die Partisanenabteilung an, in der Iwan zwei Jahre lang diente, bei ihm lernte er schießen und treffen, lernte, wie man richtig Minen legt, im Hinterhalt lauert, konspirative Treffs aufsucht und den Deutschen so arglos kommt, daß sie keine Lust haben, die Papiere zu prüfen. Einmal, als sie über einen Fluß setzen mußten, fiel der Tschekist ins Wasser, zappelte wie ein Welpe in der eiskalten Memel, bis Iwan ihn zu fassen bekam und ins Boot zurückzog. Von da an sah er in dem Faustkämpfer mit den zwei Balken nur noch den schlechten Schwimmer, dessen Füße nach Grund suchten; was er schwarz auf weiß vor sich hatte, schien dem Tschekisten solcherart Halt und sicheren Stand zu geben, und das Feuerzeug hatte er nur deshalb zurückverlangt, weil der Diebstahl durch den Chauffeur nicht formgerecht abgewickelt worden war, in dem operativen Vorgang klaffte da eine häßliche Lücke. Papiere waren es letztlich auch, die ihn mitsamt seiner Abteilung zugrunde richteten: Ein ganzes Jahr lang hatten sie sich von dem ernährt, was Moskau ihnen zukommen ließ, Ausrüstung, Proviant, Waffen, Sprengstoff, Menschen und Medikamente wurden von dort eingeflogen, der Tschekist verglich stets die Fracht mit den Begleitpapieren und geriet einmal ganz außer sich – fünfzehn Kilo Reis fehlten; die Piloten konnten in der Luft schlecht einen halben Sack von dem verhökert haben, was die Verwundeten hier unten dringend benötigten, so entfesselte der Tschekist einen längeren Funkkrieg mit Moskau, wodurch er sich dort manch einen zum Feind machte, die Folge war, daß seine Abteilung von der Versorgungsliste gestrichen wurde, die Dörfler verdroß es, daß ausgerechnet die Partisanen ihnen das Letzte nahmen, und bei Überfällen auf deutsche Trosse gab es Verluste. Noch hilfloser wurde der Tschekist, als die Abteilung mitten im Wald einen im Stich gelassenen BT7-Panzer entdeckte, samt höchst delikatem Inhalt: anderthalb Millionen sowjetische Rubel und Kisten mit Papieren des NKWD. Moskau geriet in helle Aufregung, befahl, die Kisten sorgsam zu verstecken, betreffs des Geldes äußerte man sich gar nicht, sowjetische Banknoten waren in Weißrußland neben der Besatzerreichsmark durchaus im Umlauf, sogar die Deutschen nahmen sie mit spitzen Fingern entgegen; so saß die hungernde Truppe auf einem Haufen Geld, bis die Hälfte davon eines Tages in die Taschen der verwegensten Männer wanderte und mit ihnen verschwand; langsam, aber sicher schmolz die Abteilung zusammen, wurde in Kämpfen aufgerieben, von deutschen Agenten unterwandert, das Geld schließlich doch beim Bauern ausgegeben; am Ende entschied der Tschekist, wenigstens den letzten Rest per Geheimaktion in der Stadt abzuliefern, und da Iwan der einzige war, dem er noch traute, wurde er mit dem Geld in Marsch gesetzt, nachts verließ er die Truppe, der Weg bis Minsk war weit, doch immerhin vertraut, der gottverlassene Wald bot weder Obdach noch Nahrung, mit einer halben Million auf dem Rücken irgendwo einzukehren, verbot sich von selbst, da konnte ein Dorf noch so friedlich ausschauen, auch Feuer zu machen war untersagt, zweimal täglich eine Zungenspitze Speck und Wasser aus dem Bach, das war alles, was er zu sich nahm, nach einer Woche war Iwan völlig ausgezehrt und ohne Kraft, es fehlte nicht viel, und er wäre im Sumpf versunken, rettete sich auf einen Streifen festen Boden, die für kurze Zeit hervorgekommene Septembersonne trocknete ihm den Pelz. Da lag er und ließ es sich wohl sein; um ihn her richteten sich die hängenden Grashalme auf, die Luft wurde zusehends mild, von den Filzstiefeln, den Fußlappen und den Hosen ging ein angenehm säuerlicher Geruch aus, um die Mittagszeit wurde es richtig heiß, Iwan schlief ein Weilchen, sonnte sich, zog die getrockneten Kleider wieder an, rauchte; so selten waren die Minuten des Alleinseins geworden, daß man jede auskosten mußte. Kaum vorstellbar, wie sorglos er die Jahre in Leningrad und Minsk zugebracht hatte! Zwar hatte es auch da Schmerz und Freuden, Genuß und Leiden zu gleichen Teilen gegeben, nur waren die scheinbar über den Alltag erhaben, dem Zirkel kleinlicher Kränkungen und Triumphe entrückt gewesen, im Krieg hingegen war alles einfach und auf gleicher Höhe: Man haßte die Deutschen, wie sie einen haßten, man schoß auf sie, weil auch sie auf einen anlegten, abdrückten – und trafen sie dich (was ihm schon dreimal passiert war), schien der Schmerz nicht gar so heftig, es war gewissermaßen in der Ordnung, daß die Kugel einem das Fleisch zerfetzte, und der Organismus kümmerte sich selbst um die Heilung. Oder war der Alltag bereits in philosophische Höhen aufgerückt, daß Leben und Tod von da gleichermaßen naheliegend erschienen? Einmal hatte es eine Freude gegeben, die den Körper satt machte, einen Tag des Durchbruchs, des wohligen Schreckens, denn ihm war es geglückt: aus fünf Tonnen Ammonsalpeter, ganz normalem Düngemittel, etwas zu brauen, was sich als Ammonal entpuppte und tauglich erwies, drei Transportzüge sowie zwei Brücken in die Luft zu jagen – annähernd einen Monat, exakt achtundzwanzig Tage, brütete Iwan über den Lehrbüchern, bis er es heraushatte, wie der Kolchosdünger zu den tödlichen Briketts zu verwandeln war. Jawohl!, hatte er damals gedacht, nicht für die Mathematik bin ich geboren, es ist die Chemie! Im Labor zwischen den Kolben sitzen, neue Verbindungen ersinnen, sauberer Hemdkragen ... In jenem vergangenen Leben, gleich, ob in Leningrad oder Minsk, hatte man profane Gelüste mißachtet, erst hier, in diesem herbstlichen

Wald, vierzig Kilometer vor Minsk, begann man zu begreifen, welche Wohltat es beispielsweise war, einen trockenen Faden am Leib zu haben!

Das Espengehölz hörte auf, ein schütterer Birkenwald fing an, Iwan mußte einen Bogen schlagen; gegen Abend war er bereits wieder völlig durchfroren und sah mit Erleichterung das wohlbekannte Dörfchen vor sich liegen, wo der Verbindungsmann wohnte, der dafür sorgen sollte, daß das Geld nach Minsk gelangte; zwei über die Pfosten des Gatters gestülpte Milchtöpfe: das Zeichen, daß die Luft rein war; ganz traute er dem Frieden nicht, der Treffpunkt sei nicht ganz astrein, hatte der Tschekist gewarnt. Mitsamt dem Geld vor den Mann hinzutreten, wollte Iwan nicht riskieren, also schlug er sich noch einmal dreihundert Meter bachaufwärts in den Wald, vergrub den Sack nach allen Regeln der Kunst, streute Laub darüber und näherte sich nun wieder dem Dörfchen, beäugte vom Waldrand aus die Häuser, die die hereinbrechende Nacht mit ihrem blauen Nebel zu schlucken begann. Deutsche waren dem Anschein nach nicht zugegen – was nur hieß, daß man doppelt auf der Hut zu sein hatte; eine Handgranate in der Linken, die Pistole in der Rechten, trat er auf das Haus zu – und konnte gerade noch einmal abdrücken, bevor Sekundenbruchteile später ein Gewehrkolben auf seinen Kopf niederging und die Sinne ihm schwanden. Als es vor den Augen wieder hell wurde, er die verklebten Lider aufschlug, sah er einen Eimer über sich schweben, ein Wassersturz kam herab, Nässe; sich ein wenig aufrichtend, sah er, daß das Haus voller Deutscher war, zu fünft saßen sie um den Tisch und aßen, drei davon in Uniform, keine Feldgendarmerie, sondern gewöhnliche Wehrmacht, die fünf Männer unterhielten sich, die Rede war nicht von ihm, man palaverte über Zusatzrationen, Urlaub, Partisanenkopfgelder und irgendeine Paket-Aktion, bei der man günstig etwas nach Deutschland schicken konnte. In den letzten zwei Jahren hatte Iwan leidlich Deutsch verstehen und sprechen gelernt, er konnte jedes Wort hören und die vor ihm Sitzenden ausgiebig betrachten, nur einer der Deutschen saß mit dem Rücken zu ihm, in Zivil, er war es, der gemerkt hatte, daß Iwan zu sich gekommen war, wandte ihm nach einem kurzen Blick wieder den strengen und unerbittlichen Rücken zu, zuckte verächtlich die Schultern, während die anderen vier Deutschen Iwan anstarrten; einer brüllte etwas, rief nach einem Soldaten, der nun hinter dem Ofen hervorkam, sich am Herd zu schaffen machte und Iwan eine Schüssel vor die Füße stellte wie einem Hund: Da hast du, friß, wozu einen Löffel, die Hände sind ja gefesselt. Iwan wälzte sich auf die Seite und stieß die Schüssel mit dem Fuß um, die Deutschen lachten, einer der Wehrmachtler sagte in gepflegtem Russisch und sachlichem Ton, die nächste Fütterung finde erst wieder in vierundzwanzig Stunden statt, »da würde ich an Ihrer Stelle doch einen Bissen zu mir nehmen, Herr Barinow«. Der Hausherr erschien, zündete eine zweite Lampe an, man konnte nun besser sehen; der Mann trug seine Forderung vor, anderthalb Hektar Land und eine Kuh, berief sich auf Zusagen der deutschen Kommandantur, wurde von den Deutschen belehrt: Er stehe als Verbindungsmann zu ebendieser deutschen Kommandantur im Dienstverhältnis und könne mithin Förderung nur gemäß der Dienstordnung erfahren, Land und Kuh seien denen zugedacht, die freiwillig kommen und ein großes Partisanentier anzeigen, aus höheren moralischen Beweggründen, er aber werde gewiß für eine Medaille vorgeschlagen. Iwan wiederum erhielt von den Deutschen eine Nacht Bedenkzeit, ob er reden wolle oder nicht. Von dem Geld wußten sie, waren jedoch nicht darauf scharf, verlangten vielmehr, daß Iwan ihnen die Stelle zeigte, wo die NKWD-Akten aus Bobruisk versteckt lagen; täte er das, ließen sie ihn laufen, lehnte er es ab, würden sich andere mit ihm befassen, die Gestapo in Minsk freute sich schon. »Also?«

In der Einzelzelle des Minsker Gefängnisses lag Iwan eine Woche; Tag für Tag wurde auf ihn eingeprügelt, bald konnte er weder stehen noch gehen, der Schmerz war irgendwo außerhalb von ihm, konnte sich eine Weile verstecken, in Luft auflösen, um urplötzlich wieder aufzutauchen, ihn anzufallen, heimtückisch draufzuhauen auf die Freude, die in ihm schwappte, und diese Freude rührte daher, daß Iwans Feinde, die Deutschen, litten, daß sie tobten, schäumten, zitterten vor Wut – nicht Iwan wurde gegeißelt, nein, sie geißelten sich selbst, in ihren blutunterlaufenen Augen stand es zu lesen: »Erbarme dich unser, rede!« Und sie droschen und droschen, jedoch nur mit halber Kraft, mit gezogener Bremse, der Häftling mußte transportfähig bleiben für den Moment, da er ihnen das Versteck mit den Bobruisker Akten zeigte – zuletzt, ganz zermürbt von den langen Verhören, gönnten sie sich eine Pause, Iwan somit auch; sie besuchten ihn in seiner Zelle, malten ihm ein süßes Leben in Deutschland aus, wo sich für einen hervorragenden Chemiker und Mathematiker wie ihn jederzeit Verwendung fände, brachten ihm ägyptische Zigaretten; dann wieder rissen sie ihn förmlich von der Kette, brüllten ihn an aus vollem Hals, sie würden wohl nun zu handfesteren Mitteln greifen müssen, und einmal schleppten sie ihn wirklich in den Keller: Da hingen Ketten von der Decke, in einem Kohlebecken wurden Eisenruten zum Glühen gebracht, der lange, hölzerne Bock war von einer verkrusteten Blutlache überzogen, zwei Eimer mit Wasser standen bereit, den in Ohnmacht gefallenen Delinquenten wieder zu Bewußtsein zu bringen, dazu ein Soldat, der aussah wie ein Amtsschreiber und Iwan mit einem Fragebogen bekanntmachte, zu jedem Punkt habe er eine klare Auskunft zu geben – und es gab zwei kleine Tische, auf dem einen eine Lampe und in ihrem Lichtkegel auf weißer Serviette ausgebreitet einige vernickelte kleine Zangen und ähnliches Gerät, der andere für den Wachsoldaten, der, als er sah, daß die Stunde der Wahrheit noch nicht gleich begann, sich erst einmal entfernte und Iwan mit den zwei Folterknechten allein ließ, die schienen sich nicht um ihn zu kümmern. Iwan aber fing zu schlottern an, als er die vernickelten Instrumente sah, und während er das Schlottern zu unterdrücken suchte, musterte er seine Folterer. Es waren zwei, beide hatten Schürzen vorgebunden, und sie aßen und tranken vom Rand des Folterbocks, hatten eine Zeitung über ihn gebreitet, kippten, wie es sich gehörte, vor Beginn der Prozedur noch einen Wodka und kauten dicke Brotkanten, dazu in akkurate Würfelchen geschnittene Wurst und quadratische Scheibchen Speck. Der eine, klein und schmächtig, hatte auf Hitlers Art eine Haarsträhne schräg in die hohe, rotgeschwollene Stirn gekämmt; der andere fiel auf durch seine schöne und kräftige Muskulatur, die lederne Fleischerschürze trug er auf dem nackten Körper, ein dichter, roter Flaum bedeckte die Schultern, auf denen der bullige Nacken saß. Es waren Leute vom Fach, sie verstanden sich darauf, fremde Körper zu quälen, bewahrten die Ruhe dabei und hatten Freude daran; das Schlottern wurde immer heftiger, es schnürte die weichgeprügelten Muskelstränge zu straffen Stäbchen zusammen, von der Vorahnung des Schmerzes, der anders sein würde als der bisherige, nicht zu ertragen, knickten ihm die Beine ein, etwas sackte ab in Iwan, in seiner Seele, er hörte sogar, wie es aufschlug, dumpf und weich, und dann von anderswoher ein Knacken, es war das zum Zerreißen gespannte Gewebe irgendeines der Organe in seinem Körper, ein Signal dafür, daß die Angst kam. Auf einmal erschienen ihm die gehaßten Deutschen nicht mehr gar so fühllos und fremd, niederträchtig und unmenschlich zu sein; bestimmt hatten sie ein Herz, bestimmt tat er ihnen leid, bestimmt würden sie ihm während der Folter Zeit geben, damit der Schmerz nachlassen konnte, und wenn er sie darum bat, würde es vielleicht weniger weh tun, es waren doch immerhin Menschen, sie aßen und tranken, wie Menschen es tun, gemessen, ohne Gier, sich Zeit nehmend, mit Respekt vor dem guten Essen und dem Prozeß der Nahrungsaufnahme an sich, und wie die Flüssigkeit in die Gläser schwappte und gluckerte, und wie sie schmatzten, hatte etwas Beruhigendes ...

Die Flasche war leer, der schmächtige Deutsche steckte sich eine Zigarette an, der Stämmige neben ihm fuhrwerkte noch lange mit einem Zahnstocher im Mund herum, begann gleichfalls zu rauchen, streckte die Hand aus, ergriff eines der vernickelten Instrumente und säuberte sich damit die Fingernägel, sodann drückte er die Kippe in den Essensresten aus, erhob sich, trug die Zeitung mit den Essensresten und die leere Flasche in die Ecke, wo – Iwan schielte aus den Augenwinkeln hinüber – ein Kübel voller blutiger Lappen stand. Der Stämmige lief dort vorbei, schleuderte die Flasche und die zusammengeknüllte Zeitung in den Kübel, während sein Kumpan, der mit der Hitlersträhne, eine Schürzenecke zurückschlug, ein blütenweißes Taschentuch hervorzog, sich schneuzte und grinste, man sah das Zahnfleisch, das so hell war wie ausgekochtes Fleisch, widerwärtig, ekelhaft; und die Angst fiel ab von Iwan, weil die Deutschen sich von ihm in keiner Weise bedroht zu fühlen schienen, er war für sie schon geschlachtet, sie kannten es nicht anders, als daß ihnen willenlos gemachte, gebrochene Geschöpfe auf ihre Schlachtbank geliefert wurden, so verschreckt durch den Schmerz, der ihnen noch bevorstand, daß diesen wie Espenlaub zitternden Menschlein der Gedanke, sich zur Wehr zu setzen, längst abhanden gekommen war. Nun kam der Haß zurückgeflutet, warm und angenehm, leckte ihm zuerst die Füße, stieg höher, erfüllte den

Körper mit Kraft und Eingebung, das Schicksal war nicht mehr unabänderlich; mit einem Satz war Iwan bei dem Kohlebecken, packte einen der glühenden Stäbe und bohrte ihn dem Stämmigen zwischen die Schulterblätter, dorthin, wo der rote Flaum hervorzuströmen schien; den Schwächlichen trafen derweil die Zangen, und Iwan stürzte sich auf ihn, seine Finger schlossen sich um den Hühnerhals, das einsetzende Röcheln war die schönste Musik, doch das spitze Knie des Männleins stemmte sich gegen seine Brust, ließ den Atem stocken, und dann rückte der Deutsche von ihm ab, Iwan begann zu fliegen, sah, schon aus der Höhe, die Parabellum in der Hand des Wachsoldaten ...

Schwärze breitete sich aus und jähe Stille, Freude und Schmerz waren verebbt, kehrten jedoch wieder, nur diesmal ungezielt, nicht auf ihn gerichtet, irgendwie allgemeingültig. Später schrumpfte der Schmerz zu einem Sack voller Nägel, ihm war, als würde er in ihm weggetragen, totale Finsternis um ihn her, er schrie, bis er endlich aus dem Sack herausgeschüttelt wurde, wieder auf Nägel; über seinem Kopf riß ein Loch auf, Licht fiel herein, Menschengesichter traten in Erscheinung, dazu ein angenehmer, vertrauter Geruch, der ein Haus aus dem Gedächtnis heraufholte, ein Haus auf dem Land, Deutsche um einen Tisch versammelt, eine Schüssel vor seinen Füßen; woran er sich als nächstes erinnerte, war so furchtbar, daß er aufstöhnte, während plötzlich etwas Warmes, Flüssiges, Schönes seinen Mund ausfüllte, die Ohren wurden entstöpselt, er hörte, jemand sprach russisch, es klang beruhigend und betörend. Er schlief ein, erwachte, schlief wieder ein, und auf einmal stand alles vor ihm: die Deutschen im Haus des V-Manns, das Gefängnis in Minsk, der Keller, die beiden Folterknechte und besonders, geradezu greifbar nah, der eine, dürre kleine Deutsche: seine vom Grinsen gefletschten Zähne, das weiße Zahnfleisch, der Körper etwas nach vorn gebeugt wie

: 44 :

eine Henne vor dem Picken, und die Arme flügelgleich nach hinten gebogen, mit Händen, die sich lustvoll übers Gesäß strichen ... So deutlich hatte Iwan den Keller mit den Deutschen vor Augen, daß er sie zusammenkneifen mußte und die Hand zum Kinn ging; die Deutschen hatten ihn aus erkennungsdienstlichen Gründen rasiert, anhand des sprießenden Bartes konnte er es sich ausrechnen: Zwei Wochen mindestens mußte es her sein, seit die Parabellum auf ihn geschossen hatte, und die Leute, die ihn fütterten – die mit und die ohne Bart, letztere unterscheidbar in Männer und Frauen –, bestätigten es mit ihren warm und melodisch klingenden Stimmen. Schnee blendete Iwan, als er auf die Veranda hinausgetragen wurde, das makellose Weiß trug die senkrechte Schraffur entlaubter Bäume, Iwan erfuhr, wie es ihn an diesen Ort verschlagen hatte, zu den Partisanen, und was er erfuhr, ließ sich ergänzen mit dem, was er selbst wußte und ahnte, und er dachte mit stumpfem Gleichmut darüber nach, welch Glück er gehabt hatte, so etwas kam vor im Krieg. In jenem Keller hatten sie ihn erschossen, jedenfalls für tot gehalten, und das – der Tod eines Delinquenten beim Verhör – verstieß gegen die Dienstvorschriften, also wurde er von den Deutschen nachträglich in eine Exekutionsliste eingetragen, die Erschießungsaktion fand zwanzig Kilometer vor Moskau statt, die Leichen wurden notdürftig mit Erde abgedeckt, Dorfjungen bemerkten später in der Nähe der Grube einen Überlebenden, er hatte sich selbst aus dem Leichenberg gewühlt; dieser Mann, der auch Iwan da herausgezogen hatte, war tags darauf gestorben, Iwan aber hatte man zu den Partisanen in den Wald gebracht, da war er nun. Das Leben ging also weiter, manchmal mußte er heulen vor Schwäche, dann wieder erfaßte ihn totale Gleichgültigkeit, und er vergaß alles. Zwei Frauen pflegten ihn, brachten ihn wieder auf die Beine, welche freilich noch wackelten und nicht wollten; so wurde er, als der Frühling kam, auf ein Fuhrwerk gepackt und tagelang durchgerüttelt, zweimal wurde es finster um ihn, die letzte Nacht verbrachte er am Lagerfeuer, das Fichtenholz knackte, der Rauch biß in die Augen, die Ohren hörten: Da war ein Flugzeug in der Luft, setzte zur Landung an. In Moskau dann kein quietschender Karren mehr, surrende Autoreifen, man fuhr ihn in eine Schule, die als Hospital hergerichtet war, seine Nasenflügel erschnupperten verschiedenste Düfte, eine Stimme keifte: »Hier wird nicht geraucht – ihr Gottlosen!« Ein Flur, eine funzlige Lampe und der Operationssaal im stechenden Licht, hier wurde es offenbar: drei Kugeln, zwei in der Brust, eine im Nacken – und wieder Filmriß, wieder das Gefühl, als schwebte er über den weißen Kitteln. Dann der Krankensaal – eigentlich ein Klassenzimmer, wie er es aus seiner Leningrader Schule kannte – und frische Wäsche, was ihn ungemein freute, dazu ein warmer blauer Kittel, leider fehlte an den Unterhosen der oberste Knopf, und er hatte Hunger. Also aß er, aß immerzu, ohne satt zu werden, doch die Schmerzen konnte er damit vorübergehend stillen: die, die sich über den ganzen Monat hinzogen, die, die kamen und gingen und punktgenau zu lokalisieren waren, und die, die – ein einziges Dröhnen – den ganzen Körper in die Zange nahmen. Das normale, das Vorkriegsleben erschien wie der Sieg der Freude über den Schmerz, wie eine Art Konstante, eine Funktion aus zwei Variablen, die gelegentliche Veränderung der einen führte zur gegenläufigen Veränderung der anderen; hier im Hospital stritten Freude und Schmerz ebenso miteinander, kurzes Leiden fand irgendwie in kurzer Lust beziehungsweise längeren Perioden der Rückkehr zur Norm die Entsprechung. Einen langen Monat lag Iwan in dieser Schule, hier machten ihn auch die Offiziere des NKWD ausfindig, im Kabinett des Chefarztes berichtete er ihnen, wo seine Abteilung das Archiv der Bobruisker Staatssicherheit versteckt hatte, skizzierte ihnen einen Plan; nach drei Tagen kamen sie wieder, logen, der Plan sei verlorengegangen, und er zeichnete ihnen noch einen, absolut identisch mit dem, der angeblich verschollen war – ja, sein Tschekist hatte ihm viele nützliche Dinge beigebracht, nun war er längst tot und Iwan der einzige, der den Verwahrort jener Kisten kannte, die dem NKWD so viel bedeuteten, und man verlegte ihn in ein richtiges Hospital, wo er, als man ihm die letzte Kugel unter einem Halswirbel hervoroperiert hatte, sein Studium der Schmerzenskunde fortsetzen durfte. Er lernte den Schmerz in allen Abstufungen kennen, sortierte ihn je nach Heftigkeit und Dauer in Arten und Unterarten, Klassen und Unterklassen, er horchte auf das Zucken der gereizten Muskeln, neue und alte Schmerzen lagen in dauernder Fehde, neutralisierten einander, richteten sich ein in einer Art Balance, einem Flackern abklingender und wieder anschwellender muskulärer Beschwerden, Leiden und Depressionen; mal schluchzte das Herz, mal ächten die Lungen, die sich noch der Kugel erinnerten; dann wieder begann der Schmerz im Körper breitzufließen wie eine Flüssigkeit auf glatter Oberfläche, bis er einen Spalt fand, worin er verschwinden konnte, aber er verschwand nicht, ballte sich vielmehr zu einem empfindlichen Klümpchen. Schmerzen gab es, die einem den Atem verschlugen, dann war Befreiung nur im Schrei, im langgezogenen Stöhnen, Wimmern, Schluchzen, und das Klangbild des Schmerzes senkte sich auf die nebenan Liegenden, was die Leiden des Schmerzgeplagten linderte, jedoch die Nachbarn aufrührte; im Schmerz konnten Menschen zusammenfinden wie in der Freude, weshalb sonst gab es dieses kollektive Wehklagen auf Beerdigungen? Was aber, wenn die, die neben einem stöhnten, Feinde wären? Und er erinnerte sich jener Merkwürdigkeit, die ihm im Gestapo-Keller aufgefallen war: Es hatte weh getan, als die Deutschen auf ihn einschlugen, gewiß, aber in diesem

Schmerz steckte Freude – denn indem er ihn ertrug, rächte er sich an den Deutschen, sein Schweigen war Schmerz für die, die ihn peinigten; hier wiederum, im Hospital, schien der Schmerz in der Vorfreude verpackt, alles Leiden bald hinter sich zu haben.

Indes, als die Schmerzen tatsächlich ein Ende hatten, wollte Freude sich nicht einstellen, das Leben ging seinen Gang: nach dem Schlingern in steilen Perioden ein flacher Kurvenverlauf. Das Ende des Krieges geriet in Sicht, in der Nähe von Minsk waren zwanzig Divisionen der Deutschen eingekesselt worden, bald würde man die Staatsgrenze überschreiten: »Auf nach Berlin!« Wenn die Post ins Zimmer gebracht wurde, ging Iwan immer auf den Flur, es gab keinen mehr, dem er schreiben konnte, ein Brief war von niemandem zu erwarten, Vater und Mutter, gestorben bei einem Bombenangriff am zweiten Kriegstag, hatte Iwan selbst zu Grabe getragen, von Klim keine Spur, gewiß hatte der Krieg auch ihn geschluckt, keines der Geschwister des Vaters war am Leben geblieben, und einmal, als er, auf der Parkbank sitzend, die Zeitungen überflog, stieß er auf eine Reportage aus Leningrad, die Mitarbeiter des Allunionsinstituts für Pflanzenzucht, kurz: AIP, hieß es da, waren lieber Hungers gestorben, als ihre Samenkollektion anzutasten; in der Liste der toten Helden fand sich der Name F. M. Nikitin. Ein neues Leben mußte begonnen werden, das alte war aus, Iwan hatte niemanden mehr auf der Welt, nicht einmal um ein Liebchen hatte er sich gekümmert, sollte er nicht endlich Ausschau halten? Einmal zog ihn der Bettnachbar auf den Flur, ein Panzerfahrer (einer von der Sorte, die immer als erste ihre Ration und immer als letzte eine Kugel abkriegen): »Ich hab zwei Dämchen aufgetrieben, ganz in der Nähe – wie ist es, kannst du schon wieder?« Er ging mit dem Panzerfahrer zu den Dämchen, von denen es genug gab, um das gesamte Hospital des berühmten Chirurgen

Generaloberst Burdenko zu versorgen, ging auch ein zweites Mal hin, dann ließ er einem Kameraden den Vortritt. Die Ärztekommission stellte noch andere Tauglichkeiten an ihm fest, befand ihn für wiedereinsatzfähig, was der Tschekist, der für Iwan zu haften hatte, schon vorher wußte; so verließ Barinow das Hospital in der Uniform des Oberleutnants, per Flugzeug wurde er ins befreite Minsk geflogen und von dort weiter in die Wälder von Baranowitschi; man hatte die Suche nach den Bobruisker Kisten nicht ohne Iwan aufnehmen wollen. »Hier!« stieß er mit dem Finger in die Erde, und dem freudigen Gebrüll, mit dem die NKWDler den Schatz aus dem Versteck hoben, konnte er entnehmen, daß es ihnen nicht nur um die schnöden Akten zu tun war, worum aber sonst, wollte er gar nicht wissen, von all diesen geheimnisvollen Tschekistenmanövern hatte er die Nase voll. In Minsk bekam er einen Orden verliehen, das Geld, das er illegal überführt hatte, wurde mit keinem Wort erwähnt (man meinte offenbar, es wäre den Deutschen in die Hände gefallen), mit dem V-Mann hatten die Rächer des Volkes schon vor einiger Zeit kurzen Prozeß gemacht. Iwan verspürte von sich aus wenig Lust, die Rede auf die versteckten Rubel zu bringen, immer wenn er daran dachte, meldeten sich schmerzliche Selbstvorwürfe: Was war er für ein verdammter Idiot, daß er einen Treff aufgesucht hatte, von dem er wußte, daß er gezinkt war, warum hatte er das getan? Und er schwieg auch deshalb, weil es ihn in den Wald zog, in den Hinterhalt, auf Spurensuche, dorthin, wo er sich auskannte; kaum setzte er den Fuß auf staubtrockenen Moskauer Boden, befiel ihn Langeweile, hier aber herrschte das freie Leben, der offene Kampf, hier wurden Leidenschaften gestillt, der Wald strotzte vor Gesindel: Kollaborateuren, Nationalisten, Banden – Oberleutnant Barinow, versiert in Partisanenmethoden, bekam eine Kompanie zugeteilt und zog mit ihr bis weit ins Frühjahr fünfundvierzig hinein durch den Nordwesten Weißrußlands, genoß es, wenn die Sumpfjauche in den Stiefeln schmatzte, der Mantel stocksteif war vor Kälte und Dreck und der Magen knurrte; zurück in Minsk, schlief er sich aus, wusch sich, aß sich ordentlich satt, nähte eine strahlend weiße Kragenbinde in die Uniformbluse und putzte die zu guter Letzt doch noch bewilligten Chromlederstiefel blitzblank. Die Kompanie kam in einem zerschossenen Mühlenkombinat unter, Iwan wurde ein Bett im Offizierswohnheim zugewiesen. Der Spiegel an der Wand zeigte ihn in voller Größe: einen breitschultrigen Kerl, der sich die Butter nicht vom Brot nehmen ließ und der es nur den Frauen erlaubte, ihm tief in die blauen Augen zu sehen.

: 50 :

Etwas wie Siegestrunkenheit schien in der lauen Aprilluft zu liegen, Tausende Minsker wuselten in den Straßen, räumten den Ziegelschutt beiseite, die Verdunklungspflicht war aufgehoben, im Wohnheim herrschte Trubel und Fröhlichkeit, in den Vorstädten wurde täglich jemand totgeschlagen, und endlich gab es im Stadtgarten wieder Musik, die Tanzabende hatten schon vor dem Neunten Mai begonnen, der festliche Kanonendonner war noch nicht ganz verhallt, da klingelte das Telefon, die Miliz rief an: Auf der Krasnoarmejskaja war die Leiche einer jungen Frau gefunden worden, »dem Anschein nach erdrosselt, ohne Spuren von Vergewaltigung«, Iwan und seine Einsatzgruppe begaben sich zum Tatort – und dies nicht zum letzten Mal; es war eine freudvolle, eine aufregende Zeit, die Universität erwachte zu neuem Leben, die Studenten kehrten zurück, vom Krieg gezeichnet, Iwan bekam erst im Herbst seine Entlassung, trieb sich eine Weile vor dem Dekanatsgebäude herum, traf keinen, den er kannte, auf dem Friedhof, beim Grab der Eltern, wurde ihm noch weher ums Herz, immer öfter kam er ins Grübeln: Warum verschonte ihn das Schicksal, zog ihn ein ums andere Mal aus dem Grab, das für ihn schon geschaufelt war? Welcher Sinn lag in der Gunst zu leben? Zu welcher Art von Grab geleitete sie ihn hin? Und brauchte er die Mathematik, wenn er doch mehr von Chemie verstand?

Die Gedanken kamen und gingen, wurden von den täglichen Querelen verdrängt: Straßensperren, Scherereien mit Deserteuren, Bandenbildungen mit unbekanntem Hintergrund, schießwütig; einmal hatten sie eine bewaffnete Gruppe umstellt, wenigstens ein paar dieser Leute hätten sie lebend festsetzen müssen, doch der ihm vor die Nase gesetzte Hauptmann Diwanjow von der Ermittlungsabteilung verzog nur den Mundwinkel: »Diese Typen hängen mir zum Hals heraus ... Ich hab was Besseres zu tun, als die mit Samthandschuhen anzufassen ... Wenn Sie irgendwelche Beweise finden – um so besser ...« Mit diesem Jura Diwanjow und sechs weiteren Männern teilte Iwan das Zimmer, nicht auf allen Betten lagen Matratzen, und nicht immer fanden die, die hier wohnten, sich über Nacht ein, man war entweder auf Wache oder wärmte sich bei einer Witwe; kam einer morgens vom Dienst, hatte er nicht selten eine Ewigkeit an die Tür zu klopfen, bis es endlich von drinnen rief: »Kapierst du denn nicht, ich hab Besuch!«, und eine Frau schlüpfte an dem vom Fluchen heiseren Offizier vorbei ins Freie. Wenn es Jura Diwanjow war, der sich gestört fühlte, trat er selbst vor die Tür und räsonierte: Er wolle bei der Erfüllung wichtiger Lebensfunktionen nicht gestört werden und empfehle dem werten Genossen Wachhabenden, sich doch endlich bei einer ruhmreichen Weißrussin einzuquartieren. Warum er das nicht selbst tat, erläuterte er nicht weiter, der Bursche hatte seine Eigenarten; er war sehr groß, Lippen, Augen und Hände immer feucht; freigiebig, wenn es darauf ankam, aber anspruchsvoll in der Wahl derer, mit denen er sein Geld teilte, die Gründe, warum einer nicht flüssig war, mußten einleuchtend oder aber familiärer Natur sein – wenn zum

Beispiel einer aufs Standesamt wollte. Auch in puncto Frauen war er wählerisch, kreuzte öfters mit dem ›Willys‹ bei den Trümmerweibern auf, pfiff gellend die Brigadeleiterin heran, befragte sie streng, wer hier die Komsomolgruppe leite oder mit wem man über Einsatzhilfe verhandeln könne, lud die betreffende Schönheit, die ihm allenfalls knapp bis unter die Schulter reichen durfte, ins Auto ein, und ab mit ihr ins Wohnheim; alles lachte über seinen ausgeprägten Hang zu den Kurzen, Diwanjow reagierte mit sonnigem Strahlen: »Tja, ich mags nun mal, wenn sie mir im Nabel schnüffeln!« Irgendwann bei feuchtfröhlicher Gelegenheit wurde er Iwan gegenüber vertraulich: Mit stinknormalen Genossinnen und Komsomolzinnen herumzumachen, könne er sich nicht erlauben, da hieße es gleich, er betreibe moralische Zersetzung, mit Führungskräften dagegen sei es etwas anderes, das sei ideeller Kontakt plus operative Notwendigkeit, jawohl. Einmal nahm er sich die Zeit, mit Iwan zur Universität zu gehen, hatte kein Auge für die Studentinnen, interessierte sich für die Immatrikulationsbestimmungen; Iwan beneidete er ehrlichen Herzens. »Universitätsdiplom in der Tasche und bei den Organen beschäftigt – das ist was, das ist sogar zwei was, damit wirst du's weit bringen! ...« Sie wurden dicke Freunde, für den Juli jedoch trennten sich ihre Wege – alles wurde zur Eisenbahn abkommandiert, ein Sonderzug war angekündigt, Genosse Stalin persönlich, hieß es, würde damit gefahren kommen, jede Schwelle wurde einzeln untersucht, jede Brücke strengstens bewacht, die ganze Gegend sondiert, observiert und kontrolliert, bis man schließlich aus der Zeitung erfuhr: Die Konferenz fand in Potsdam statt. In Orscha traf Iwan einen Universitätslehrer aus Gorki und fragte nach Klim; nein, keiner hatte etwas von dem Vetter gehört. Drei Wochen lang trieb sich Iwan längs der Eisenbahnlinie herum, lernte etliche Leute kennen und zog, als er wieder in Minsk war,

: 52 :

in die Wohnung eines kinderlosen Buchhalters, wo er ein kleines Zimmerchen herrichtete, Bücher auf das Regal stellte – es war Zeit, höchste Zeit, sich ein eigenes Nest zu bauen, demnächst wurde er fünfundzwanzig: eine Ecke vom Sarg, wie Jura Diwanjow sich ausdrückte, dahinter liegt die nächste Ecke und dann noch eine und immer so weiter, das Leben ist kein Viereck, erst recht kein Quadrat, es ist vieleckig, acht Seiten mindestens, kein Ende abzusehen, solange man lebt und diese herrliche Septemberluft atmet, und jeder Atemzug füllt die Lungen nicht nur mit Sauerstoff, da ist noch ein weiteres, unbekanntes chemisches Element, das das Leben verlängert bis dorthinaus. Einatmen, ausatmen, einatmen, ausatmen, die Füße haben es gut in den weichen, trockenen Stiefeln, sie tragen Iwan zum Ort des entscheidenden Rendezvous, hin zu dem Mädchen, in das er sich verguckt hat bei ihrer zweiten Begegnung, sein Name ist ihm heilig und nicht für fremde Ohren bestimmt; er liebt dieses Mädchen, soviel steht fest, er liebt es unwiderruflich und nachhaltig. Er weiß nicht, wie alt sie ist, und wird sie nicht danach fragen; der Krieg hat sie gezeichnet, natürlich, man sieht es an den Augen, doch so weit, daß sie des Abends mit einer Kippe zwischen den Zähnen durch die Innenstadt zöge, ist es mit ihr nicht gekommen. Ein bescheidenes Mädchen, hat fünf Wiedersehen lang gezaudert, ob oder ob nicht, hat die Sache immer wieder abgebogen, den Moment hinausgezögert: Mal hat sie »grad so eine Periode«, mal die Mutter aus dem Dorf zu Besuch, und mal ist in das Wohnheim kein Hineinkommen für einen fremden Mann. Doch bei all ihren Ausflüchten hat sie diesen schelmischen Kleinmädchenausdruck im Gesicht, die Zungenspitze aufreizend zwischen den Lippen, und da ist etwas, das den Wunsch nach Nähe verrät, eine gewisse Verderbtheit, ein Lächeln, das einem als Mann sagt: Warte ab, du wirst mehr bekommen, als du erwartest; etwas Gefährliches, Geheimnisvolles und Bezauberndes war an diesem Mädchen, dabei spürte man, sie wollte, sie schmachtete und verzehrte sich, noch ein Geringes war nötig, und die Säfte der Liebe und der Leidenschaft würden hervorsprudeln aus ihr. Einatmen, ausatmen, einatmen, ausatmen. Die Sonne schien, in den Straßen war so viel Freude – man wollte glauben, daß am nächsten Morgen, wenn das Volk erwachte, die Mauern der zerbombten Häuser sich von selbst wieder aufgerichtet hätten, die Fensterhöhlen verglast und die Straßen gepflastert wären, alles ringsumher wäre festlich geputzt wie im letzten Vorkriegsmai. Er sah das Mädchen schon von weitem, ihr Gang schien ihm, wie sie auf ihn zukam, ein wenig anders, es lag an den Schuhen: alter Leningrader Stil, jetzt wieder in Mode, wahrscheinlich zum ersten Mal an den Füßen. Sie drückten, deshalb dieser Gang, und fast ein wenig schuldbewußt – so schöne Schuhe bekam man weder im Laden noch gegen irgendwelche Frischkost vom Lande getauscht; »Sonderkontingent!« brüstete sich das Mädchen und sah ihn unter dichten Wimpern hervor flehend an, schien sich des königlichen Geschenks, zuerkannt auf Beschluß des Gewerkschaftskomitees, beinahe zu schämen. Dann senkte sie den Blick, innerlich schon auf das Mysterium konzentriert, das ihr heute widerführe, unbedingt heute abend um sieben, in Iwans Zimmer, sie würde Punkt sieben Uhr da sein, keine Minute früher und keine Minute später, umständehalber war das nötig, sie konnte nur bis acht Uhr dreißig bei ihm bleiben, mußte anschließend schnell ins Wohnheim zur Mutter, deren Zug ging um zehn, die alte Frau mußte zum Bahnhof gebracht werden, damit sie sich nicht verlief, sie hatten also anderthalb Stunden, Iwan sollte sich bloß nicht verspäten (jetzt legte das Mädchen bittend die Hand an seine Hemdbrust), und vielleicht konnte er mit seinen Wirtsleuten irgendwie übereinkommen, »es« ging eben nur heute, in diesen anderthalb Stun-

: 54 :

den, schon morgen wäre es, »na, du weißt schon«. Die Hand zog sich von seinem Hemd zurück, das Gesicht wurde vor Verlegenheit flammend rot; Iwan fing die bebende Hand auf, führte sie an seine Lippen, er war nicht minder erregt und verwirrt als das Mädchen, ihre Selbstaufopferung erschütterte ihn zutiefst, und er schwor ihr: Keine Verspätung, pünktlich um sieben würde er vor ihr stehen. Dann äußerte die Geliebte noch eine fast kindliche Bitte: Sie habe noch nie Sekt getrunken, trinke eigentlich überhaupt nicht, aber da ein so besonderes Ereignis in ihrem Leben anstand, ob er vielleicht irgendwo welchen auftreiben konnte? Und sie lief zur Straßenbahn, die Waden etwas stramm, der Rock ein bißchen zu lang; die Bahn ruckte an, trug seine Liebe davon, und eine große Zärtlichkeit erfaßte Iwan; er sprang ebenso in die Straßenbahn, seine, die in die entgegengesetzte Richtung fuhr, zur Wohnung des Buchhalters, noch viereinhalb Stunden bis sieben, da konnte man Berge versetzen, und – o Glück! – es war ein Tag, an dem alles gelang, die Wirtsleute hatten zwei Kinokarten geschenkt bekommen, just für die Vorstellung um sieben, er mußte also nicht erst schwere Geschütze auffahren, immerhin hatte die Frau des Buchhalters, als sie ihm das Zimmer vermietete, eine Bedingung gestellt: keinerlei Besuche! Zwei Tellerchen, zwei Schälchen, Besteck und eine Flasche Wodka, trinken mußten sie aus Zahnputzgläsern, die vierhundert Rubel für den Sekt fanden sich auch; in dem Laden, wo es freiverkäufliche Ware gab, drängte er sich zur Kasse vor, schob die Schlangestehenden gegen die Theke, ergatterte außer dem Sekt auch noch eine Flasche vom guten ›Aigeschat‹, drängte wieder hinaus auf die Straße und – wie das Leben so spielt – einer Patrouille direkt in die Arme. »Ihre Dokumente!« Er zeigte sie vor, man schien ihm gewogen, wobei die eingewickelten Flaschen in seiner Hand einen gelinden Argwohn erzeugten, also wollte man den Ausweis ein zweites Mal sehen, der

Patrouillenführer legte eine seltene Umsicht an den Tag, er sprach sanft und einschmeichelnd, was seinen Vorschlag aber nicht sinnvoller machte: Man könne ja unmöglich die Unterschriften aller Vorgesetzten kennen, sagte er, es gebe in der Kommandantur keine Schriftmuster, ob es ihm etwas ausmache, kurz mitzukommen auf seine Dienststelle, die sei ja gleich um die Ecke, dort gebe es die Bestätigung, und dann könne er ausfliegen, der Vogel, so lange er lustig sei! ... »Von mir aus«, erklärte Iwan sich mit einem Blick auf die Uhr einverstanden, ihm kam der Gedanke, daß er dort gleich noch auf der Soldstelle vorbeischauen konnte, vor zwei Monaten sollten, wie er erst jetzt erfahren hatte, die Bezüge erhöht worden sein, vielleicht würden sie ihm den Abstand auszahlen. Mit der Patrouille ging er also auf die Dienststelle, der Wachposten starrte: Wen schleppst du denn da an? Der Patrouillenführer raunte ihm etwas zu und zog, ohne ein Wort der Entschuldigung, mit seiner Patrouille von dannen, dafür nahmen zwei in der Nähe herumstehende Leutnants sich seiner an, verlangten den Ausweis, meinten besorgt, es würde gerade eine Formaländerung der Ausstellungsdaten durchgeführt, er müsse mit dem Ausweis in den dritten Stock hinauf, Zimmer achtzehn, sie kämen am besten mit und zeigten es ihm, etwas befremdet folgte Iwan ihnen, sie wiesen auf eine Tür und schlossen sie hinter ihm. Am Schreibtisch saß ein fleißiger kleiner Leutnant, jung und rosig; solche wie er kamen jetzt viele von den Akademien, die Siegesmedaille an der Brust, ohne im Krieg gewesen zu sein, und dieses Jüngelchen, das nie Pulverrauch gerochen hatte, saß da und schrieb, das Gesicht in beflissene Falten gelegt. »Setz dich dahin!« hieß es, ein Wink mit dem Finger zeigte, wohin, der Leutnant sah nicht einmal auf dabei. Die Nase überm Papier, damit beschäftigt, Buchstaben zu malen, verlangte er Iwans Waffe; endlich, als Iwan ihm sagte, daß er keine Waffe bei sich habe, warf der junge Mann sein

: 56 :

angefangenes Schreiben in die Schublade und zog einen Befragungsprotokollbogen hervor, wedelte mit der gezückten Feder darüber hin, verstieg sich zur Frage nach der Parteizugehörigkeit, welche er prüfte, indem er das Parteibuch aus Iwans Händen entgegennahm. Iwan hätte es ihm nicht geben dürfen, es gab eine Instruktion, die das untersagte, doch er hatte jetzt nur noch zwei Stunden bis sieben, sollte dieser überstudierte Leutnant sich gefälligst beeilen, die Unterschriften in den Ausweisen vergleichen und die vor einem Monat geänderte Truppenteilnummer korrigieren, jaja, da wußte eine Hand nicht, was die andere tat. Die zwei Leutnants von vorhin erschienen wieder, bauten sich zu beiden Seiten auf, der junge Mann begann sein Protokoll auszufüllen und stellte sich dabei endlich vor: »Untersuchungsrichter Alexandrow«, den Dienstgrad verschwieg er, fragte nach, in welchem Monat des Jahres 1942 genau Iwan in die Partei eingetreten sei, und warf das Parteibuch in seine Schublade. Dann reichte er ein anderes Blatt Papier über den Tisch, »bitte zur Kenntnis nehmen!«, so daß Iwan die eingewickelten Flaschen vor sich abstellen mußte. Er begann zu lesen, Buchstaben und Worte begannen ihm vor den Augen zu tanzen: »Sagen Sie mal, spinnen Sie?« Nein, der Untersuchungsrichter zählte noch einmal die Paragraphen des Strafgesetzbuches der BSSR her, nach denen der Bürger Barinow, Iwan Leonidowitsch, geboren 1920, Nationalität: Russe, wohnhaft ... zur Verantwortung zu ziehen war – und diese Paragraphen kannte Iwan gut, dennoch brachte Alexandrow, der nicht wie ein Scherzbold aussah, sie für ihn auf den Punkt: Hochverrat, Spionage, Diversion. »Du hast sie doch nicht alle!« lachte Iwan, und da sprang der Untersuchungsrichter hinter seinem Schreibtisch hervor, stellte sich vor Iwan auf, brüllte ihm ins Ohr: »Laß endlich die dumme Tour, Dreckstück! Pack aus! Erste Frage: Wann, wo und unter welchen Umständen bist du vom faschistischen deutschen Spionagedienst angeworben worden?« In der Frage steckte eine Unterstellung, bekräftigt durch einen Hieb in den Magen, der ihm von einem der flankierenden Leutnants versetzt wurde, die beiden hielten ihn an den Armen gepackt, lockerten jedoch auf einmal ihren Griff. Jemand war hereingekommen, jemand, der offenbar genügend Macht besaß, daß die Leutnants erschrocken zurückfuhren, auch der Untersuchungsrichter nahm Haltung an, und der Eingetretene war kein anderer als Jura Diwanjow. Bei Iwans Anblick brach er in Lachen aus, wurde aber schnell wieder ernst, als er Alexandrow beiseite geschoben und zu lesen begonnen hatte, was an Papieren auf dem Tisch lag, er las lange, sein Gesicht wurde immer finsterer, schließlich versank er in Gedanken. »Jura, hier liegt irgendein Mißverständnis vor ...«, brachte sich Iwan, der auf die Uhr gesehen hatte, in Erinnerung. Diwanjow aber blickte unverwandt den Untersuchungsrichter an, sein Adamsapfel hüpfte, schien aus dem engen Uniformkragen hervorspringen zu wollen, und das, so wußte Iwan, war ein Zeichen von Wut, und der Untersuchungsrichter wußte es auch, er wurde abwechselnd blaß und rot und seine Miene immer reuevoller, verlegen nestelte er an den Schößen seines Uniformrocks; Angst stand in den Augen des Untersuchungsrichters, und jetzt gab Diwanjow ihm den Rest, öffnete den Mund zur vernichtenden Predigt: »Genos-s-se Alexandrow! Sie haben mir schon mehrfach Anlaß zur Beschwerde über schludrige Dienstausführung gegeben, aber das hier schlägt dem Faß den Boden aus ...« Musik in Iwans Ohren waren Jura Diwanjows weitere Worte: daß der den Organen zuzuführende und strafrechtlich zu belangende Barinow, Iwan Leonidowitsch, aus Minsk und nicht aus Leningrad gebürtig sei und außerdem vor dem Krieg am Pädagogischen Insitut studiert habe, es liege also ein Fehler vor, eine Verwechslung mit einer Person gleichen Namens.

»Ich sehe mich veranlaßt, Maßnahmen zu ergreifen!« – Jura schimpfte wie ein Rohrspatz auf den dämlichen Alexandrow ein, der etwas Klägliches zu seiner Rechtfertigung zusammenstotterte; Iwan empfand Genugtuung, genoß es, mit einem Gefühl rachsüchtiger Befriedigung blickte er Alexandrow an und brachte noch einen wunden Punkt zur Sprache: »Das Parteibuch hat er mir auch weggenommen, der Hund ...« Dies nun fand Diwanjow wirklich ein starkes Stück, er griff zum Telefonhörer, wählte eine dreistellige Nummer und bat einen Major Fedortschik dringend in Zimmer achtzehn, was Alexandrow gehörig in Schrecken versetzte, und der umgehend eintreffende Major Fedortschik wurde in kurzen Worten unterrichtet, welche Dummheit Leutnant Alexandrow nun wieder begangen habe, man hätte ihn schon lange aus dem Dienst in der Abteilung entfernen sollen, und wie konnte so einer überhaupt bei der Staatssicherheit arbeiten, solch ein Idiot: zu faul, klare Erkennungsmerkmale für einen Hochverräter zu erstellen, und schon wird ein Namensvetter des gesuchten Verbrechers festgesetzt und dem Verhör unterzogen, was ja so schlimm nicht wäre und immer mal vorkommt, aber im gegebenen Fall ein unverzeihlicher Fehler ist und absolut kriminell, denn der Festgenommene ist unser eigener Mann, ein verdienter Offizier, dem Vaterland, der Partei und Genossen Stalin zutiefst ergeben, erfahrener Partisanenführer noch dazu, für Verdienste im besonderen Einsatz mit dem Rotbannerorden ausgezeichnet, durch die Folterkammern der Gestapo gegangen, hat Dokumente höchster Wichtigkeit vor dem Feind in Sicherheit gebracht ... »Ach, Sie sind das?« – Major Fedortschik war angenehm überrascht und streckte Iwan beinahe ehrerbietig die Hand entgegen, der drückte sie, hocherfreut von der Begegnung mit Major Fedortschik, welcher die Stirn kraus zog und bemerkte, es sei fürwahr nicht das erste Mal, daß dieser Alex-

androw tschekistischen Grundsätzen zuwidergehandelt habe, nun habe man ihn gar erwischt, krumme Wege zu gehen, rein bequemlichkeitshalber, womit er sich in scharfem Gegensatz zu den Richtlinien der Partei befinde ...
Der Major hörte gar nicht wieder auf, das Betrübliche daran war nur, daß die Zeit verging, es war schon sechs Uhr, eine Stunde noch bis zum Rendezvous mit dem geliebten Mädchen; deshalb war Iwan froh, als man mit Alexandrow nun kurz und schmerzlos verfuhr, Fedortschiks Hand fuhr einmal senkrecht und einmal waagerecht durch die Luft, womit sozusagen ein Kreuz hinter Alexandrows Dienst bei den Organen gemacht war, dann kam dieselbe Hand auf Iwan zu: »Bitte verzeihen Sie uns, es ist nun mal passiert ...«
Die Iwan betreffende Order lautete: »Nach Erfüllung aller Formalitäten unverzüglich freilassen!« – »Zu Befehl!« bellte Jura – und ließ sich auf den Stuhl fallen, lachte, ein bißchen freundschaftliche Häme war herauszuhören: kleinen Schreck eingejagt? Er gab das Parteibuch zurück, auch den Personalausweis, musterte das Paket mit der Flasche, rieb sich zufrieden die Hände, als Iwan ihm zeigte, was darin war, machte aus ›Aigeschat‹ witzelnd ›Eigeschäft‹, strich respektvoll über die Flasche hin und äußerte die zielsichere Vermutung: Bestimmt sei Iwan damit auf Hurenfang? Bei dem Wort mußte Iwan kurz schlucken, dennoch erwiderte er freudestrahlend, ja, ich treffe mich mit einem Mädchen, und er gab Jura, der neugierig und sowieso immer auf Weiber scharf war, bereitwillig weitere Auskünfte; obwohl seine Geliebte von der Größe her überhaupt nicht zu Jura Diwanjow paßte, meinte er, für sich selbst überraschend, er trete sie seinem Freund Jura bestimmt einmal ab, dann dürfte sie an seinem Nabel schnüffeln! ... Den lüsternen Blick auf die Flasche gerichtet, vergaß Diwanjow doch nicht seine Pflichten, tat einen Anruf, in dem er Iwans Dienstzeugnis herbeizuschaffen befahl, und er bekam, wonach ihn gelüstete,

nämlich die Flasche Wein als Opfergabe, anschließend verlor er sich in Erörterungen über das Leben im allgemeinen und den Dienst im speziellen; daran, daß Iwan in ein, zwei Monaten seinen Abschied nehmen und den Organen den Rücken kehren würde, hatte er seine Zweifel: Neeein, mein Freund, uns entfleuchst du nicht, den Organen bleibt man fürs Leben verbunden ... »Jura, ich habs wirklich eilig!« Iwan zeigte auf seine Uhr, und nachdem Diwanjow ein weiteres Mal telefoniert und trostlosen Bescheid erhalten hatte, schimpfte er auf die »Kanzleiratten« und seufzte ergeben – was tut man nicht alles für einen Freund!, sollte der Seufzer heißen, Diwanjow hatte einen Entschluß gefaßt, der so einfach wie genial war: Er selber könnte ja, sobald die Akte einträfe, auf alle nötigen Fragen Antwort geben, während Iwan seinen Leidenschaften nachging; der Form halber mußte Iwan natürlich zuvor die Protokollbögen unterschreiben, hier unten und auf dem Rand: *Den von mir gemachten Aussagen entsprechend*, Datum, Unterschrift, fertig! – worauf Iwan sein Paket schnappte, dessen Inhalt auf die Hälfte zusammengeschrumpft war, und im Laufschritt die Treppe hinunterjagte. Es war 18.35 Uhr.

Von den unsichtbaren Schwingen der Liebe getragen, flog er nach Hause, für die letzten hundert Meter benötigte er keine dreißig Sekunden, es war kurz vor sieben und das Mädchen nirgends zu sehen, er konnte noch einmal hinauf, sowieso kam sie immer zwei, drei Minuten zu spät. »Ich Idiot hab keine Blumen gekauft!« Iwan fluchte, als er die Haustür aufzog, er wunderte sich über den Polizisten, der davorstand. Wahrscheinlich war bei den Nachbarn irgend etwas vorgefallen, mutmaßte er, denen von gegenüber – und hatte kaum einen Schritt in den Flur der Wohnung hinein getan, als er auch schon bei den Armen gepackt, gegen die Wand gestellt und durchsucht wurde. »Hat sich doch alles geklärt, Leute!« rief er flehend, »ich bin der Falsche, verdammt noch mal!« Das Bett war durchwühlt, die Matratze gewendet, der Nachttisch umgekippt, alles aus dem Schrank heraus auf den Fußboden geworfen, jedes Buch wurde einzeln vom Bord genommen und geschüttelt – ach, und seine Geliebte saß auf einem Schemel an der Wand, was hatte sie zu leiden, die Ärmste!, war sozusagen blind in die Falle getappt und von diesen Pavianen abgeschleppt worden, hier herauf, ganz erschrocken sah sie aus, die Hände auf den Knien zupften am Kleid herum, die Füßchen in den neuen Schuhen klemmten verschränkt unter dem Schemel. Eben machten sich die Paviane in Zivil daran, den Nachttisch zu durchforsten, wozu sie ihn auf die Füße stellten und seine Tiefen mit der Lupe untersuchten. Die braven Wirtsleute standen wie versteinert, sahen dem Pogrom mit aufgerissenen Augen zu, ins Kino hatte man sie nicht gehen lassen, die zuständigen Vermieter hatten als Zeugen anwesend zu sein. Jetzt wurden die Tapeten abgetastet, einem der Jackettträger fiel ein Zettelchen aus einem Lehrbuch vor die Füße, er hob es auf: »Irgendwelche Zahlen ... Anscheinend ein Kode!« Und da sprach das Mädchen, ohne den Blick zu heben: »Gawrilow, du mußt gründlicher sein, schreib auf, wo genau in dem Buch der Zettel eingelegt war!« – und das Grauen, das vorhin erst, auf der Dienststelle, von Iwan gewichen war, kehrte zurück, schwer wälzte es sich über ihn; zum Ursprung dieses Grauens standen die Schuhe des Mädchens in unklarer Beziehung, jene schicken kleinen Vorkriegskähnlein, Iwan konnte sie noch einmal betrachten, da sich die Kleine nun vom Schemel erhoben hatte und wie eine Chefin im Zimmer umherging, ihre göttliche Hand an das Paket legte, den Sekt hervorzog, welchen sie als Corpus delicti zu vernachlässigen entschied: »Der kommt nicht ins Protokoll!« befahl sie und steckte sich eine Zigarette an – mit einer Bewegung hatte sie die Packung ›Belomor‹-Papirossy aus der Handtasche geholt und den Sekt dort hineingestopft. Iwan bekam einen Stoß in den Rücken: Abmarsch! Augen nach vorne! Der schwarze Gefangenentransport rollte im Rückwärtsgang heran, Dienst ist Dienst!, bekam Iwan von besagtem Gawrilow in gutmütigem Ton erklärt, und daß er und seine Leute zum Tatort befohlen worden seien, was soll man da machen – nachher in der Leitstelle werde sich alles nach Recht und Gesetz klären lassen. Kaum stand Iwan wieder im nämlichen Zimmer achtzehn, kamen die zwei Leutnants gesprungen und drehten ihm die Arme auf den Rücken. Alle waren sie da: Major Fedortschik und Leutnant Alexandrow und natürlich Jura Diwanjow, dessen Augen blitzten vor grimmiger Freude. »Haben wir dich endlich festgenagelt, du Schwein! Hast uns lange genug an der Nase rumgeführt! …« Im lippenlosen Gesicht des Majors malte sich der etwas träge Triumph des altgedienten Soldaten, der schon manchen Gegner in die Knie gezwungen hat. »Hier haben wir's schwarz auf weiß!« – Diwanjow wedelte mit den Protokollen – *Wie er merkte, daß er ein für allemal entlarvt ist, hat er ausgepackt! Da windet er sich nicht noch mal raus!* Und er las vor: *In Beantwortung Ihrer Frage gebe ich zu Protokoll, daß ich meine Schuld vor dem Vaterland bekenne und offenen Herzens zugebe, im September 1940 vom faschistischen deutschen Spionagedienst angeworben worden zu sein und die Bereitschaft zur Kollaboration mit meiner Unterschrift beglaubigt zu haben; die Anwerbung erfolgte durch zwei deutsche Agenten, die als Wissenschaftler getarnt in Minsk weilten und von denen der eine, dessen Äußeres ich beschreiben kann, meines Wissens Jürgen Maisel hieß. Zur Kollaboration mit dem feindlichen Spionagedienst trieb mich der mangelnde Glaube an den Sozialismus sowie mein familiäres Umfeld …* Der Major, der seinen Ohren nicht trauen wollte, fragte kopfschüttelnd und in strengem Ton, ob dem entlarvten Agenten gegenüber Maßnahmen körperlicher Gewalt angewandt worden seien, was Diwanjow verneinen konnte, indem er die Unterschriften auf jedem einzelnen der enthüllenden Papiere vorwies.

»Genossen«, flehte Iwan, »daß ihr euch nicht schämt! Ihr wißt doch genau, daß ich einer von euch bin, ein Sowjetbürger wie ihr!« Worauf Diwanjow, nun schon kochend vor Wut, ihn anbrüllte: »Den Sowjetbürger werd ich dir zeigen, du deutsches Schwein!« – und seine Faust knallte in Iwans Gesicht; die Leutnants schmissen ihn zu Boden, traten mit vier Füßen auf ihn ein, Alexandrow gesellte sich dazu, sie strengten sich an, den Unterleib zu treffen, Schläge prasselten von allen Seiten herab, Iwans Arme fuhren, um Brust und Bauch zu schützen, wild hin und her – so lange, bis den Schlägern die Kräfte erlahmten und seine Ohren vom anschwellenden Dröhnen so sehr schmerzten, daß er nichts mehr hörte. Das Bewußtsein verlor er nicht, bekam also mit, wie sie ihn hochhoben und über die Hintertreppe nach unten schleppten ... Sein Körper flog der Länge nach ins Dunkle, hinter ihm fiel kreischend eine Tür ins Schloß und schnitt ihn ab von allem, was vor dem Schmerz gewesen war, vor jenem Geheul des Triumphs. Plötzlich hatte er das Gefühl, in seiner alten Leningrader Wohnung zu sein, auf dem Diwan zu liegen, Pantelej mit seinem Riemen war eben fertig geworden und würde das Zimmer gleich verlassen, so daß er aufstehen, die Hose hochziehen und in die Küche gehen mußte, das Abendbrot auf die Herdplatte stellen, weil die Eltern bald kamen. Also versuchte er sich zu erheben, erhob sich – um Anlauf zu nehmen und den Kopf gegen die Wand zu rammen, denn alles in ihm wollte sich umstülpen vor Haß, Haß gegen sich selbst, der loderte wild, drohte ihn in Stücke zu reißen, schmerzte, daß es nicht zu ertragen war, und aufhören würde dieser Schmerz erst, wenn er seinem Leben ein Ende setzte. Er stand auf, warf sich aufs neue nach vorn in die Finsternis, stolperte jedoch, so daß seine Wange gleich wieder den Beton fühlte; drei Versuche unternahm er, sich den Schädel einzurennen, doch der Selbsterhaltungstrieb war stärker, und jeder Sprung endete damit, daß er lang auf dem nach Zement riechenden Boden hinschlug. Schließlich wurde er an Armen und Beinen gefesselt und auf den Rücken gewälzt, so lag er und sah über sich die trübe Glühbirne, die leuchtete ihm die ganze schreckliche Nacht.

2.

Schrecklich war diese Nacht, schrecklich und abscheulich; kaum war der Haß auf den dummen Grünschnabel, der er war, einem dumpfen Gleichmut gewichen, als das Gedächtnis von neuem die Bilder auffuhr, die Leib und Seele zerreißen wollten: wie er sich Diwanjow, diesem miesen Schurken, winselnd zu Füßen wälzte – Gnade! Gnade! –, wie er ihn anflehte, bereit, seinen Peinigern die Hand zu küssen und die Stiefel zu lecken, und wie er auf den schnöden Lockvogel hereingefallen war, dieses Fräulein von den Organen, das schamhaft die Lider gesenkt hielt, um sein Lachen zu verbergen; schon beim zweiten Rendezvous hätte er wissen müssen, wer ihm diese Hündin geschickt hatte, und dann diese Schuhe – waren solche nicht vor zwei Wochen den Mitarbeiterinnen zugeteilt worden?! Wie hatte ihm das passieren können, ihm, der allen Foltern der Deutschen eisern widerstanden hatte? Polizeischergen, Gendarmen, Gestapoleute hatten auf ihn eingeprügelt, und es hatte weh getan, oh! – doch waren jene Schmerzen ein Klacks im Vergleich zu den Leiden des letzten Tages, da er, der kühne, kluge Partisan, demütig um Einhalt gebettelt, um Nachsicht gefleht, sich an die Brust geschlagen, händeringend beteuert hatte, er sei einer von ihnen, ein Sowjetbürger!, da er sich vor diesen nichtswürdigen Kreaturen in den Staub geworfen hatte, ihnen zu Kreuze gekrochen war, sich Tränen der Reue abgedrückt, das Stöhnen nicht unterdrückt und – was das Schlimmste war – gar nicht den Versuch unternommen hatte, den Kettenhunden die Stirn zu bieten. Was war mit ihm geschehen?

Er durchlitt eine furchtbare, peinigende, selbstmörderische Nacht, in der er sich zu Grabe trug, jenen armseligen, erbärmlichen Iwan Barinow, der gestern und all die vergangenen Jahre gekniet hatte vor einer Macht, die ihm nicht Freund, sondern Feind war. Von wegen Freunde, Kollegen, Genossen, Blutsbrüder ... nichts da! Fedortschik, Alexandrow, Diwanjow und das übrige Personal in diesem Haus waren seine Feinde, ebensolche Feinde wie die Deutschen und wie die Polizeischergen, Erzfeinde! Allein schon deshalb, weil er wie jeder andere Mensch im Land von diesen Organen als Feind betrachtet wurde. Und nichts verband ihn mit seinen Feinden, als daß sie einander haßten. Und er war auch nicht in derselben Partei wie sie, denn die, ihre Partei, war nur dazu da, im passenden Moment mit den eigenen Leuten kurzen Prozeß zu machen, ihren Widerstandswillen durch Parteidisziplin zu lähmen; die Partei war wie ein Gestapo-Keller, der die Menschen gefügig machte, in willenlose Geschöpfe verwandelte, die sich selbst denunzierten vor lauter Angst; und die Ideologie war Lüge, ein großer, weltumspannender Schwindel, vernickelte kleine Zangen in der Tasche der wahren und einzigen Wortführer. Feinde! Deren ganze Stärke darin bestand, so zu tun, als gehörten sie zu einem und man selbst zu ihnen – doch von nun an würde ihn keiner mehr täuschen, denn er war schlauer und stärker als sie, und er wußte längst, was Diwanjow nicht wußte und der Major ebensowenig, von Alexandrow, diesem Schleimer, ganz zu schweigen – nämlich worauf diese ganze Operation hinauslief, die so listig und auf die Minute eingefädelt war, und welchen Zwecken sie diente. Es war alles sehr einfach. Letzten Monat war er zur Kontrolle jener Fahrzeuge abkommandiert gewesen, die Tag und Nacht die Landstraße Brest–Minsk entlangrollten, bis obenhin mit Kriegsbeute aus Deutschland beladen. Und was sich da nicht alles unter den Planen fand: Teppiche, Radioapparate, Möbel, Geschirr, Schuhe, Kleidung, Spiegel, alles, was man sich nur vorstellen konnte – und dazu gab es ein Protokoll vom Amt für Beutegutverwaltung oder ein dienstliches Begleitpapier mit detaillierter Importgut-Auflistung oder auch nur einen Zettel mit hingeschmiertem Befehl. Der alte Lehrer in dem Dorf, wo Iwans Trupp einquartiert war, hatte mit Tränen in den Augen geklagt, der September stünde vor der Tür, und die Kinder hätten weder Hosen noch Schuhe, man könnte sie doch nicht barfuß zur Schule kommen lassen; ein weißrussisches Sprichwort wurde bemüht, das in Iwans Ohren fremd klang: »Mach dich in Schuhen auf die Socken – dann bleiben dir die Socken trocken.« Am nächsten Morgen stoppte Iwan einen Dreitonner, inspizierte die Ladung und schmiß einen Ballen Stoff herunter; der den Transport begleitende Hauptmann drohte mit allerlei Konsequenzen, zischte ihn an: »Wenn du wüßtest, wem das gehört!« – worauf Iwan gleich noch mehr an dem Transport auszusetzen hatte, die Fahrzeugnummer sowie den Namen des Hauptmanns zu Protokoll nahm und Meldung zu erstatten androhte, was er freilich nicht tat, schade um das Papier, und nun hatten sie sich ein hübsches Rachemanöver ausgedacht, um dem eins auszuwischen, der dafür gesorgt hatte, daß die Kinder zu Hosen kamen, alles war bis ins kleinste geplant, exakt hatten sie seinen Tag im vorhinein aufgeschlüsselt, ein Schauspiel in etlichen Episoden und mit großem Finale. Wegen eines Fetzens Stoff hatten sie Iwan kurzerhand zum Agenten des deutschen Spionagedienstes gemacht – so handelten Feinde. Und sie waren nicht seine allein, sie waren Feinde der ganzen Menschheit, Feinde aber konnte man täuschen, so wie die Deutschen sich hatten täuschen lassen, Gesetz und Moral, denen er folgte, galten nicht für sie, von nun an gab es nichts mehr, was ihn, Iwan Leonidowitsch Barinow, mit den Machthabern verband, er war gegen sie, und er würde sie besiegen, Fedortschik und Diwanjow würden den giftigen Köder, den sie ihm ausgelegt hatten, selbst schlucken müssen. Die Abrechnung stand bevor. Zuallererst mit Diwanjow. Der bekam die Kugel. Fedortschik würde er anders erledigen. Vorher durften die beiden noch Alexandrow und das Mädchen fertigmachen, denn das Spektakel war mißglückt, das würden sie heute merken, noch an diesem eben anbrechenden Morgen; in dem Fensterchen unter der Zellendecke wurde der Himmel langsam blau.

Unerbittliche Minuten der Selbstgeißelung gingen zu Ende, Iwan ahnte, daß ihm das Haar in dieser furchtbaren Nacht grau geworden und die Zeit der Weisheit gekommen war – früh genug, um ihn noch gesund und bei Kräften zu sehen. Er betastete sich: Der linke Arm war ausgekugelt, der Brustkorb von Blutergüssen bedeckt, doch heil; der Sohn eines Chirurgen kannte seinen Körper genau, Schädelknochen und Extremitäten waren unversehrt, und die Schmerzen – wen wunderte es! – waren weg, geblieben war nur der eine, gute, heilsame Schmerz, der ihn den Feinden entrückte, Rachegelüste schlossen ihm, einem belebenden Balsam gleich, die Wunden, die gesteigerte Blutzufuhr tat dem Zahnfleisch gut und ließ den wackelnden Zahn wieder einwurzeln, die Hämatome abklingen, bald schon würde sein Körper alle Kraft und Geschicklichkeit zurückgewonnen haben, würde leben und kämpfen, und er, Iwan, würde entkommen – dieser Gedanke war derart angenehm, daß er die Schüssel mit dem Grützbrei leer aß, die ihm durch ein Loch in der Tür hereingeschoben worden war, den Tee trank er auch, und wiewohl ihm sein Verstand sagte, daß er besser daran getan hätte, noch ein, zwei Stündchen den Dummkopf zu mimen, zu barmen und zu betteln, beschloß er, hart zu sein zu sich und seinen Feinden. Er mußte laut lachen, als er an das Mädchen dachte: War die falsche Schlange doch tatsächlich in diesen Schuhchen zur Haussuchung erschienen, aus reiner Gefallsucht – da konnte man sie sehen, die niederträchtige Natur des Weibes! Vor Glücksgefühl schienen ihm nun Leib und Seele zu klingen, sie kamen hervorgekrochen aus dem Grab, in dem sie fünfundzwanzig Jahre gelegen hatten – eine Auferstehung, das war es, was diese Nacht für ihn bedeutete, endlich brach der Morgen eines neuen Lebens an, eines, von dem Fedortschik, Diwanjow und Alexandrow keine Ahnung hatten. Das Trio starrte ihn an, in den Augen der blanke Hohn, Diwanjow kehrte gar das Mitgefühl des alten Freundes hervor (»Iwan, was ist bloß mit dir, du bist ja nicht wiederzuerkennen?«), während der Major sich in amtlichem Ton erkundigte, ob es gesundheitliche Beschwerden gebe und ob er bereit sei, auf weitere Fragen betreffs der von ihm geführten Organisation und ihrer verbrecherischen Wühltätigkeit zu antworten. Gesundheitlich sei alles in Ordnung, entgegnete Iwan, der auf einen Stuhl mitten im Zimmer plaziert worden war, er habe sich bloß ein paar blaue Flecke geholt, beim Hinfallen in der schummrigen Zelle, satt sei er auch und könne nicht klagen, bitte nur um eines: Er sei gestern etwas nervös gewesen, habe manches wieder vergessen, vielleicht könne man so freundlich sein und ihm in Erinnerung bringen, was er schon alles gestanden habe. Nachdem seine Hände vorsichtshalber hinter der Stuhllehne gefesselt worden waren, hielt Diwanjow ihm das erste Blatt des Protokolls vor die Augen und dann das zweite, Iwan las und gab mit einem Nicken zu verstehen, wenn man ihm das nächste zeigen

: 70 :

sollte, Blatt für Blatt, Zeile für Zeile prägte Iwan sich ein, was Diwanjow geschrieben und er, Iwan, eigenhändig unterschrieben hatte – *Den von mir gemachten Aussagen entsprechend. 12. Sep. 1945* – sieben beidseitig beschriebene Blätter, und jede Zeile trug zu Iwans Rettung bei und schob diese Troika von Dummköpfen selbst ein Stück ins Kittchen hinein. *Mit Scharangowitsch nahm ich im Mai 1934 Kontakt auf* ... Wer war Scharangowitsch? Ach ja, der berüchtigte Nationalist, Volksfeind, Erster Sekretär der Weißrussischen KP, erschossen siebenunddreißig – mit dem also hatte das Leningrader Schulkind Iwan Barinow im Alter von dreizehn Jahren Kontakt aufgenommen, in Minsk wohlgemerkt. Prima! Seine Eltern waren selbstredend in den Kirow-Mord verwickelt gewesen, gelobt seien sie im Himmel, dafür würden nun die Leningrader Tschekisten büßen müssen, die geschlafen und es verabsäumt hatten, diese feindliche Gruppierung beizeiten auszuheben. Jürgen Maisel war von Scharangowitsch auf den Studenten Barinow angesetzt worden – der glühende Nationalist mußte ihm aus dem Grab heraus den heißen Tip nach Berlin gefunkt haben. Von Maisel hatte Iwan Order erhalten, die sowjetische Studentenschaft zu zersetzen, feindliche Propaganda zu betreiben, wofür er in Gorki einen gewissen Klim Paschutin angeworben hatte, der dann während des Krieges in die SS eintrat – aha, mal was Neues. Und immer so fort: Kollaboration mit den Besatzern, infolgedessen große Verluste in seiner Partisanenabteilung, Ermordung des Kommandeurs. Zur Verwischung der Spuren hatte die Gestapo den scheintoten Barinow in die Grube geworfen, wo die Helden des Vaterlands exekutiert worden waren. Und schon ging es weiter: Verbreitung falscher Tatsachen, Veruntreuung von Geldern, die der Partisanenabteilung gehörten, Anwerbung eines V-Manns, daneben stand noch ein Name, der Barinow nichts sagte, und dann kam es: Raub von konfisziertem Gut, also das, worum es hier bei diesem Trauerspiel eigentlich ging. Zwei lange Kriegsjahre hatte Iwan seinem Obertschekisten im Wald über die Schultern geschaut, und schon damals hatte er begriffen, daß in all diesen geheimdienstlichen Sicherheits- und Überwachungsämtern, von der WTschK über die GPU und den NKWD bis zum NKGB, keine Verrückten saßen, sondern waschechte russische Faulpelze, die einen aufs Geratewohl anzuschwärzen wußten, und zwar so, daß es zehnfach zur Verurteilung langte, Leute, die sich darauf verstanden, das Einfachste so zu verkomplizieren und das Komplizierteste so zu vereinfachen, daß einem Hören und Sehen verging. Diwanjow hatte Anweisung bekommen, ihm etwas am Zeug zu flicken; wessen Klauen auch immer Iwan den Ballen Stoff entrissen hatte – der Mann wollte dem unliebsamen Zeugen das Maul stopfen, bevor die Meldung über den Diebstahl nach Moskau ging, darum also hatte Diwanjow in aller Eile sein Lügenmärchen geschustert, eine Latte von Verfehlungen für jeden Vorgesetztengeschmack und alle Wechselfälle des Lebens, und er war dumm genug, die bösen Fallen nicht zu gewärtigen, die ihm ein Mathematiker, Chemiker und Chefaufklärer einer Partisanenabteilung daraus bauen konnte. »Was sagst du nun?« schien Diwanjows Grinsen zu fragen, als das letzte Protokollblatt Iwans überanstrengten Augen entzogen war, und er, am Boden zerschlagen, antwortete mit einem tiefen, ergebenen Seufzen: Ja, alles sei richtig, sein Gedächtnis habe ihn nicht getrogen, und was er da eben in dem Protokoll gelesen habe, stimme Wort für Wort, nichts davon könne er widerrufen, was wahr ist, ist wahr, und er sei bereit, die gerechte Strafe für seine Vergehen vor dem Vaterland auf sich zu nehmen ...

: 72 :

Die drei blickten einander an, glaubten nicht recht zu hören, schwiegen verblüfft; endlich baten sie ihn, die letzte Aussage zu wiederholen, und Iwan tat es unmißverständlich und schloß mit dem Satz, er habe dem Gesagten und Niedergeschriebenen nichts hinzuzufügen.

Die Gesichter vor ihm wurden lang, man rang um Fassung, seine Worte hatten eingeschlagen; war man doch davon ausgegangen, daß der Untersuchungsgefangene jedes Wort, jedes Detail heftig bestreiten würde, daß er auf sein Recht pochte, einen Anwalt forderte, und man wäre ihm entgegengekommen, hätte als erstes den Scharangowitsch aus der Aussage gekippt, dann vielleicht die Anwerbung, die Gestapo; auf diesem und jenem hätte man fürs erste beharrt, sich ein Weilchen geziert, um irgendwann mit einem Seufzer des Bedauerns auch die Vorbereitung eines terroristischen Anschlags auf den Genossen Stalin unter den Tisch fallen zu lassen – bis schließlich nur noch die aus der Kleiderkammer geklauten Stiefel übriggeblieben wären; das alte Protokoll hätte man zerissen und ein neues aufgesetzt, Iwan hätte es unterschrieben, und das Paar Stiefel wäre vergeben und vergessen, Oberleutnant Barinow, Iwan Leonidowitsch, mit einem disziplinarischen Verweis davongekommen und bis ans Ende seiner Tage entehrt gewesen. Dieses »umfassende Geständnis« hingegen durfte unter keinen Umständen weitergereicht werden, hätte es doch die Herzen sämtlicher Vorgesetzter höher schlagen lassen: Wieviel Handhabe würde es den operativ-aufklärenden Bereichen eröffnen, welch Ausmaß an Untersuchungen nach sich ziehen! Alle verfügbaren Kräfte wären abkommandiert worden, den Feind aus seinen Löchern zu ziehen, frohlockende Depeschen wären nach Moskau gegangen, wo sie sich an den Kopf gefaßt hätten: ein Agent des deutschen Spionagedienstes in Kontakt mit Führungspersonal! Im Nu hätte man den Agenten in die Hauptstadt verfrachtet, wo ihm gewiß noch viel mehr aus der Nase gezogen worden wäre, dort dachte man nicht daran, für einen Minsker Ermittlungsbeamten Diwanjow die zweite Geige zu spielen, der freimütig bereuende Agent würde also noch einmal neu auspacken und seine Strafe entgegennehmen dürfen, und dann Gnade dir, Minsk! Noch war die Akte nicht geöffnet, noch konnte man die Protokolle zerreißen, nur – was sollte dann mit dem Arrestanten geschehen? Wie würde er reagieren, wenn man ihm die gestern abgerissenen Schulterklappen einfach so wieder aushändigte? Zu wem würde er laufen? Im Souterrain der Dienststelle gab es nicht nur eine Zelle, sondern fünf, weshalb auch ein Belegungsbuch existierte und darin wiederum eine Spalte, worin verzeichnet war, aufgrund welcher Anschuldigungen der Oberleutnant Barinow in der U-Haft-Zelle Nummer soundso einsaß, es verbot sich, dort etwas auszuradieren, erst recht, das Buch als ganzes zu vernichten, Fedortschik war nur Abteilungsleiter, hatte einen Bereichsleiter über sich und der den Dienststellenleiter, irgendeiner würde unweigerlich die Vernehmungsprotokolle verlangen und mit Rotstift auf die linke Ecke schreiben: *Mutmaßliches Vergehen nach § ...! Operative Bearbeitung involvierter Personen unverzüglich einleiten!*

Den dreien schwante endlich, welche Grube sie sich selbst gegraben hatten, und Diwanjow versuchte es mit Drohungen: Ob er, Iwan, denn wisse, daß ihm die Höchststrafe drohte, Tod durch Erschießen? »Ich weiß«, bekam er zur Antwort. Die Entschlossenheit, mit der Iwan dem Tod ins Auge sah, ließ es überflüssig erscheinen, die gestrige Prozedur fortzusetzen und ihm irgendwelche Geständnisse abringen zu wollen, die drei entfernten sich zum Fenster hin, Kriegsrat halten, wobei Iwans Gehör fein genug war, alles, was sie dort sprachen, aufzuschnappen, wieder einmal war es der Haß, der ihm die Sinne schärfte; die Rede war von dem Mädchen, ob es vielleicht in eine Vergewaltigung einwilligte und man Barinow so an die Polizei loswerden konnte, Zivilvergehen – wenn man die Zeugen ordentlich präparierte, würde »der Lump« ewig in U-Haft schmoren, unterdessen konnte man sich etwas einfallen lassen; Alexandrow, der den ganzen Krieg über den Lehrbüchern gesessen und seine Hausaufgaben gemacht hatte, wandte ein, das ginge nicht, da zeitlich nichts zusammenpaßte, solch ein herzzerreißend schluchzendes Mädchen pflegte gleich im Anschluß an die Tat aufs Revier gelaufen zu kommen, während sie den potentiellen Vergewaltiger ja schon an die vierundzwanzig Stunden bei sich sitzen hatten, und wozu dann die Haussuchung, man hätte gestern abend um sieben das Vergewaltigungsmärchen spielen müssen. Sowieso schien das Wort ›Vergewaltigung‹ die empfindlichen Ohren des Majors zu verletzen, zornig verwarf er die zur Rede stehende Variante, man müsse doch wohl, beschied er, die moralische Würde der Kontaktperson (das Mädchen war gemeint) in Schutz nehmen, und sowieso sei sie gerade anderweitig im Einsatz.

Keinem der drei war es anscheinend in den Sinn gekommen, Iwan gleich über das Paar Stiefel stolpern zu lassen, was vollkommen ausreichend gewesen wäre; er durchschaute dieses Gangstertrio ganz und gar, weidete sich an ihren Ängsten. »Den Sekt will ich wiederhaben!« befahl er und hätte sich, zurück in seiner Zelle, totlachen können: Da saßen die Täubchen in der Falle! Er schritt auf und ab, durchmaß die Zelle längs und quer, hier ließ es sich aushalten, es war trocken und zog nicht, doch sie würden es eilig haben, ihn nach der Hauptwache zu überstellen und dort einzulochen, irgendeiner Lappalie wegen, ungeputzter Knöpfe zum Beispiel: Disziplinarstrafe, kein Staatsanwalt würde behelligt. Und er hatte richtig geraten, noch am selben Abend brummte ihm der Regimentskommandeur zehn Tage auf, eine Strafe ganz im Rahmen der Dienstordnung, man vergaß auch nicht, den Lebensmittelberechtigungsschein auszustellen. Er kam erst in eine Einzelzelle, dann plötzlich in einen Arrestraum für höhere Offiziere, so etwas gab es, durchaus komfortabel und fast nie belegt, hier schneite eines Tages Diwanjow herein und hatte den Sekt dabei, tat betrunken, redete auf Iwan ein, er sei immer sein Freund gewesen und sei es noch und wolle ihm Gutes, nur Gutes – Iwan hörte mit halbem Ohr hin, warf ihn dann raus, denn die Nacht brach an mit ihren Alpträumen, den unbarmherzigen und willkommenen. Stimmen drangen zu ihm aus ferner Vergangenheit, und es begannen die wahren Qualen, die von innen kamen; einmal hielt er es nicht mehr aus, stöhnte auf, wurde von einem Weinkrampf geschüttelt – er beweinte Vater und Mutter; hier, jetzt, vier Jahre nach ihrem Tod, begriff er, daß die deutsche Bombe, die ihr Haus zerstört und die Leichname der Eltern auf die Straße geschleudert hatte, zwei Menschen ins Grab brachte, die ohnehin für den Tod gerüstet gewesen waren; von dem Tag an, da sie von der Erschießung der Paschutins erfuhren, hatten sie den Plan entwickelt, aus dem Leben zu scheiden, da der Tod von höherer Stelle schon auf sie zugekrochen kam und ebenso auf ihren Sohn, der nur zu retten war, indem sie sich opferten. Wie oft hatte Iwan sie zuletzt nebeneinander auf dem Sofa sitzend angetroffen, mit dem seligen Lächeln von Leuten, die zu guter Letzt des Rätsels Lösung gefunden hatten, das ihnen vom Himmel, von den Sternen und von Gott aufgegeben worden war. Eine seltsame Liebe zum Wasser war in ihnen erwacht, sie konnten nicht oft genug vor der gefüllten Wanne sitzen, das Wasser mit der hohlen Hand schöpfen und sich vor Augen halten; in kindischem Übermut klatschten sie mit flachen Händen auf die Wasseroberfläche, oder sie drehten den Hahn auf und schauten gebannt zu, wie der Strahl hervorschoß und sich strudelnd ins Becken ergoß. Eifrig hatten sie, die beide gute Schwimmer waren, das Gerücht genährt, im Wasser vollkommen hilflos zu sein: »Nein, wirklich, ich hab furchtbare Angst vor dem Wasser, furchtbare Angst!« hatte die Mutter wiederholt im

Beisein anderer ausgerufen, und einmal hatte der Vater ihm die Hand auf die Schulter gelegt und mit dumpfer Stimme gesagt: »Mutter und ich, wir können beide nicht schwimmen, merk dir das!« Beim Angeln im See ertrinken – dies war der Tod, den sie für sich vorgesehen hatten, und ein besserer Weg, aus dem Leben zu gehen, um das des Sohnes zu retten, ließ sich kaum finden: Wer den Strick nahm, sich gar eine Kugel in den Kopf jagte, erregte Verdacht – ein gekentertes Boot hingegen, ein bißchen Gezappel vor den Augen konsternierter Beobachter und ein paar Luftblasen, das war ein Tod, wie er zufälliger nicht sein konnte, angetan dazu, die auf den eignen Namen angelegte Akte rasch ins Archiv zu versenken. Sie suchten den Tod und hingen doch am Leben, schauten ihrem Sohn bei dem seinen zu: gierig, liebevoll, mit rückwärts gewandtem Blick. Für den 15. Juni war der letzte Fischzug angesetzt, die Zeugenschaft in spe bereits eingeladen, plötzlich machte die Mutter einen Rückzieher: Noch nicht alle Hemden von Iwan waren gewaschen und gebügelt, und sie wollte ihm doch diese Mühe auf möglichst lange Zeit ersparen; am 22. Juni brach der Krieg aus, der Tod ereilte sie am darauffolgenden Tag, Iwan war nach Hause gerannt, fand die Eltern in den Trümmern, auf ihren toten Gesichtern Ergebenheit. Im kurzen Augenblick des Übergangs vom Leben in den Tod hatten sie vermutlich an ihren Sohn gedacht und an Nikitin, den alten Freund der Familie, der Iwan weiterhelfen würde, doch auch Nikitin, der dieses Regime früher als alle durchschaut hatte (»ein Folterknecht läßt den anderen zappeln ...«), war unter der Erde, ebenso mochten Klims Gebeine irgendwo verschimmeln, der nun überhaupt nicht begriffen hatte, was in diesem Leben vor sich ging; plötzlich hatte er den Knaben Klim vor Augen, wie er damals in Leningrad unter der Leiter stand und demütig zu ihm heraufschielte, forschend irgendwie, aber taktvoll, nicht ahnend, daß der Tod auch zu ihm unterwegs war, in Gorki hatten sie ihn zweifellos schon observiert, anders war ihre ach so zufällige Begegnung im Botanischen Garten nicht zu erklären.

Die Eltern, Nikitin, Klim – keiner mehr da, ringsum Feinde, also noch etwas Geduld, die Kräfte zusammennehmen und dann fliehen, ausbrechen aus der Wolfsmeute, fragte sich nur: Wo konnte er unterschlüpfen, auf wen sich verlassen? Irgendwer hatte auf das Grab der Eltern einen kleinen Blumenstrauß gelegt, genau so einen, wie Nikitin früher immer der Mutter mitbrachte – da trauerte wohl einer von des Vaters früheren Patienten, wie aber sollte er den finden, wie herausbekommen, wer es war, der Vater hatte sich riskante Operationen zugetraut, Todkranke in beträchtlicher Zahl gerettet und gesundgepflegt, auch von dem, der sich seit neuestem Iwans annahm, einem aus Moskau angereisten Oberst Sadofjew, hätte man meinen können, er wäre dank des Vaters chirurgischer Talente dem Tod von der Schippe gesprungen – verkündete doch dieser Georgi Apollonjewitsch Sadofjew gleich bei ihrer ersten Begegnung in gutgelauntem Ton, die Hechelei einschlägiger Scharfmacher kümmere ihn beileibe nicht, in zehn, vierzehn Tagen werde Iwan frei sein, auch die Universität nehme ihn wieder auf, die entsprechende Anordnung sei schon erlassen, und daß man Iwan einstweilen noch in Haft behalte, geschehe aus operativer Notwendigkeit: Im »schwarzen Raben« zur NKWD-Dienststelle gefahren zu werden sei für Iwan besser, als sich Tag für Tag aus dem Studentenwohnheim hierher auf den Weg zu machen, nicht wahr, üble Nachrede sei der Sache nicht förderlich, um derentwillen Sadofjew eigens den Weg nach Minsk gefunden habe, einer Stadt, die auf ihren wissenschaftlichen Nachwuchs stolz sein könne. Im übrigen habe er auch schon in Leningrad, Kiew und Swerdlowsk zu tun gehabt, na, und natürlich in Saratow, wo er einst zur Schule gegangen und vor dem Krieg als Hochschullehrer tätig gewesen sei. Die lange Kathedererfahrung und ein Hang zur überschüssigen Rhetorik waren es wohl, die seine Rede so schillernd und melodisch machten, den spiraligen Gedankengängen folgte die Intonation mit gemessenen Auf- und Abschwüngen; ein einziger Hörer, Iwan, genügte ihm, all die oratorischen Kunstgriffe anzuwenden, die einem universitären Phrasendrescher zu Gebot standen, höchstens, daß er die Etikette um einige wenige Formeln kürzte; Iwan, den Fluchtplan im Kopf, tat, als konzentrierte er sich auf das, was der Oberst ihm sagte, während er aus den Augenwinkeln verfolgte, wie das grauhaarige Männlein mit Trippelschritten auf dem dicken Teppich hin und her lief; er war ein höflicher und gebildeter Mensch, kein Zweifel, viel zu gebildet für seine Umgebung, und umgänglich dazu; auffällig allerdings die verunstaltete Nase, sie schien einem vielgeprügelten Trunkenbold aus dem Gesicht geschnitten – Kriegsverletzung, erklärte Sadofjew, der Iwans Blick spürte, in nüchternem Ton, plastische Notoperation unter miserablen Lazarettbedingungen, was Iwan ihm nicht abnahm, eher neigte er zu der Annahme, daß dem Obersten unter Verhörbedingungen eine wuchtige Faust in die Visage geplatzt war. Iwan wurde seinerseits von Sadofjew gemustert, dessen Stirn sich mißbilligend runzelte, als sähe er die zerfetzten Hemdschultern ohne Achselklappen erst jetzt. Am nächsten Morgen brachte man dem Häftling einen recht passablen Anzug, Hemd und Schlips dazu, nur die Schuhe, Slipper mit durchbrochenem Oberleder, weigerte sich Iwan anzunehmen, seit seiner Partisanenzeit kriege er leicht kalte Füße, erklärte er, denn der Tag der Flucht nahte, da brauchte es ordentliches Schuhwerk – für den Wald, wo er gewiß eine Zeitlang würde untertauchen müssen. Die Klage ob des alten Partisanenleidens fand bei den Wachhabenden Gehör, ein Paar solide Halbschuhe wurde Iwan ausgehändigt. Zu fliehen hatte, nüchtern betrachtet, keinen Sinn, in einer Woche würde er ohnehin frei sein, und dann bekäme ihn in Minsk keiner mehr zu Gesicht, so eifrig sie ihn auch observierten; doch drängte es ihn, einen Strich zu ziehen, alle Fäden zwischen sich und dem NKWD zu kappen: Ihr seid ihr, ich bin ich, und an den Spielchen, die euer Sadofjew sich ausdenkt, wünsche ich mich nicht zu beteiligen! Und diese Spielchen waren allerdings tückisch, theoretisch begründet und historisch gerechtfertigt. Von dem Schabernack, den ein Diwanjow zu treiben beliebte, hatte der Oberst nicht die geringste Ahnung, ihn, den Hüter und Heger der Fundamente, hatte die dienstliche und staatsbürgerliche Pflicht nach Minsk gerufen, und hier auf dem Korridor der Dienststelle war ihm Iwan buchstäblich in die Arme gelaufen, geschunden, nichtsdestoweniger mit einer Würde, die ihn, Sadofjew, in Erstaunen setzte. Mithin waren bei der operativen Bearbeitung Iwans erschwerte Umstände zu berücksichtigen; die philosophischen, biologischen und mathematischen Abhandlungen, die Sadofjew anschleppte, wurden von Iwan in seiner Zelle gelesen, anschließend vom Oberst in seinem Büro mit weitschweifigen Kommentaren versehen, wobei er durchaus einen Blick in die Zukunft zu wagen, die Gegenwart gründlich auszuloten und diese oder jene Binsenwahrheit in ein besonderes Licht zu stellen wußte. Er sprach von der historischen Mission, die der Partei unter Führung von Lenin und Stalin höhererseits auferlegt war; mittels Versuch und Irrtum hatte sich die Bevölkerung des Planeten mühevoll auf einen Status quo eingepegelt; jüngste Nachrichten über eine sich abzeichnende Entzweiung der beiden Großmächte UdSSR und USA konnte der Oberst nur mit Genugtuung zur Kenntnis nehmen, war eine solche Frontenbildung doch der sicherste Garant für eine anhaltende Koexistenz der Staaten und die Integrität der Menschheit im ganzen; so wie der Mensch über eine linke und eine rechte

Hand verfügt, so wie linke und rechte Hirnhälfte zusammenwirken, so wie sich die Armut der Mehrheit und der Reichtum einer Minderheit gegenüberstehen, so kann die Welt insgesamt nur gedeihen und sich vervollkommnen, kann die Evolution nur voranschreiten durch den Widerstreit zweier sozialökonomischer Giganten, und die Kluft zwischen ihnen – so breit, so tief und schroff wie nur möglich! – will beständig gepflegt sein; nur wenn die beiden Systeme sich ineinander verkrallen und verbeißen (modus operandi est modus vivendi – und umgekehrt, so die vorgetragene These), ohne freilich ihre Konflikte zum Krieg eskalieren zu lassen (dafür gibt es zweiseitige Verträge!), nur dann darf die Menschheit darauf hoffen, Erlösung zu finden, die Gipfel des Fortschritts zu erklimmen und die kühnsten Träume der Propheten und Utopisten zu verwirklichen, unser aller Wohlergehen hängt ab von der Dissonanz der fundamentalen Ideologien, letztendlich läuft alles auf ein Schwarz-Weiß hinaus, und wenn etwas in den USA die Farbe Schwarz verliehen bekommt, hat es bei uns in der UdSSR unter allen Umständen weiß zu sein; um dieses Weiß in der Öffentlichkeit zu verankern, muß man ihr freilich das komplementäre Schwarz vor die Nase halten, das man sich vorher vom Gegner beschafft, noch besser ist es, man importiert es nicht von dort, sondern erzeugt es künstlich selbst ...

Der Wortschwall des Obersts klingelte nur so von Termini aus Biologie, Physik und Philosophie; abends in der Zelle, wenn Iwan diese Tiraden noch einmal rekapitulierte, konnte er sich leicht ausmalen, mit was für einer Mission Sadofjew in Minsk aufgekreuzt war und welche Rolle Iwan dabei zufallen sollte: Der Partisanenaufklärer a. D. und angesehene Student Barinow spaltete seine Seminargruppe, indem er irgendeiner ketzerischen Lehre das Wort redete, zum Beispiel den Klassencharakter der Mathematik anfocht; in Schwärmen würden die von langer Dunkelheit benommenen Insekten zum Leuchtturm des Geistes geflogen kommen, wo man mit der Fliegenklatsche auf sie wartete. Denkbar auch die umgekehrte Variante: Das Feuer entzündete sich von selbst, man gäbe ihm Zeit aufzulodern, und dann wäre Iwan als Löschmeister bestellt, den Brand zu ertränken oder auszutreten, dürfte von der Tribüne herunterwettern mit vortrefflicher, von Sadofjew ererbter Eloquenz, die Luft über dem Podium mit weichen, weißen Händchen zerhacken – dies war das Los, das auf Iwan wartete, dies war es, wovor er fliehen wollte, lieber heute als morgen, und da erfuhr er es von Sadofjew: Klim Paschutin lebte!

Ja, der Krieg hatte das Leben seines Vetters verschont, ihn vor Splittern, Querschlägern, Verschüttungen bewahrt, heil wandelte er auf Erden, ein flüchtiger Verbrecher, gesucht wegen Kollaboration mit den Besatzern, der Vetter lebte und konnte nicht ahnen, daß der Oberst ihm längst verziehen hatte, daß man behördlicherseits dem Biologen Paschutin wohlgesonnen und bereit war, ihn der Wissenschaft zurückzugeben, die Akademie in Gorki würde den verlorenen Sohn mit offenen Armen empfangen – und sollte er ihm zufällig begegnen, so bekam Iwan von Sadofjew suggeriert, dann nur nicht davonlaufen wie vor der leibhaftigen Pest, den Ausreißer vielmehr in die Arme schließen, beim Händchen nehmen und in Gorki abliefern! »Das könnte dir so passen!« dachte Iwan mit Häme in des Obersts Büro; später auf der Hauptwache vollführte er einen Freudentanz, genoß das süße Gefühl der Rückkehr in die Vergangenheit, in ein Leningrad voller Nebel und Sonne, hin zu den Wassern der Newa und in die Wohnung auf dem Karl-Marx-Prospekt; während er in seiner Zelle umherwanderte, stellte er im Geist die Leiter an die Bücherregale, entsann sich, was er damals alles gelesen hatte, verglich es mit dem, was er später, schon nicht mehr in Leningrad, dazulernte, komplettierte es durch das, was als Geschenk des Obersts vor ihm auf dem Tisch lag, und sein Blick richtete sich auf das Allergewöhnlichste, diesen Brotkanten zum Beispiel, seine Abendration – ob von einem runden Laib oder einem Kastenbrot geschnitten, ließ sich nicht erkennen; dabei wies noch das kleinste vom Kanten abgezwickte Bröselchen die physikalischen und chemischen Eigenschaften des ganzen Objekts auf, und doch würde sich das Brot irgendwann, in einem weit fortgeschrittenen Stadium des Bröselns, in Nichts aufgelöst haben. Allzeit hatten die Menschen zu zerbröseln versucht, was auf Erden existierte; die Wissenschaft, die nach dem Ursprung von allem suchte, war von logischen Figuren ausgegangen. August Weismann zum Beispiel hatte den Organismus unterteilt: in den Organismus im engeren Sinne und das Keimplasma, mit anderen Worten: in Phänotyp und Genotyp – letzterer fand sich laut Weismann im Zellkern, in Form von Chromosomen, denselben, die Nikolai Kolzow 1935 noch als Erbmoleküle bezeichnet hatte; sich miteinander verhakend, bilden die Eiweiße eine Kette von Aminosäureresten, Gene genannt, die immerfort reproduziert und von Generation zu Generation weitergegeben werden, so wie die Kopfzeile dieser Zeitung da – **Советская Беларусь** – von einer Nummer in die nächste wechselt; im dunklen bleibt nur ein einziger, geheimnisvoller Vorgang: in welcher Weise nämlich die gesamte Zeitungsauflage auf eine Anzahl Setzbuchstaben reduziert und die Anordnung dieser Lettern jedes Mal verändert wird, die sich zur Zeitung verhält wie der Mensch zu seinem Spiegelbild, wirklich kein übler Vergleich, und der Fluchtplan wurde augenblicklich einer Revision unterzogen, der Spiegel hatte Iwan auf eine glänzende Idee gebracht. Immer wenn er zu Sadofjew gefahren wurde, eskortierten ihn drei operative Mitarbeiter; der eine blieb draußen auf dem Korridor und stand dort herum, bis das Verhör vorbei war: ein

Dorftrottel von jener Sorte, der man beim Eintrichtern der Exerzierregeln Stroh und Heu an die Stiefelschäfte binden mußte – auf den konnte man setzen. Der gewundene Pfad des Gedankens umging noch jedes Hindernis, drängte mit Macht ins Freie, alles war wohlüberlegt und sogar schon geprobt, die Flucht für den 24. September anberaumt. Am Abend des 22., ein Samstag, wurde Iwan wie üblich zur Hauptwache zurückgebracht, den Sonntag hatte sich Sadofjew für das Theater vorbehalten, also bekam auch sein Schützling, der im Aufbau befindliche Polit-Ränkeschmied, seinen freien Tag. In der Nachbarzelle stritten zwei Offiziere lautstark über den Feldzug von Korsun-Schewtschenkowski, während Iwan sich mit Genuß die Akten der Dekabristenprozesse zu Gemüte führte: Nicht zu fassen, Mütterchen Rußland, wie vielen du die Unschuld geraubt hast! Freigeister und Aufklärer, für die sie sich hielten, krochen vor Nikolaus I. im Staub, vergossen in der Anklagebank die untertänigsten Tränen, und alles nur deshalb, weil Zar und Rebellen derselben Adelspartei angehörten, die die tapfersten Haudegen zu Hasenfüßen machte, und jedem, der mit beiden Beinen fest auf der Erde zu stehen glaubte, wurden die Knie weich; wie sollte man da nicht an die Gesinnungstreue der kommunistischen Genossen denken samt dem übrigen Pack, das sich unter der dümmlichen Losung »Wir sind die Familie der Sowjetmenschen!« zusammengerottet hatte, allen voran die widerwärtige Brut der sogenannten glühenden Revolutionäre – ach, wie recht Nikitin doch gehabt hatte: Ein Folterknecht läßt den anderen zappeln. Iwan las und freute sich – bald, sehr bald schon würde er mit diesem Regime brechen, das es darauf abgesehen hatte, einen Sklaven aus ihm zu machen; um so gelassener konnte er die ihm von Sadofjew eingeschleusten Dokumente zu Ende lesen und sich das Geplänkel der Offiziere nebenan vom Leib halten. Ja, dieser große Feind bezog seine ganze Macht daraus, sich als Freund und Genosse auszugeben, als Fleisch vom eignen Fleisch, und der Mensch war nur dann ein Mensch, wenn er allen Diwanjows und Sadofjews Paroli bot.

Die Offiziere palaverten sich in den Schlaf, um Mitternacht aber fielen zwei andere Gestalten in die Hauptwache ein, Diwanjow und Alexandrow, beide betrunken; etwas Unvorhergesehenes war eingetreten, der Zufall zu Hilfe gekommen, ein Ereignis, nicht abzuleiten aus dem, was bisher geschah, ein Phänomen aus dem dunklen Bereich hinter den handfesten Tatsachen, jenseits der Logik der Dinge. Nicht der Übermut hatte Diwanjow in das Rasthaus für fehlgetretene Offiziere getrieben, sondern irgendein Vorkommnis in höheren Sphären, das die nichtsnutzige Existenz des kleinen Intriganten gefährdete, und irgendwer hatte ihm geflüstert, was zu tun war – wie es zu tun war, hatten sich die beiden Meisterhasardeure selbst zurechtgesponnen, nun waren sie da, brüllten herum und schwenkten irgendein Papier, wollten den Oberleutnant Barinow partout zum Verhör in die Dienststelle abholen, der diensthabende Wachoffizier weigerte sich, ihn herauszugeben, berief sich auf eine Anweisung, derzufolge Häftlinge um diese Nachtzeit nur mit Einwilligung des Garnisonschefs vom Dienst überstellt werden durften. Diwanjow mit seinem Fisteltenor war schon draußen auf dem Gang, Iwan, gegen die Zellentür gepreßt, ließ sich kein Wort entgehen, fühlte den Haß in sich hochsteigen, ein warmes, wehes Gefühl, das die Seele läuterte, das ihn antrieb, für sich selbst einzustehen – und als der Wachhabende im Ansturm der zwei Berserker vom NKWD nicht wankte und nicht fiel, schon dabei war, den Garnisonschef vom Dienst anzurufen, brüllte Iwan aus Leibeskräften: »Komm her, Diwanjow, du kannst mir mal am Nabel schnüffeln!« Der, rasend vor Wut, verdoppelte seine Anstrengungen, drang vor bis zur Zellentür, klapperte mit dem Riegel und stand im nächsten Augenblick vor Iwan: das

Gesicht fahl, hüpfender Adamsapfel, flackernder Blick. Iwan ließ sich von ihm auf die Straße hinaus und zum Auto ziehen, stieg widerstandslos ein; Alexandrow zwängte sich neben ihn auf die Rückbank, die Pistole in der ausgestreckten Rechten: Den ganzen Krieg hatte er im Hinterland versessen, kein einziges Mal auf einen lebendigen Menschen gezielt, geschweige abgedrückt, nun stand die Feuertaufe bevor: »Beim Fluchtversuch erschossen«, hieß das. Diwanjow saß am Steuer, lenkte den ›Emka‹ stadtauswärts, erfüllt von grimmiger Freude, machte Anstalten, bei Rot über die Bahngleise zu fegen, und trat plötzlich doch auf die Bremse, um auf seinem Sitz herumzufahren und Iwan ins Gesicht zu brüllen: »Den Nabel werd ich dir zeigen!« Die Stadt schlief schon längst, die Straßen waren leer, Diwanjow strebte in Richtung Stadtgrenze, wo es weder Lichter noch Menschen gab und Schüsse nicht so selten waren. Iwan spähte aufmerksam hinaus, lauerte auf eine günstige Kurve, und als der ›Emka‹ in eine Sackgasse gestoßen war und wenden mußte, entriß er Alexandrows jungfräulicher Hand die Pistole und jagte eine Kugel in Diwanjows Nacken, den Leichnam zerrte er hinaus in den Schlamm, brach ihm mit den neuen Halbschuhen die Knochen, tanzte den Tanz der Rache; Alexandrow hatte einen Hieb mit dem Pistolenknauf auf die Nasenwurzel bekommen, so war die Sache klar. Iwan setzte sich hinter das Steuer, fuhr im Rückwärtsgang aus der Pfütze, in der die beiden Trottel liegenblieben, am Rand eines Parks ließ er das Auto stehen und stahl sich im Schutz der unbeleuchteten Straßen zum Güterbahnhof, wo er sich auskannte, er hatte im Krieg hier Minen gelegt; die Gesichter der Rangierer, das Scheppern der Puffer erinnerte ihn an damals, der Verstand sagte ihm: raus aus Weißrußland! Nur bis an die Republiksgrenzen würden sie nach ihm suchen, für eine landesweite Fahndung brauchte es die Genehmigung aus Moskau, die einzuholen keiner in Minsk Lust ha-

: 86 :

ben würde, also: auf irgendeinen Zug aufspringen und weg! Nieselregen ging nieder, gut, daß er eine Zeltbahn aus dem Auto bei sich hatte; die Nässe war noch nicht in die Schuhe gedrungen, als er schon auf einem straff gegen die Waggonplattform gezurrten Stapel Bretter lag; ratternd fuhr der Güterzug über die Weichen und in die Nacht hinein. Eine halbe Stunde später wischte ein Stationsschild vorbei, Iwan hatte Glück, sie fuhren Richtung Molodetschno, gen Litauen – doch als der Zug das nächste Mal bremste, sprang er ab. Das zwei Jahre zuvor vergrabene Geld war ihm eingefallen; so viel Ungewißheit, ohne Anlaufpunkt, ohne Ausweis, somit ohne Chance, Arbeit zu finden – das Geld konnte die Rettung sein. Es wurde langsam hell, Nebel schimmerte, irgendwo in der Nähe mußte ein Dorf sein, ein Hahnenschrei war schon zu hören gewesen, zwar kein Hund – aber es gab nur noch sehr, sehr wenig Hunde in Weißrußland. Der Rausch der Freiheit war so stark, daß sein Gedächtnis mühelos die Topographie der Gegend reproduzierte: Ungefähr zwanzig Kilometer von hier mußte die Hütte des von den Partisanen erschossenen Waldhüters liegen, dort ließ sich bestimmt noch etwas holen; kaum war er im Wald, stellte sich die alte Sinnesschärfe wieder her, die Nase fein wie ehedem, die Augen untrüglich jeden gangbaren Pfad erkennend. Der lichte Birkenhain, wie ein in den dichten, jungen Fichtenwald getriebener Keil, erinnerte an etwas, ein wahnwitziger Gedanke blitzte auf: Sollte er vielleicht einen Blick in das Haus des V-Manns werfen, von wo sie Iwan damals in den Minsker Gestapokeller verschleppt hatten? Ihm knurrte der Magen, prompt fanden sich in der Hütte des Waldhüters Salz und ein paar gekochte Kartoffeln, auch Streichhölzer gab es, er sehnte sich nach einem wärmenden Feuer, doch der Verstand obsiegte. Noch zehn Kilometer bis zu dem Geld, überschlug er die Entfernung auf seiner eingebildeten Karte, und im sanften Rauschen der

Espenwipfel entschlummerte er, während die Tannenzapfen weich um ihn her aufschlugen. Am nächsten Morgen sah er von einer Anhöhe aus das Dorf, wo sein Weg ins Massengrab begonnen hatte; an die fünfzig Häuser vielleicht, doch aus keinem stieg Rauch auf, kein Mensch war zu sehen. Noch eine halbe Stunde vorsichtiger Fußmarsch, dann stand Iwan vor der Höhle, in die er den Sack mit dem Geld gestopft hatte; ein schwarzer Vogel flog, die schweren Flügel schwingend, auf von seinem Ast – er schien den klammen Schatz die ganzen zwei Jahre hindurch gehütet zu haben; Iwan warf sich den Sack über die Schulter und lief los in Richtung Norden. Für die nächsten anderthalb Jahre war er »staatlich« versorgt, konnte in der großen Stadt untertauchen und ein neues Leben beginnen; dreimal nun hatten sie ihn zu erschießen versucht, einem Barinow, I. L., ans Leder zu wollen schien ihnen beinahe schon Brauch zu sein – war es nicht Zeit, dem ein Ende zu setzen?

In fünfzehn Kilometer Entfernung von der Bahnstation wartete auf Iwan noch ein glücklicher Zufall. Einem halbverrotteten Heuschober entströmte Leichengeruch; als er mit einer Stange das faulige Heu Schicht für Schicht beiseite geschoben hatte, sah er die Bescherung, es war schrecklich, wie der Blick in ein geöffnetes Grab, man konnte sich das Ganze ausmalen: Ein Junge und ein Mädchen, vom heftigen Frosteinbruch überrascht, hatten sich zur Nacht in den Schober gewühlt, in fester Umarmung gegen die Eiseskälte, und waren so erfroren – ein süßer Tod, ein wonniglicher, die Geigen im Himmel spielten dazu, Iwan war ihm selbst beinahe einmal verfallen, als er vor der Kälte in ein paar stehengebliebenen Garben Hafer Schutz gesucht und der Schlaf ihn dort übermannt hatte, ein Tschekist, der über Iwans eingeschneiten Filzstiefel stolperte, war seine Rettung gewesen. Die beiden hier, der Junge und das Mädchen, schliefen schon seit vorvorigem Winter, die Mäuse hatten alles Fleisch von den Knochen genagt, jedoch die schwarze Lederjacke verschont, die der Junge gewiß einem toten deutschen Panzerfahrer abgenommen hatte, Iwan zog sie lieber nicht an, am Bahnhof konnten Hunde sein, die auf Leichengeruch sehr empfindlich reagierten. Ein Blechschächtelchen fiel aus der Jacke, von sauren Drops, wie man sie vor dem Krieg zu kaufen bekommen hatte, die Partisanen taten dort gern ihren Grobschnitt hinein; Iwan lechzte geradezu nach einer Zigarette, doch was die Schachtel ihm darbot, war kostbarer – ein Ausweis lag darin: Ogorodnikow, Sergej Kirillowitsch, geboren am 14. Mai 1922 in Nikito-Iwdel, Gebiet Swerdlowsk, das Photo konnte man vergessen, ein Allerweltsgesicht. Für die Routinekontrolle eignete sich das Dokument bestens, nur rasieren mußte er sich, was Iwan bei der Streckenwärterin erledigte, die ihn über Nacht aufwärmte; gewiß nicht das erste Mal, daß sie einem von diesen kalten, hungrigen Männern, denen der Wald die Freiheit bedeutete, Unterschlupf bot. Auf dem Trödelmarkt in Vilnius kaufte er sich Stiefel, Mantel und Mütze, dazu einen Koffer und überhaupt alles, was man so auf Dienstreise bei sich hatte, den größeren Teil des Geldes ließ er im Wald, ebenso die Pistole; kurz vor Moskau schloß er sich einem jungen Schnorrer an, der ihn vom Bahnhof weg zu sich mitnahm, er wohnte in einer Gemeinschaftswohnung im Stadtteil Sazepa: graues Fabrikgebäude, zwei Wohnungstüren vernagelt, die Familien waren seit der Evakuierung noch nicht wieder aufgetaucht; außer seinem etwas einfältigen Gastgeber und dessen Mutter wohnte in der Wohnung noch eine kleine Berufsschülerin, die elternlos und so arm und abgerissen war, daß sie sich schämte, den anderen in der Küche zu begegnen, sie nahm an der Schulspeisung teil und kochte morgens ihr Teewasser bei sich auf dem Petroleumkocher. Dem Knallkopf und seinem Mamachen trichterte Iwan die Legende ein, er käme von einem

Rüstungsbetrieb und hätte in Moskau die Verladung von Rohstoffen zu überwachen, weshalb er den lieben langen Tag auf Behörden und Bahnhöfen zubrächte.

Die ganze erste Woche brauchte Iwan, sich in den städtischen Alltag hineinzufinden. Frühmorgens bestieg er die Straßenbahn, und es begann eine spannende Exkursion durch die Hauptstadt, während der er ihre kleinen Lieblingswörter, ihre Marotten aufschnappte und sich zu eigen machte. Das Wechselgeld in der Tasche des Schaffners klingelte, die nächste Station wurde ausgerufen, Iwan horchte und schaute; keiner von denen, die ihn von früher her kannten, war hier, dessen konnte er sicher sein, doch die Millionenstadt pumpte sich Hunderttausende Zugereister durch die Adern, die dunkelblauen Polizistenmützen hingen über der Menge wie Greifvögel, allenthalben richteten sich bösartige Lauscher auf, schweiften klebrige Blicke. Anpassung war wichtig, und da half ein Partisanentrick: Im Krieg war es vorgekommen, daß er den Deutschen aus zwingendem Grund unter die Augen treten mußte, für diesen Zweck hatte er gelernt, eine Spur eingeschüchtert auszusehen – genau in dem Maße, wie es nötig war, den Polizeistreifen die Demut eines arglosen, unbewaffneten Menschenkinds vorzuspiegeln, die ihnen gefiel; war ihr Blick dann noch auf die Einkaufstasche gefallen, die die Besorgungen eines braven Familienvaters enthielt, wurde der Ausweis nicht verlangt. Überdies hatte sich Iwan auf dem Invalidenmarkt eine hübsche Bescheinigung anfertigen lassen: dreimonatige Dienstreise nach Moskau, Ankunft 18. September, aha. Es machte Spaß, durch die Moskauer Seitenstraßen zu wandeln, das obligatorische Netz mit dem Brotlaib und der Flasche Bier in der Hand; auf den Märkten verglich er die Preise, kaufte Graupen, Reis (zu dreißig Rubel der Becher), den Preis für den Reis nahm er zum Maßstab für alles Weitere, er kon-

: 90 :

trollierte seine Ausgaben und fing an zu sparen, damit das Geld nicht schon ausging, bevor der Frühling kam; er versteckte es im Holzschuppen und wußte bald, ohne nachzählen zu müssen: Die Mutter dieses Knallkopfs war an dem Säckchen gewesen, ohne indes eine einzige Kopeke verschwinden zu lassen – bestimmt hatte sie Größeres mit ihm vor (eine Erpressung vielleicht?), sonst hätte sie ihren Sohn nicht so energisch zur Räson gebracht, der, wenn er betrunken war, giftsprühende Blicke herüberwarf, sich das Hemd aufriß, seine Narben vorwies und über »gewisse Leute« herzog, die den Krieg im Hinterland auf dem Arsch abgesessen hätten, in Swerdlowsk zum Beispiel, mit eingezogenem Schwanz! »Mamachen«, Iwans neue Wohltäterin, brachte ihm bei, wie man falsche von echten Lebensmittelkarten unterschied, während er ihr half, Mischfett gegen Speck einzutauschen. »Was fingen wir bloß ohne dich an?« schmeichelte sie ihm und vergoß ein paar abgezählte Tränchen: Der Sohn sei Epileptiker, dürfe eigentlich nicht trinken, nein, ein Ernährer sei der ganz und gar nicht, sie selber müsse sich kümmern um alles, jeden Tag neue Sorgen ... – in ihren winzigen Äuglein blinkte es derweil kokett. Diese Kleinfamilie ging Iwan gründlich auf die Nerven, er wäre längst auf und davon gelaufen, hätte er gewußt, wohin und zu wem. Den Mann, den er brauchte, gab es unbedingt, und er war in dieser Stadt, zog genauso ruhelos durch die Straßen, ein Getriebener wie er, wie Klim, aber stark und clever, einer, der wußte, wie man sich unter diesen Verhältnissen einrichtete, der lebte, wie es ihm Spaß machte – den mußte er treffen; als er ihn traf, war Iwan zunächst erschrocken, der andere schien auch nicht eben erfreut. Sie standen einander gegenüber (dort, wo die Dorogomilowskaja von der Straße gekreuzt wurde, die zur Moskwa hinunterführte), zogen beide instinktiv die Hände aus den Manteltaschen – zum Zeichen, daß man die Waffe, falls es sie gab, nicht zu ziehen beabsichtigte; irgendwo waren sie sich schon begegnet – wo, wann und unter welchen Umständen, erinnerte sich keiner von beiden, und so beschloß jeder für sich, die Klärung der Frage, wer wen einmal das Fürchten gelehrt oder vielleicht dem Tod entrissen hatte, auf später zu verschieben. Der Mann, der Iwan gegenüberstand, war Mitte Dreißig, gleiche Größe wie er, die Brauen ein durchgehender, von keiner Kuhle über der Nase unterbrochener Strich, die schmalen Lippen hartnäckig zusammengekniffen, in den Augen Spott, zugleich eine Art Warnblinken; er trug einen Mantel mit aufgesetzten Taschen, auch die Mütze entsprach der letzten Mode. Zwei Finger legte der vertrauenerweckende Fremde jetzt lässig an den Schirm, lud ein, ihm furchtlos zu folgen; während sie bis nach Fili liefen, ließ sich der Mann ein paarmal zurückfallen, wohl um sicherzugehen, daß kein Mitbürger im Schnüfflerhabit ihnen nachschlich. Es ging in ein zweistöckiges Haus, eine knarrende Treppe hinauf bis in ein gut geheiztes Zimmerchen, wo endlich die ersten Worte fielen; nachdem der Fremde den Mantel abgelegt und sich gesetzt hatte, sagte er: Wenn einer astreine Papiere habe, könne er ihn anstellen, worauf er den von den Behörden in Iwdel ausgestellten Ausweis in Empfang nahm und Iwan dafür eine Bescheinigung des Polizeihauptamts Vilnius über den Tisch schob, auf dem der betreffende Amtsvorsteher jeden, den es interessierte, davon in Kenntnis setzte, daß die Dokumente des Ogorodnikow, Sergej Kirillowitsch, sich bei obengenannter Behörde zur Registratur befanden. Der Verbindlichkeit halber nannte nun auch der andere einen Namen, Algirdas Kaschparjawitschus, dabei aber so, daß kein Zweifel blieb: Kaschparjawitschus und Ogorodnikow waren lediglich Pseudonyme, solche, die den Anforderungen ihrer Inhaber hier und jetzt genügten. Die Arbeit indes, die ›Ogorodnikow‹ angeboten bekam, war echt – Kurierfahrer für die Vertretung der Litauischen SSR beim Rat der Volkskommissare der UdSSR. Unweit von hier befand sich das Hafenamt, in dessen Gästehaus er hätte übernachten können, was Iwan dankend ablehnte, ebenso den angebotenen Vorschuß; er willigte jedoch ein, anderntags zur Bahnstation Rabotschi Posjolok zu kommen, von Fili aus die übernächste, wenn man mit der S-Bahn fuhr. Der Bahnhof Fili war vom Fenster des warmen Zimmerchens aus zu sehen; auf dem Weg dorthin war Iwan außer sich vor Freude, mochte aber nicht aufhören, in seinem Gedächtnis nach Gelegenheiten zu kramen, bei denen er Algirdis Kaschparjawitschus aufgefallen sein konnte: vielleicht auf dem Vilniuser Trödelmarkt? Er rannte nach Hause zum Mamachen, gleich als erstes wollte er sich den Schuppenschlüssel geben lassen, um mit einer Kiepe Brennholz sein Geld hereinzuholen, schon morgen konnte er von hier verschwinden, die Swerdlowsker Legende hatte ausgedient, Kaschparjawitschus' Andeutungen zufolge durfte er mit einem neuen Ausweis rechnen. Er rannte und kam zu spät: Der Ofen war geheizt, der fallsüchtige Herr Sohn mit dem Absingen eines sentimentalen alten Knastliedes beschäftigt – nicht ohne Iwan zwischendurch mit öden Witzchen über seinen Rüstungsbetrieb aufzuziehen, der ihn so prima gegen die Front gepanzert habe; Mamachen, hinter ihrem Paravent lagernd, wies das ungeliebte Kind träge zurecht. Auf dem Tisch die Flasche Wodka, beinahe ganz leer, daneben auf Zeitungspapier eine Sprotte mit klaffendem Bauch – und in diesem Moment kam die Kommission ins Haus geschneit, zu viert, ein Polizist dabei (das herauszuhören, hatte Iwan ein Ohr), die Wohnungstür wurde von der blassen Mücke aus der Berufsschule geöffnet, in deren Zimmer sie zunächst verschwanden, da grölte das Söhnchen auf einmal los: Hierher, Männer, hier bei uns versteckt sich ein Deserteur aus Swerdlowsk. Mamachen herrschte ihn an, beschwichtigte auch

Iwan, der schon wieder mit einem Ohr nach drüben horchte, wo das Hüpferchen auf die Fragen des Polizisten Antwort gab, die Fassungslosigkeit mußte ihm allerdings anzumerken gewesen sein, so daß das über den Schirm hinweg nach ihm spähende Mamachen begriffen hatte: Guter Rat war teuer! Zwar ging von dieser Kommission keine direkte Gefahr aus, da war eine der üblichen Kampagnen im Gang, die Hauptstadt rüstete sich für den ehrenvollen Empfang der zweiten Welle von Frontheimkehrern, wofür etliche Quadratmeter Wohnraum abzuzweigen waren, was wiederum durch die üblichen Kontrollen von Personaldokumenten und Registrierungen beim Einwohnermeldeamt bewerkstelligt wurde – alles halb so wild, wenn dieser blöde Kerl nicht soeben übertrieben und mehr ausgeschwätzt hätte als das, was die Bescheinigung aus Vilnius besagte. »Ich komme gleich, ich komme gleich!« trällerte Mamachen und hantierte so stürmisch hinter ihrem Paravent, daß er ins Wanken geriet. Dann sprang sie hervor: in kurzem, straff gegürtetem Röckchen, Seidenstrümpfen, die sich den tadellos grazilen Beinen anschmiegten, einer kurzärmligen, überm Mieder aufgeknöpften Bluse, die Lippen kunstgerecht geschminkt, das schüttere Haar toupiert und zu etwas wie einer Modefrisur hochgesteckt – kurz, das dem Chaos hinter dem Schirm entstiegene Mamachen glich jenen Moskauer Nüttchen aufs Haar, die sich bei den Bahnhöfen herumtrieben und die Kerle auf dem Weg zur Kneipe abfingen; sie schaffte es sogar noch, sich eine Kippe in den Mundwinkel zu stecken, von Iwan Feuer geben zu lassen, und hielt ein Glas halbvoll mit Wodka in der Hand, als die Kommission an die Tür klopfte. Vier Augenpaare wollten sich an Iwan festsaugen, der in keiner Liste stand, da ging Mamachen auch schon zur Attacke über, reckte dem Polizisten, den sie selbstredend kannte, ihre üppige Brust entgegen und drängte ihn aus dem Zimmer, während sie ihm ins Gewissen redete: Sie hätte da grad einen Burschen aus der Sonderproduktion bei sich, verheiratet, na schön, was glaubst du, was der hier will, von einer wie mir!, und denkt ihr wirklich, der steckt den Ausweis ein, wenn er kommt, ich seh auch so, wen ich vor mir hab, ha! ... Schief grinsend trat das Regime den Rückzug an, polterte zur nächsten Wohnung. Der Sohn, völlig verdutzt, sagte nichts, Mamachen wischte sich mit einem Fetzen Zeitung die Pomade von den Lippen und verschwand wieder hinter dem Schirm; daß sie sich vorsorglich älter machte, war Iwan schon früher aufgefallen, und sie hatte gewiß ihre Gründe dafür, mit krummem Rücken und Witwentuch kaschierte sie die anscheinend reichlich hereinrollenden Rubelchen; eine Metamorphose wie diese hatte er ihr jedoch nicht zugetraut und nahm sich vor, ihr zum Abschied am nächsten Morgen fünf Tausender mehr zu geben. Sie nahm das Geld an, nickte verständig, als Iwan ihr mitteilte, er müsse dringend ins Automobilwerk nach Gorki, und war so helle, von ihm wissen zu wollen – nur für den Fall, daß er nicht wiederkäme –, welche Städte und Arbeitsstellen sie denen auf die Nase binden sollte, die sich womöglich nach ihm erkundigten; sie dankte auch für den Koffer, den er ihr überließ. Iwan verteilte diversen Kleinkram auf seine Hosen- und Manteltaschen, das Päckchen mit dem Geld trug er offen im Netz, zusammen mit Milch und Brot, Kaschparjawitschus schielte danach und machte sich offenbar einen Reim; er frage sich, was für einen Wolf er da eigentlich aufgegabelt habe, brummte er, schien sich mit Iwans knapper Auskunft jedoch zu begnügen: Im Rudel sind sie alle gefährlich, das sei wohl wahr. Per Anhalter fuhren sie bis zu einem Gelände, auf dem dicht an dicht Autos und Motorräder aller erdenklicher Marken standen, ›DAF‹, Depot für ausgemusterte Fahrzeuge, hieß das offiziell. Zwei Kilometer weiter, wo die Minsker Chaussee begann, direkt am Bahnhof Bakowka, stand eine

Spezialeinheit der Polizei und konfiszierte gezielt die Personen- oder Lastwagen all jener, denen das Privileg, bei der Totalplünderung Deutschlands mitzuhelfen, nicht zustand; die Fahrzeuge waren fast durchweg intakt, das Depot hatte nur die Aufgabe umzuverteilen, was schon doppelt und dreifach gestohlen war – und auch hier gab es nach allen Regeln der Kunst formulierte und beglaubigte Direktiven ebenso wie lakonische Anweisungen, auf knittriges Packpapier hingekritzelt von wer weiß wem; der ›Hauptdispatcher‹ des Depots, auf den ersten Blick unzugänglich und unbestechlich wirkend, war ein Landsmann von Kaschparjawitschus. Nachdem Iwan eine kleine Weile zusehen durfte, wie schnell hier die Kraftfahrzeugpapiere über den Tisch gingen und wie sehr die beiden Dispatcher dabei absahnten, wußte er: Sehr, sehr viele Leute in den Volkskommissariaten waren auf die Litauer angewiesen und zeigten sich erkenntlich, in Naturalien ebenso wie in guten Tips, man saß hier an der Quelle. Einer dieser Kommissariatsbeamten schrieb Iwan auf der Stelle einen Führerschein aus, und sie fuhren zurück nach Fili – Iwan mit einem Lieferwagen, Kaschparjawitschus mit einem ›Opel Limousine‹. Garagenplätze fanden sich ohne weiteres, der Wirtschaftsleiter der Litauischen Vertretung hatte überall seine Leute sitzen, nicht nur in Moskau; noch am selben Abend trat Iwan seine erste, verantwortungsvolle Dienstfahrt an. In Kaunas war ein alter Genosse gestorben, Revolutionär der ersten Stunde, ohne Familie, ohne einen einzigen Verwandten, im Sterben hatte er den Wunsch kundgetan, nur ja nicht auf litauischem Boden begraben zu werden, das Begräbnis, schlußfolgerte Kaschparjawitschus, hatte in Moskau zu erfolgen, nur in Moskau. »Den Weg kennst du ja!« hatte Kaschparjawitschus vor der Abfahrt in bedeutungsvollem Tonfall gesagt, dieses Geleitwort schlug den Zirkel, innerhalb dessen ihre Begegnung vor ungewisser Zeit stattgefunden hatte (nun ja: ha-

: 96 :

ben konnte), er breitete sich von Minsk bis Klaipeda, in ihm lagen die Wälder von Paneweshis bis Alitus, wo NKWD-Leute, litauische und sowjetische Partisanen, Deserteure, entlaufene Strafgefangene, Deutsche und hungrige, verlauste Legionäre sonstwie versprengter Teile von sonstwem legitimierter Truppen einander den Garaus machten, ein einziger schießwütiger Haufe. Dort war man auch jetzt nicht sicher, dreimal wurde auf Iwans Anderthalbtonner geschossen, bevor Kaschparjawitschus' ›Opel‹ ihn einholte, beide Autos fuhren schnell, in Kaunas wurde Iwan zu einem Photographen geschickt und bekam einen Ausweis mitsamt den nötigen Stempeln, war nun also in Kaunas registriert; sodann wurde ihm ein schwarzer Anzug verpaßt und eine Vollmacht in die Hand gedrückt, mit der er ins Leichenschauhaus fuhr; andächtig senkte er den Kopf vor dem festvernagelten Sarg, der nichtsdestoweniger die Spuren von Gewalt trug, jemand hatte versucht, die letzte Ruhestatt des altgedienten Kämpfers für die gerechte Sache, des ewigen Zuchthäuslers, mit der Axt zu schänden; unwillkürlich erinnerte sich Iwan des pathetischen Satzes, daß noch aus dem Sarg eines Revolutionärs die Flamme der Revolution schlüge, er faßte an die frische Kerbe, doch da war kein Ruß. Der mit Eis und Sägemehl überzogene Sarg wurde nach Moskau expediert, wo drei Schnapsbrüder ihn – angespornt von Iwans Flüchen – in ein Haus an der Abelmanschen Wache schleppten, mit einem Nageleisen hebelten sie den Deckel ab. Iwan sah die blaue Stirn des alten Mannes und das geschickt verputzte Loch unter dem rechten Auge, wo die Kugel des Selbstmörders eingedrungen war. Einen Tag und eine Nacht lang kamen Leute, von dem Alten Abschied zu nehmen, sie kamen einzeln, die Frauen mit vor dem Mund geknüllten Taschentüchern, allen stand der Schmerz in den Gesichtern, die sichtlich keine sowjetischen waren, Wehklagen erklang auf spanisch, deutsch und französisch, einzig ein General der Luftstreitkräfte sprach plötzlich russisch, als er den Toten mit Panas anredete, was ein ukrainischer Name war. Die Beisetzung erfolgte außerhalb der Stadt (»... solche kriegen nirgends ihren Frieden!« war Kaschparjawitschus' bissiger Kommentar), jemand hielt auf litauisch eine Rede, dann tönte eine lateinische Liturgie. Der da im Sarg lag, hatte sich zu Lebzeiten als Internationalist bezeichnet, die Erde mußte ihm in Afrika genauso leicht sein wie in Belgien – nur dort, wo er aufgewachsen war, mochte er nicht bleiben. Mit den Lehmbrocken, die auf den von Iwan zugenagelten Sarg flogen, hatte das Begräbnis des einen Litauers sein Ende und das kurzzeitige Dasein eines zweiten ebenso, nunmehr erhielt Iwan eine befristete Aufenthaltsgenehmigung für Moskau, Vor- und Zuname getürkt, der Vatersname kaum zu buchstabieren: Iosassowitsch. In der Siedlung Masilowo, nur einen Kilometer von der Garage entfernt, fanden sich Zimmer zur Miete, Iwan hatte es sich angewöhnt, sein Russisch mit einem leichten Akzent zu versehen, der zu dem neuen Namen paßte; einem Auswärtigen Bett und Frühstück zu gewähren schickte sich für brave Leute. Wenn draußen vor dem Fenster der Frost klirrte, ließ es sich gut über das Leben nachsinnen; auch beim Autofahren kamen einem angenehme Gedanken. Einmal fuhr er hinter einer Straßenbahn her, sah, was sich auf der rückseitigen Plattform tat, und wunderte sich über die kleinen Jungen, die in Trauben an den Türen hingen; kein Rüffel und kein scharfes Wort der Schaffnerin und der erwachsenen Fahrgäste brachten es fertig, sie im Wageninneren zu verteilen, eine magische Kraft zog sie zur Plattform und zu den Türen, hinter denen die freie Wildbahn lockte. War es womöglich die gleiche Art Klaustrophobie, die der Embryo in der Gebärmutter empfand? Beides schien in den Knirpsen noch wach: die Angst, den warmen Mutterschoß zu verlassen, und die Freude, der Finsternis und Enge entronnen zu sein. Und wenn man sich im Geist ganz zu den Anfängen der embryonalen Entwicklung zurückbegab, so war der geschlossene Raum für die befruchtete Zelle eine Notwendigkeit, hier durfte sie im Schnelldurchlauf ihre Evolution hinter sich bringen: beginnend als Amöbe, diverse Stadien amphibischer Existenz streifend, das Dasein von Kriechern und Säugern andeutend – wie ließ sich ein neunmonatiger Gebärmutteraufenthalt ins Verhältnis setzen zu den Millionen Jahren, die es für die mühselige natürliche Auslese gebraucht hatte?

Er lenkte den ›Opel‹ mit Karacho in eine Seitenstraße; wie gut, daß das Gehirn nicht mehr im Leerlauf arbeitete – der Gedanke an die verlorenen Monate grämte ihn. Nein, bestimmt nicht Kaschparjawitschus zuliebe hatte das Schicksal ihn vor so vielen Toden bewahrt, denken sollte er nun, leben! – und außerdem mußte er Klim finden. Der war hier, in Moskau, wo sollte er sonst hin, Gorki wollte ihn nicht haben, geschweige Mogiljow, und die Größen der Wissenschaft zogen ihn an, süchtig nach seiner Genetik, wie er war, brachte er es glatt fertig, sich in der Timirjasew-Akademie sehen zu lassen, so eine Dummheit konnte ihn zehn Jahre kosten; gewiß war auch er auf der Suche nach Iwan, und in Kontakt mit ihm kam er nur über Leningrad, indem nämlich einer von beiden in der Wohnung am Karl-Marx-Prospekt eine Nachricht hinterließ; daß der Botanische Garten der Akademie in Gorki, wo sie sich zuletzt gesehen hatten, als toter Briefkasten nicht taugte, war klar. Dorthin also, nach Leningrad, strebten seine Gedanken, dort verfingen sie sich; für die Planung brauchte er eine weitere Woche, was in dem Brief stand, war bis auf das letzte Komma ausgetüftelt. »Du hast wohl noch nicht lange genug gesessen?« spottete Kaschparjawitschus, als Iwan auf Leningrad zu sprechen kam; wenn man den Litauer mitunter reden hörte, konnte man meinen, sie hätten das gleiche hinter sich; manchmal auch, wenn er nicht mehr ganz nüchtern war, stellte er Vermutungen darüber an, wer von ihnen als erster angelegt und doch nicht geschossen hatte. Iwan wiederum stocherte ungern in der Vergangenheit herum, denn sogleich stellte sich ein schmerzhaftes Reißen in den Gelenken ein, die den Preis für alle Irrtümer und Fehler zu zahlen gehabt hatten. Leningrad aber hörte nicht auf, an ihm zu zerren und zu rütteln, rief ihn wach, ganz vom Grund her stieg etwas in ihm hoch, das weich und warm und rund war, schob die Zeit, die darüber lagerte, beiseite; sich dem Newaufer nähernd, konnte er ein Stöhnen kaum unterdrücken, die Tränen, die ihm kamen, blies der Wind hinweg; vor den Pfeilern der Litejny-Brücke stauten sich die Eisschollen, von hier aus konnte er den Prospekt schon sehen, den Inbegriff seines stillen Leids. Der Gedanke an den Tod, der Sohn und Eltern zweifach aneinanderband, war auf einmal so heftig, daß Iwan sich in eine Einfahrt stellte und zu heulen anfing, wobei er sich gleichzeitig vergewissern konnte, daß kein einschlägiger Spitzel ihm folgte. Er nutzte alle möglichen Höfe mit zwei Zugängen rings um den Finnischen Bahnhof, alle durchgehenden Keller, die er kannte (und er kannte sie alle), um einen möglichen Verfolger abzuhängen, mischte sich unter die Passanten, näherte sich so ganz allmählich dem Haus. Nichts hatte dieser Straße den Geruch seiner ungestümen Kindheit nehmen können, hier hatte er gewohnt, hier war er aufgewachsen: kein Gedanke an die Zukunft, keine Vorahnung von dem, was ihn erwartete; da war der Hof, der Hauseingang, in dem er einst eine Nataschka begrapscht hatte, die die Leidenschaft zur Mathematik in ihm weckte. Und: die Tür! immer noch die alte, die kunstlederne Polsterung, der weiße Klingelknopf; ein süßer Schwindel stieg ihm zu Kopf, er stellte sich vor, einzutreten in diese Wohnung, zehn Lebensjahre würden einfach von ihm abfallen, und er schrumpfte zu dem Fünfzehnjährigen von damals. Die Tür wurde einen Spaltbreit aufgezogen, darin zeigte sich ein Mädchen, in dessen Augen etwas stand, das zur Behutsamkeit mahnte – solch ein Mädchen durfte man nicht einmal bei der Hand nehmen, höchstens beim kleinen Finger. Stammelnd brachte er seine Bitte vor: ob es vielleicht möglich sei, einen Brief für einen Frontkameraden ... ach, womöglich war er ja schon dagewesen? Er habe ihm nämlich die falsche Adresse gegeben, das heißt, eigentlich schon die richtige, nur habe er statt Moskau Leningrad geschrieben, was eben so alles vorkommt ... Iwan verhaspelte sich, er wagte das Mädchen nicht einmal aus den Augenwinkeln anzusehen und spürte sofort, als er die schlurfenden Frauenschritte näherkommen hörte: Klim war dagewesen, ja! Er schwankte, mußte sich mit dem Arm gegen die Wand stützen – seit zehn Jahren wohnten hier nun fremde Leute, die ihre eigenen Gerüche hatten, eigene Gewohnheiten, und doch ließ sich die Duftmarke jener Familie erschnuppern, die damals Hals über Kopf nach Minsk abgereist war, die Tapeten und Wände schienen getränkt vom Odeur der mütterlichen Kleider, von des Vaters Kölnischwasser, dem Geruch seiner Haut ... Die Frau war herangetreten, musterte ihn eine Weile, fragte plötzlich, ob er nicht vielleicht Iwan sei. Der, der bis fünfunddreißig hier gewohnt habe? Von der drohenden Gefahr war alle Sentimentalität wie weggeblasen, Iwan nickte: Ja, da sei wohl tatsächlich etwas für ihn abgegeben worden? Der Spiegel hing an der alten Stelle im Flur, die Frau zog das Briefchen hinter ihm hervor; ihre Augen huschten von Iwan zu dem Mädchen und wieder zu ihm zurück; die Einladung zum Tee durfte er nicht ablehnen, das wäre verdächtig gewesen, sowieso stand das Telefon in Sichtweite, war nicht zu benutzen, ohne daß er es merkte, und daß Mutter und Tochter so versierte Lockvögel abgaben, ließ sich schwer vorstellen. So saß er mit ihnen in der Küche, erzählte, sorgfältig die Worte wägend, irgend etwas und nutzte den erstbesten Moment, sich zu verabschieden, flog die Treppe hinunter, der Umschlag in seiner Hand glühte (darauf mit kindlich ungelenken Buchstaben: *Iwan, hier wohnhaft* – Herrgott, welch ein Idiot!), auf der Toilette des Finnischen Bahnhofs rutschten die schiefen, tanzenden Buchstaben zu lesbaren Worten zusammen, die Fetzchen Papier wurden hinweggespült, die Worte im Gedächtnis behalten, und in die Freude, daß Klim in Moskau war, mischte sich bereits Groll: Wie konnte einer so blöd sein, Zeit und Ort einer Verabredung offen anzugeben, rein gar nichts hatte dieser Sohn von Volksfeinden dazugelernt, dabei mußte er unter den Deutschen gelebt haben und wissen, wie man den Klauen der Besatzer entkam; jetzt war Iwan gezwungen, dieses Gespann im Auge zu behalten, Mutter und Tochter, er würde in Abständen nach Leningrad kommen müssen, um herauszufinden, mit wem sie verkehrten; erst einmal aber hieß es nach Moskau eilen, morgen war Sonntag, der Tag, den Klim für das Wiedersehen vorgeschlagen hatte. Der Zug flog in die Nacht hinein, dem Moment entgegen, da Klim auf der Bank im Sokolniki-Park Platz nehmen würde, der siebten, vom Parkeingang gezählt – wenn er bis dahin nicht verhaftet war. Iwan beschloß, sich für alle Fälle vorzusehen: Die an ihn gegangene Botschaft konnte im Gefängnis von Lefortowo verfaßt worden sein. Schon eine Stunde vor drei trat Iwan aus der Tür der Metrostation ›Sokolniki‹ und kehrte erst einmal an der Bierbude ein; zwei Typen drückten sich in der Nähe herum – sollte man sagen: Normalbürger? –, die mit der Bank Nummer sieben (die ohnehin vollkommen eingeschneit war, sich dort hinzusetzen hätte dämlich ausgesehen) sichtlich nichts im Sinn hatten. Klim erkannte er sofort: Alles an dem, der da vorüberging, schien fremd, und trotzdem war er es, Klim! – ohne Brille, ärmlich angezogen, wenn auch immerhin warm, und der Gang verriet, daß er nicht zum ersten Mal zu der Bank kam, neun Sonntage war es her seit seinem Besuch auf

: 102 :

dem Karl-Marx-Prospekt, auch diesmal rechnete er nicht damit, Iwan zu treffen – ohne sich umzusehen, ohne stehenzubleiben, um einem vielleicht die Chance zu geben, ihn zu erkennen, verließ er die Allee. Vor der Bäckerei holte Iwan ihn ein, packte seinen Arm, zog ihn durch einen Torbogen auf einen Hof und hinter ein Auto, von dem gerade Paletten mit Brot abgeladen wurden.

Hier fielen sie sich in die Arme, und wahrscheinlich weinten sie auch. Der kurze Wintertag ging schon zu Ende, Schnee fiel und blieb an ihnen kleben. »Bruderherz ... Bruderherz«, stammelte Klim ein ums andere Mal wie im Fieber – da war er wieder, jener Ausdruck, der Iwan damals in Leningrad und später in Gorki so seltsam berührt hatte, ihm beinahe lächerlich vorgekommen war, nun nahm er ihn dankbar entgegen, das Wort klang ihm triumphal in den Ohren. Es war so, zwei Menschen konnten noch so verschieden sein, arm und reich, gut und böse, Chef und Untertan – wo Blutsbande existierten, schweißten sie zusammen, es waren zwei Früchte von einem Stamm, der alle Unterschiede auslöschte; die Urgroßmutter, die Iwan und Klim gemeinsam hatten, glich dem Korn, das drei Jahrhunderte zuvor in der hölzernen Nabe eines Leiterwagens vom Westen her nach Rußland gereist war, und so war es wohl nicht falsch, daß man Iwan jüngst den Litauern zugeschlagen hatte – kam ihr gemeinsamer Ahne doch einst über die Memel geflohen.

Die Wurzeln des Familienstammbaums wurden in Klims kleinem Zimmer abgetastet, wohin sie nach dreimaligem Wechsel des Taxis gelangt waren, unterwegs zupfte einer den anderen immerzu am Ärmel, fiel ihm ins Wort, man wollte reden, reden, reden, erzählen und lachen, fünf Jahre Schweigen waren genug gewesen. Ein Haus in der Nähe des Kolchosnaja-Platzes, mittlerer Eingang, die Kellertreppe hinunter, hier gab es rechterhand eine Tür mit Totenkopf und gekreuzten Knochen, das Reich des Elektrikers, linkerhand eine Tür ohne Aufschrift mit Vorhängeschloß, das Klim abnahm und im Flur dahinter an einen Nagel hängte, dann kam noch eine Tür, und endlich folgten zwei nebeneinanderliegende Kämmerchen, im einen stand eine Werkbank mit Schraubstock und allerlei Klempnerkram, im anderen, einer Gefängniszelle für harmlose Fälle ähnlich, wohnte der Klempner, und das war Klim Paschutin, der draußen in der Welt einen anderen Namen trug, ein gesuchter Kollaborateur, hier vor dem wachsamen Auge des Regimes in Deckung gegangen. Sie brühten sich Tee, hatten unterwegs Wurst und Wodka gekauft, den tranken sie nun und waren froher Dinge, Klim begann zu erzählen, seine Worte überstürzten sich, kehrten zurück bis in die gepriesene Vorkriegszeit, eilten voraus in die leuchtende Zukunft, dazwischen lagen große Pein, Hunger, Gefangenschaft, Entbehrungen, aber auch ein gutes, sattes Stück Leben in Deutschland, das er im Grunde der Bezirksdienststelle des NKWD in Mogiljow zu verdanken hatte, die Klims Eltern gegriffen und ihn laufen gelassen hatte, mit dem Hintergedanken, daß man so nach einer Weile noch mehr Feinde fangen konnte, am besten gleich alle auf einmal. Der Krieg beeinträchtigte die Wachsamkeit der Organe, Klim meldete sich als Freiwilliger, kam an die Front und wurde gleich im ersten Gefecht gefangengenommen und in ein Lager gesteckt, wo er noch einmal Glück hatte: Die Deutschen gestatteten der Bevölkerung, Kriegsgefangene heimzuholen, man brauchte sich nur als Bräutigam oder Bruder einer vor dem Stacheldraht stehenden Bäuerin auszugeben und durfte als Schwager in das gastliche Haus einziehen. Bei solch einer Familie brachte Klim ein halbes Jahr zu, bis die Partisanen kamen und ihn mobilisierten, sie steckten den Sohn von Volksfeinden in ein Todeskommando. Wieder endete er im Lager, starb dort langsam vor sich hin, doch wem das Glück einmal hold war, der hat es ein ganzes Leben lang: Jürgen Maisel kreuzte in dem Lager auf, jener Genetiker, der damals unbedingt nach Gorki hatte fahren wollen, und nahm Klim mit nach Berlin, der Magistrat registrierte Klim als Ostarbeiter, wies ihm eine Arbeit zum Ruhme Deutschlands zu, auf Maisels Randberliner Anwesen – freilich nicht als Assistent, sondern als Klempner, Schlosser, Gärtner in einem, mit Hähnen und Rohren befaßte er sich der Ordnung halber tatsächlich, erlernte dieses Handwerk leidlich, die eigentliche Arbeit geschah jedoch in Maisels vorzüglich ausgestattetem Labor, das er im Haus hatte; in diesen gemeinsam in Berlin verbrachten Wochen gelang es ihnen, etliche Theorien und Methodiken zu korrigieren, sie kamen voran, so gut voran, daß Maisel ihm untersagte, irgendwem davon zu erzählen, wozu Klim tatsächlich Lust hatte, denn in Berlin saßen noch mehr Genetiker, die häufig zusammenkamen und diskutierten, Klim kannte nicht wenige Russen, die es noch vor dem Krieg nach Deutschland verschlagen hatte, vielleicht waren sie es, die dem NKWD hintertrugen, womit er sich beschäftigte. Maisel kam im März fünfundvierzig ums Leben, er war immerhin Wehrmachtsoffizier und noch dazu Epidemiologe, das Haus wurde vermutlich gezielt ins Visier genommen, Klim rettete seine nackte Haut – und die Ostarbeiterkarte, die ihm weiterhalf, denn vom sowjetischen Kommandanten eines ostdeutschen Kleinstädtchens erhielt er einen Schein, der ihm bestätigte, nach Deutschland verschickt worden und nun auf dem Heimweg zu sein; so hätte alles womöglich ein gutes Ende genommen, wäre er nicht auf den Gedanken verfallen, statt dem gängigen Plunder sein kostbarstes Gut über die Grenze zur UdSSR zu schmuggeln, die Laborjournale nämlich, die er noch rechtzeitig vor den Bombardements im Garten vergraben hatte, jemand wurde in Brest auf die Hefte aufmerksam, und Klim landete wieder im Lager, von wo er eines Nachts floh, nein, auf die Idee war er nicht von selbst gekommen, hatte überhaupt nicht vorgehabt zu fliehen, die im Lager festgehaltenen Ostarbeiter hatten eine Planke aus dem Zaun gebrochen, da mußte er eben mit, schloß sich irgendeinem Transport an und fand sich in Polen wieder, wo das Glück ihm treu blieb, ein netter, alter Pole mit Schnurrbart und Konfederatka-Mütze, von Amts wegen Dorfschulze oder Polizist, legte einen Stapel sowjetischer Pässe und anderer Ausweise vor ihn hin: Such dir was aus, Moskowiter! Das tat er, die verlorenen Journale grämten ihn immer noch sehr, und er war schon auf dem Weg nach Gorki (»Oh, du Idiot!« schimpfte Iwan, dem Vetter glücklich den Kopf streichelnd), als er in Orscha zufällig einen Professor von dort traf und erfuhr, daß man ihn suchte, nur darauf wartete, daß er auftauchte, um ihn festzunehmen. Und der nächste Glücksfall: Eine Frau, der er half, bis nach Moskau zu kommen, hatte eine Tante bei der Kommunalverwaltung, und die quartierte ihn hier ein, als Klempner, wobei es offizell für ihn nichts zu tun gab, das Haus war Werkseigentum und wurde von Betriebsschlossern unterhalten, er arbeitete inoffiziell und unentgeltlich, wenn der Hausmeisterin, die ihre Mucken hatte, irgend etwas einfiel, dafür hatte er dieses Kämmerchen für sich, von hier ging er jeden Tag ins Kaufhaus, wo er Handwerker im Schichtdienst war, sechshundert Rubel monatlich (zwanzig Gläser Reis, wie Iwan sofort überschlug); dem Ausweis nach war er aus Obojan, das lag irgendwo im Kurischen, eine befristete Aufenthaltsgenehmigung für Moskau lag vor, es ließ sich leben, gab genug zu essen, nur mit Zeitschriften und Büchern sah es trübe aus, manches bekam er am Kiosk der Landwirtschaftsakademie zu kaufen, doch das waren Brosamen im Vergleich zu dem, was er bei Maisel zur Verfügung gehabt hatte, der über das Propagandaministerium biologische Fachzeitschriften aus Großbritannien und Amerika bezog ...

Es war eine lange, wunderschöne Beichte, wirr und hitzig, deren Temperatur etwas sank, wenn die Hörsäle der hiesigen Akademie gestreift wurden, und die aufglühte, wenn sie in die heilige Abgeschiedenheit der Randberliner Villa zurückkehrte; Augen, brennend vor Ungeduld, in denen gelbliche Fünkchen blitzten; dünne Arme, hohle Brust; Wißbegier ohne Kalorienfundament, fruchtlose Träume von Ruhm und ein Rest von acht Rubel bis zum nächsten Gehalt ... Als der Klempner dann eingeschlummert war, satt, glücklich und erschöpft, trat Iwan, auf das Gurgeln des Wassers lauschend, das neben ihm die Rohre zertrieb, den Dienst an, zu dem er sich selbst bestellt hatte: Von Stund an war er Knecht des Herrn Genetikers; er, der Knecht, durfte Klim schlecht behandeln, durfte ihn anschreien, herumkommandieren, sogar schlagen – Klim wäre dennoch der Herr, denn aus dem naseweisen Studenten war in wenigen, unheilvollen Jahren ein Wissenschaftler geworden, der kurz vor einer Riesenentdeckung stand; in dem Milchbart aus Mogiljow brannte ein Flämmchen, flackernd im Wind eines gnadenlosen Lebens und doch vom Leben erst entzündet, ein schwaches Lichtlein, das in der Lage war, die gesamte Biologie zu erhellen. Schon Ende dreiundvierzig hatten Klim Paschutin und Jürgen Maisel entdeckt, daß sämtliches Erbgut nicht im Protein kodiert war, wie die Fachblätter im Chor posaunten, sondern in einer Desoxyribonukleinsäure, die genaugenommen keine Säure war, sondern ein Salz, doch um solche Details war es ihm und Maisel nicht zu tun gewesen, denn sie trauten den eigenen Resultaten nicht sehr; wie groß dann ihr Erstaunen, als deren Richtigkeit anderthalb Jahre später von einem gewöhnlichen Arzt aus den

USA namens Avery mit einer Versuchsserie bestätigt wurde! Dann fuhr Maisel an die Front, und Klim fing an, Röntgenbilder zu vergleichen, sein Kopf glühte und brütete etwas aus, die Lösung des Geheimnisses; daß es sie gab, wußte er schon, doch bis zum Ausschlüpfen brauchte es Zeit, und diese Zeit würde kommen, darum mußte der Keim gehütet, mit neuen Erkenntnissen und Experimenten gefüttert werden; es war nötig (soviel hatte Klim Iwan schon anvertraut), die räumliche Konfiguration dieses durchaus nicht unstrukturierten Haufens von Desoxyribonukleinsäure-(kurz: DNS) Molekülketten zu bestimmen und mathematisch zu definieren ... Nicht die Kühnheit war es, die Iwan an seinem Vetter am meisten kratzte, sondern die leichte, beinahe poetisch zu nennende Art, wie er das Glück anzog – er errang es nicht im Schweiß, nicht durch Verstand und Leiden, es kam ihm, dem vom Schicksal Gehätschelten, von Zufällen Begünstigten, in den Schoß gefallen wie Schneeflocken im Dezember, wie Regentropfen im Mai. Seine Eltern niedergemetzelt – ihm wurde kein Haar gekrümmt; unbedarfte Rotarmisten zu Hunderttausenden über den Haufen geschossen oder verhungert – Klim bat man in einer warmen Hütte zu Tisch; Millionen verreckt, erfroren, um Gnade bettelnd – Klim fraß ukrainischen Speck und holländischen Käse, ging noch dazu seiner Lieblingsbeschäftigung nach; alle, die irgendwie im Verdacht standen, bei den Deutschen schmarotzt zu haben, waren längst nach Sibirien verfrachtet – das »Bruderherzchen« lebte in Moskau seelenruhig sein Leben, ohne einen Schimmer von Iwans schwanker Existenz an der Seite eines Kaschparjawitschus, der von der SS sein konnte oder vom NKWD. Dieses frappierende Glück, das blind war und nichts von sich wußte, konnte ihm leicht auf die Füße fallen; Klims Lebensstil mußte von Grund auf geändert werden, in diesem Kellerloch würde Klim sich früher oder später die Tuberkulose holen, nur deshalb war

: 108 :

es dem Fremdling hinterhergeworfen worden, weil darin zu leben unmöglich war: Aus den beiden Heizungsrohren längs der Wand quoll Dampf, so daß man nur bei offenstehender Tür schlafen konnte, selbst im Sommer war es hier feucht, und wenn eines Tages einmal die Stiefel des NKWD auf der Treppe klappern sollten, saß man fest wie in einer Mausefalle.

Iwan breitete seine Wattejacke auf der Werkbank aus und schlief ebenfalls ein. Er träumte schlecht: einmal mehr von dem Gestapokeller und jenem Folterzwerg, der den Kopf nach vorn reckte wie ein Hahn und sich mit den Händen übers Gesäß fuhr; den gestrigen 17. Februar 1946 wollte Iwan sich trotzdem als Glückstag ins Gedächtnis schreiben, beschloß er am Morgen; draußen schneite es und stob. Leise, um Klim nicht zu wecken, begann er in der Kammer aufzuräumen, wischte den Fußboden, ging einkaufen, kam wieder mit Fleisch und Obst, der Markt war ja gleich nebenan. Er betrachtete den schlafenden Vetter, sah sein Gesicht in quälenden Träumen zucken; na ja, durchgemacht hatte auch er einiges, aber ein Mann war er nicht geworden – immer noch derselbe Kindskopf, dieselbe nicht zu bremsende Hitzigkeit im Denken und im Reden. In einem hatte er allerdings recht: Nur geistige Arbeit, nur das Brüten über der Säure ergab noch einen Sinn und eine Chance; der Sinn allen irdischen und nichtirdischen Seins konnte der Ausweg für sie beide sein, dieses Regime saß ihnen wie eine Gräte im Hals, und der einzig verbliebene Weg, es zu besiegen, ihm überlegen, ja über es erhaben zu sein, war wohl, das Rätsel der Vererbung zu lösen, das Leben selbst war es, das sie anstieß, etwas Großes zu leisten – und wenn dieses Große fürs erste nur ein sauberer Fußboden, Wurst und Krabben auf dem Tisch, eine gute Flasche Wein war; beim Trinken lachten sie und schwatzten, schmiedeten grandiose Pläne, zwischendurch wurde Klim für eine halbe Stunde in die Wohnung der Hausverwalterin gerufen; so ließen sie es sich bis abends um sieben wohl sein, dann mußte Klim zur Schicht, wurde von Iwan verproviantiert: Ein kräftiges Abendbrot und ein leichtes Frühstück kamen ins Köfferchen, duftender süßer Tee in die Thermosflasche, dazu der strenge Befehl: allein essen, nur nicht angeben mit dem guten Fraß! Geld war da, mehr als genug, er durfte kaufen, was ihm Spaß machte, aber bitte schön jeden Artikel einzeln, in verschiedenen Läden, damit es nicht so auffiel. Als Klim weg war bekam Iwan einen Lachanfall: Wie komisch das alles war, und wie bitter! Einst war Michail Lomonossow von Seiner Majestät dem Zaren zum Studium nach Deutschland geschickt und mit Ungeduld zurückerwartet worden, das Bastschuhbäuerlein sollte Rußland etwas nützen; den Bolschewiken hingegen fiel nichts Besseres ein, als ihre Hundemeute auf den in Deutschland in die Schule gegangenen Genetiker zu hetzen, der das dämonische Wesen dieser Sowjetmacht gar nicht begriff, die alles auf den Kopf stellte: Hatte nicht noch die RSDRP den Bauern in ihrem Agrarprogramm Land jenseits des Urals versprochen? Dann kamen die Bolschewiken in den Kreml, steckten die Füße unter den Tisch – und ließen als erstes die Kulaken nach Sibirien eskortieren. Sich mit den Zeichen und Symbolen dieses Gesindels abgeben zu müssen kostete die meiste Überwindung, der gesunde Menschenverstand sagte einem, daß man ganz in den Untergrund hätte abtauchen sollen, eine Wohnung anmieten irgendwo draußen vor der Stadt, die nötige Labortechnik zusammenkaufen oder -stehlen und sich an die Arbeit machen – aber da war' noch eine andere Stimme, von einem, der stets auf der Hut war und bei jedem Rascheln zusammenzuckte, die mahnte: Der Kaufhausstempel im Arbeitsbuch war das Beste, was man haben konnte, denn die Faulheit kannte in Rußland keine Grenzen, eine Behörde schob der anderen die Obhutspflicht über ihre potentiellen Volksfeinde auf den Tisch, die Polizei sah den Stempel (*Eingestellt am* ...), und jegliches Interesse an dem aufgegriffenen Bürger erlosch augenblicklich. Daher durfte man auf die Arbeit im Kaufhaus vorläufig nicht verzichten – aber Bücher und Zeitschriften zu besorgen konnte nicht schaden.

Vor dem Antiquariat auf dem Arbat traf man den alten Mann, der seine Bibliothek versoff; was Iwan bei ihm kaufte, las er erst selbst und überließ es dann Klim; mit den Zeitschriften klappte es noch besser: Kaschparjawitschus abonnierte ihm, vorgeblich für die Akademie der Wissenschaften der Litauischen SSR, alle möglichen Periodika, einmal war Iwan so dreist, ihn um das amerikanische ›Nature‹-Magazin zu bitten. »Spione werden nicht bedient!« versetzte Kaschparjawitschus gereizt, zierte sich noch einen Monat und beschaffte dann nicht nur ein Halbjahresabonnement der ›Nature‹, sondern gleich noch das ›King's College Bulletin‹, man brauchte also dringend Englischunterricht. Einige Male hatte Iwan Fahrten nach Vilnius zu erledigen; er holte das Geld aus dem Wald, verteilte es portiönchenweise auf die diversen Sparkassen, kaufte Klim ein Mikroskop und ein binokulares Vergrößerungsglas und machte zu guter Letzt im Moskauer Vorort Mytischtschi Material ausfindig, von dem sie kaum zu träumen gewagt hatten: In einer kleinen Kwaßbrauerei, die nebenbei Limonade und Apfelsaft produzierte, gab es Drosophila in rauhen Mengen, wenn auch vielleicht nicht die fruchtbarste Art, aber brauchbar; Aussicht auf eine Unterkunft tat sich gleich noch mit auf. In der Kneipe war Iwan eine Frau von seltsamem Äußeren und noch seltsamerem Verhalten aufgefallen: Sie betrat die Kneipe, in der ausschließlich Männer waren, so selbstverständlich, als wohnte sie hier, holte an der Theke, ohne sich anzustellen, drei große Gläser Bier und kippte sie, eins nach dem anderen, ex; als sie ging, lief Iwan ihr nach und sprach sie an, sagte, er habe schon viel von ihr gehört (... da ist eine aus der Verbannung zurück, das ganze Gebiß aus Stahl, die nimmt die Kippe nur die anderthalb Minuten aus dem Mund, wo sie sich mit Bier abfüllt ...) – er schlug ihr ein lukratives Geschäft vor: hundert Rubel für jedes Hundert gefangene Essigfliegen, Kescher auf seine Kosten, dazu achthundert Rubel für ein Zimmer in ihrem Haus, auf drei Monate im voraus. Die Alte stieß ihm die kalte ›Belomor‹-Papyrossa ins Gesicht und lehnte es kategorisch ab, Fliegen zu fangen, da kämen doch – unter Garantie! – sofort die Typen von der Staatssicherheit gerannt und zerrten sie und die Untermieter vor den Kadi: versuchte Wohngebietsverseuchung! Iwan stand verdutzt vor ihr, kam sich irgendwie ertappt vor, verfluchte insgeheim seine Knickrigkeit: Warum nahm er nicht gleich eine ganze Wohnung – vermieteten und trotzdem leerstehenden Wohnraum gab es in Moskau genug. Die Peinlichkeit von Mytischtschi schrieb Iwan sich hinter die Ohren, entdeckte jedoch bald darauf in Kunzewo, zwei Kilometer von Fili entfernt, eine Fabrik für nichtalkoholische Getränke, aus der jeden Morgen Lieferwagen rollten, Limonadenkästen auf der Ladefläche und die zweirädrigen Anhänger mit den Kwaßfässern im Schlepp; die Betriebswache paßte auf, daß keiner mit Kannen das Werk verließ (es gab dreiste Weingeistdiebe), hinein gelangte Iwan unbehelligt, brachte später auch Klim mit. Über den Gärbottichen und in der Abfüllhalle Myriaden von Fliegen. Klim verstand sich meisterhaft darauf, das winzige Insekt mit einem Schwung der Hand zu erwischen, inspizierte das gefangene Tier durch zwei übereinandergelegte Brillen; noch mehr allerdings interessierte er sich für die vertrockneten Exemplare, die in dem gläsernen Grab zwischen den Doppelfenstern zu finden waren. Mit reicher Beute kehrten sie heim in ihren Keller. Über Monate vertiefte sich Klim nun in das Studium der »Kunzewo-Population«; Zeitschriften, sowjetische ebenso wie die von jenseits des Vorhangs, las er nicht mehr, gereizt erklärte er Iwan, er habe keine Lust, sich mit dem Unsinn fremder Leute zu beschäftigen, genausogut könne man Dünger in destilliertes Wasser streuen – wenn es wenigstens natürliche Zusätze wären, was solle er mit Abwässern aus der Giftproduktion ...»Schnee von gestern!« rief er und schleuderte die neueste Nummer der amerikanischen ›Nature‹ zur Seite. Dafür las Iwan alles von vorn bis hinten durch, manchmal war es ein beiläufiger Nebensatz, der sein Denken in Gang brachte, oder manchmal, morgens, sah er einen vor dem Einschlafen gelesenen Abschnitt in ganz neuem Licht. In den Zeitschriften stand viel von Kybernetik, eine neue Informationstheorie war entstanden; wenn er mit seinem Lieferwagen die Randgebiete Moskaus abfuhr, ließ Iwan den alten Kindheitsphantasien freien Lauf, spürte wieder die Erregung, die Verwirrung der Gefühle, als er, die Hand an Nataschkas Brust, staunend die allereinfachsten geometrischen Figuren vor sich gesehen hatte: Die Gerade deckt sich mit der Umkehrspiegelung ihrer Parallelen, dem Kreis ist eine Vielzahl von Dreiecken eingeschrieben, aber das größte anzunehmende Volumen hat der mathematische Punkt ... Von diesen Spielchen drehte sich der Kopf, das rauschhafte Gefühl, sich vom Boden zu lösen, verursachte Herzklopfen ... Es waren glückliche Monate, leicht und frei, ergiebig auch, und kostbar allein schon deswegen, weil ohne die huldvolle Zustimmung der Staatssicherheit gelebt und gedacht wurde, allen Mächten und allen Regimen zum Trotz. Kaschparjawitschus ließ ihn nach Absprache mit der Moskauer Oberkommandantur mehrere Ladungen Farbpulver nach Litauen fahren, ließ der Industrie vor Ort noch manch anderen Rohstoff zukommen, teilte den Gewinn großzügig mit Iwan, übereignete ihm sogar den abgeschriebenen ›Opel‹. Von Klim wußte Kaschparjawitschus nichts, absolut nichts, Iwan hielt den Vetter fern von allem. Statt einer Wohnung hatte er nun ein ganzes Haus aufgetrieben: Der Besitzer überließ es ihnen für den Winter mit der Bedingung, den schnell auskühlenden Palast täglich zu heizen. Bis zum Umzug dorthin blieben noch sechs Wochen, während derer sie schon von lauschigen Abenden am Ofen träumen durften, nahe dem Feuer, in das im Notfall all die ›Collected Essays‹ und ›Bulletins‹ fliegen konnten; Iwan Schmalhausens eben erschienene ›Faktoren der Evolution‹ allerdings waren zu schade für das Feuer, Klim benötigte das Buch dringend, und Iwan zitterten die Hände vor Freude, als er es erstand und in der Brusttasche verbarg. Ruck, zuck war er im Trolleybus und jagte nach Hause, es war zwei Uhr nachmittags, Klim, der Nachtschicht gehabt hatte, würde schon aufsein und ihn erwarten, was hatte er Iwan in den Ohren gelegen wegen dieser ›Faktoren‹. Das Haus kam in Sicht (an der Giebelseite groß, aus Klinkersteinen zusammengesetzt, das Baujahr: 1934), auf dem Hof war nichts Verdächtiges zu bemerken, er lief in den Hausflur, die zwölf Stufen hinab – da stieg ihm der Duft in die Nase, beängstigend, Gefahr signalisierend, schlug ihm entgegen aus dem Kellerloch, wo Klim war: der Odem frisch gewaschener und parfümierter Frauenhaut; im ganzen Hausflur stand, so schien es Iwan nun schon, eine exotische Duftwolke, von der ihm der Atem stockte, weil die Begegnung mit einer Frau sich ankündigte, die, selbst wenn sie sich entkleidete, unerreichbar blieb – es roch nach Minsker falschen Schlangen, nach französischem Parfüm! Und Klim, in den Schaumkronen eines Meers von Betörung, sah den hereinstürzenden Iwan verlegen an, senkte den Kopf, schuldbewußt, verschämt sogar, würdigte die ›Faktoren‹ keines Blicks – dabei hätte er das hervorgezogene Buch sehen können, unbedingt! Er schwieg, als Iwan ihn mit Honig in der Stimme auszufragen begann· Was war geschehen, und wo? Erst schob er dem Vetter den Finger unter das Kinn, dann spannte sich seine ganze Hand um dessen Kehle: »Wirds bald?« Die Zunge schien Klim am Gaumen zu kleben, er wollte aufstehen und davonlaufen, erinnerte an das Huhn, das den Fuchs von seinen Küken wegzulocken sucht. »Sagst du Clown mir gefälligst, wer hier war?« Klim rückte mit der Sprache heraus, und je mehr er erzählte, um so ruhiger wurde Iwan: Es schien noch mal gutgegangen. Ja, der Vetter war auf ein Weibsbild hereingefallen – doch ganz bestimmt keine Gefreite der Staatssicherheit im Rock, nur ein diebisches Elsterchen, das einem, wenn man das Vorgefallene nüchtern betrachtete, nicht gefährlich werden konnte. »Marsch, einkaufen! Die Talons vom vorigen Monat sind noch nicht eingelöst!« Fast gekränkt und nahe daran zu schluchzen, zog der Vetter von dannen, er kannte die Weiber nicht, darum war er einer Schickse an den Haken gegangen, die einer der vielen in Moskau kursierenden Räuberpistolen geradezu entsprungen schien. Letztes Jahr beispielsweise war das Gerücht von dem Leutnant umgelaufen, der im Juwelierladen auftauchte mit einem selten kostbaren Stück, Diadem mit sieben Brillanten, das sie ihm schätzen und abkaufen sollten; da sie ihm nur hunderttausend geben wollten (mehr war gar nicht erlaubt), packte der Leutnant das Schmuckstück wieder ein und raste damit ins nächste Geschäft, und so ging es immer weiter, der Dämel ahnte nicht, daß die Schätzstellen außer ihren Instruktionen auch die genauen Beschreibungen der im ausgeplünderten Europa flottierenden Juwelen hatten. Angeblich sagte der Untersuchungsrichter zu dem Angeklagten: Junge, du bist schön blöd, hättest du das Diadem in sieben Stücke gerissen und für jedes hunderttausend kassiert! – und sprach damit durchaus im Namen des Volkes. Prosaischer klang die Geschichte, wie ein wackerer Rotarmist sich seine Million verdient hatte, einer von denen, die Berlin befreit hatten: Weder ›Telefunken‹-Radioapparate noch Kleiderstoffe konnten ihn locken, er blieb hübsch bescheiden und ließ eine Million (1 000 000) Nähnadeln ins heimatliche Serpuchow mitgehen, Stückpreis: 1 Rubel – in seine Tasche. Von Barmherzigkeit zu armen Sündern kündete eine andere Story, in der ein einfaches Arbeiterkind, Studentin am Institut für Internationale Beziehungen, neidisch war auf die Freundinnen, Töchter diverser Volkskommissare, die immer so schick angezogen waren, sich darum eines Abends im Kaufhaus ZUM versteckte und einschließen ließ, nachts den Armeleutekleidern entstieg und das Schönste und Teuerste anlegte, das es finden konnte – nur hatte es leider nicht gewußt, daß jedes Kleidchen, jedes Schuhchen und jedes Röckchen der morgendlichen Inventur unterlag, die Verkäuferinnen schlugen Alarm, das Kaufhaus blieb geschlossen, eine Haussuchung wurde durchgeführt und das in Samt und Seide herausgeputzte Mägdelein aufgestöbert – nun ja, ein tröstliches Ende lag gewissermaßen in der Luft, und wenn man den Gerüchten glaubte, kam die Sache nicht bis vor Gericht: Der Institutsdirektor habe Tränen der Rührung vergossen, die wohlhabenden Kommilitoninnen seien vom hohen Roß gestiegen und für das Diebesgut aufgekommen, und die Studentin, nunmehr genauso schön anzusehen wie ihre Freundinnen, besuche seither stolz ihre Vorlesungen. Dieses hübsche Märchen nun war von einem Fräulein in die Tat umgesetzt worden, das offenbar auch keine anderen Wege zur Neueinkleidung sah, von vierhundert Rubel Monatslohn ließ sich ein Mantel zu fünftausend nicht finanzieren, und die eigenen Mittel standen ungünstig im Kurs, eine Bahnhofsprostituierte mittlerer Güte kostete hundert, hundertfünfzig. Tolle Geschichten hatte das Fräulein, das Klim so auf die Seele geschlagen war, zur Genüge gehört und suchte sich also im zweiten Stock des Kaufhauses ein stilles Eckchen, wo sie sich am Abend verbarg; am Morgen dann schlüpfte sie in neuer Ausstattung, mitsamt

: 116 :

dem Köfferchen, in das sie, um keine Spuren zu hinterlassen, ihre abgelegten Sachen gestopft hatte, durch die eben geöffnete Saaltür ins Treppenhaus – und saß in der Falle: Das Kaufhaus hatte noch zu, retour ging nicht, da sich oben schon Verkäuferinnen aufhielten, und über den Diensteingang zu flüchten war zu riskant, die Treppe dort voller Leute, denen wäre sie aufgefallen mit ihrem Köfferchen. Also kroch die Diebin in einen Verschlag, wo neben dem Rohr der Löschwasserleitung ein säuberlich aufgerollter Feuerwehrschlauch mit Spritzenendstück hing. Wie üblich lag dieser Verschlag hinter einer Klappe mit der Aufschrift *Feuerwehranschluß*, durch ein Löchlein sah das Fräulein Klim vorübergehen und erriet anhand seiner Kleidung, wer er war, gleichzeitig gab eine gehörige Portion Lebenserfahrung ihr ein, daß dieses Unschuldslamm sie nicht verraten würde. Sie hatte sich nicht getäuscht: Klim übernahm ihr Köfferchen und führte das Fräulein über den Dachboden in ein Nachbartreppenhaus – von da verduftete das Luder, nicht ohne dem Schlosser das Blaue vom Himmel zu versprechen. Selbst wenn man sie noch schnappte, würde sie sich hüten, Klim zu verraten, denn der konnte als Hehler angesehen werden, was der Diebin noch ein paar zusätzliche Jährchen Haft beschert hätte. Demnach stand erst einmal nichts zu befürchten. Der Koffer mit den Klamotten, an denen die Diebin wohl kaum mehr interessiert war, würde dem Feuer übergeben werden, das Kesselhaus befand sich auf dem Nachbarhof; Klim bekäme die Nikitinschen Gebote nahegelegt (»nichts gesehen – nichts gehört – von gar nichts eine Ahnung«), und das Leben würde weitergehen, die Diebin in Vergessenheit geraten; Klim ließe sich mit einem Weibchen bestechen, hübscher noch als die, die er ihm vor Wochenfrist zugeführt hatte, um für reibungslose Drüsenfunktionen zu sorgen; anschließend, als Iwan sich mit ihr verlustierte, hatte sie sich lobend über den Vetter geäußert; wenn es noch zwei-, dreimal so glattging, war es geschafft und Klim dem Schicksal entgangen, das ihm, Iwan, so übel mitgespielt hatte: jenem kriminellen Gefühlsansturm zu erliegen, der sich Liebe nannte und für den Klim sein und Iwans Leben und ihrer beider Sache, um die es vor allem ging, hoffentlich nie aufs Spiel setzen würde. Kein Beinbruch also, eine Geschichte, die das Leben spielt, auf Klim fiel nicht der Schatten eines Verdachts, von aller Liebesnot würde ihn das Flittchen kurieren, das Iwan ihm vorsorglich schon vor Wochen ausgeguckt hatte – denn das war für ihn, gebranntes Kind seit jener Minsker Katastrophe, die größte Angst gewesen, als er zum ersten Mal durch diese Tür trat: daß hier schon so ein Putzteufelchen zugange sein mochte, das den Keller unentwegt auf den Kopf stellte, und Klims verliebte Blicke flögen ihr zu. Nie und nimmer durfte das geschehen! In der nächsten Stunde schon würden die Corpora delicti einer strafbaren Handlung durch den Schornstein gehen, die kleine Diebin bliebe auf Nimmerwiedersehen verschwunden, man konnte Schmalhausen lesen, und das vorherige Leben voller guter Gedanken käme wieder in seine Bahnen. Iwan schlug die ›Faktoren der Evolution‹ auf, irgendwo in der Mitte, geriet in ein hochinteressantes Kapitel – doch beim Lesen störte dieser Geruch, den der Keller anscheinend schon eingesogen hatte – es roch nach dem, was man sich landläufig unter französischem Parfüm vorstellte, ohne es je zu Gesicht bekommen zu haben; eine Duftnote, die merkwürdigerweise Visionen hervorrief, süße Melancholie uneingelöster Sehnsüchte, Miliza Korjus, auf den Wellen der ›Schönen blauen Donau‹ schwimmend, von irgendwoher drangen die Straußwalzer schon an sein Ohr ... Nein, dieser Duft! Er kam geströmt, hatte einen Ursprung; Iwan tat ein paar suchende Schritte und blieb vor der Werkbank stehen. Beugte sich nieder und zog das Köfferchen unter einer Plane hervor, klappte es

: 118 :

auf – und kniff die Augen zusammen, hätte sich besser die Nase zugehalten, aber dieses Damenköfferchen blendete einen geradezu; zwischen all den Lippenstiften, Beutelchen, Puderdöschen und sonstigem kosmetischem Krimskrams prangte fürwahr ein Fläschchen echtes französisches Parfüm, duftete ihn an. Noch verblüffender aber war, was Klim Klamotten genannt und was loszuwerden der Diebin so am Herzen gelegen hatte.

3

Unterrock, Höschen, Leibchen, Büstenhalter – von solcher Wäsche hätte die Minsker Berufsprovokateurin nicht einmal zu träumen gewagt, wie denn auch, und erst die Bluse, der Rock, das Jäckchen!, so etwas trug bestenfalls die Tochter des Innenministers, Bekleidung dieser Art bekam kein Sterblicher in irgendeinem Kaufhaus angeboten, es gab sie nur in Sonderkontingenten für ein Häuflein Auserwählter, die kleine Kreml-Sippschaft; Fasson, Material und Größe ließen auf eine junge Frau Anfang Zwanzig schließen, eins fünfundsechzig bis achtundsechzig groß, mittelschlank, Schuhgröße siebenunddreißig. Iwan staunte über die Firma, die Schuhe von so unerhörter Schönheit nähte, so fein, so leicht, so ... ganz London, na, nicht jede Engländerin würde sich solche Schuhe leisten können, kein Aschenputtel sich von ihnen trennen. In den Nähten des Höschens (Iwan brachte das Vergrößerungsglas zum Einsatz) herrschte Jungfräulichkeit, kein Schamhärchen kringelte sich dort, den Strümpfen war noch die Form der Verpackung anzusehen, alles, was da so hastig in den Koffer gestopft worden war, hatte die Frau keine halbe Stunde am Leib getragen – entweder eine Ausländerin, die, um nicht als solche erkannt zu werden, sich auf eine derart riskante Weise ihrer Kleider hatte entledigen müssen, oder eine sowjetische Staatsbürgerin, die die Staffage aus den Speichern der Moskauer Staatssicherheitszentrale Lubjanka, bezogen hatte. Beide Varianten verhießen nichts Gutes, Klim und Iwan mußten verschwinden, und zwar sofort, raus aus diesem Keller, weg von dem Kaufhaus, obwohl, letzteres war auch jetzt nicht klug: Eine Kündigung genauso wie ein plötzliches Fernbleiben des Klempners wären unweigerlich mit dem Verschwinden des Schnickschnacks in Verbindung gebracht worden, den die unbekannte Person mit der dunklen Vergangenheit in der Kaufhausnacht übergezogen hatte; von dieser Vergangenheit hatte sie sich trennen wollen, der ganze Mummenschanz war nur dazu dagewesen, ihre Beschatter abzuhängen. Gegen sieben Uhr abends hatte die Frau sich mit diesem teuren, ausländischen Kram ausstaffiert beziehungsweise ausstaffieren lassen, dann geschah etwas Unvorhergesehenes, und die Frau raste, um ihren Verfolgern zu entkommen, in das Kaufhaus, tauchte dort unter; zu dem, was dann kam, würde man Klim noch einmal gründlich befragen müssen; so ließ Iwan den vom Einkauf heimgekehrten Vetter neben sich Platz nehmen und erzählte ihm von dem Mädchen in Minsk, davon, wie er sie geliebt und die Folgen zu tragen gehabt hatte, erzählte von ihren Schuhen und wie er von drei kräftigen Männern geprügelt und getreten und in seinem Glauben an die Macht erschüttert worden war; und er sprach zu dem Vetter von jener anderen, unbezähmbaren Macht, jenem Instinkt, der den Verstand trübt, dem tierischen Drang des männlichen zum weiblichen Geschlecht, dessen sich die Organe der Staatssicherheit heimtückisch bedienten; durfte man also nicht vermuten, daß dieses ganze Spektakel nur zu dem einzigen Zweck veranstaltet worden war, ihnen beiden auf die Schliche zu kommen, zu erfahren, was sie trieben; ob er sich vielleicht irgendwelcher Auffälligkeiten im Verhalten der Frau entsann, die den wahren Kern des Geschehenen offenbarten? ... Beschämt saß Klim da und sagte nichts, schüttelte nur den Kopf, wollte an ein von der Lubjanka ausgetüfteltes Szenarium nicht glauben. Das Kaufhaus hatte zweimal unter Wasser gestanden, weshalb der Nachtdienst für die Betriebshandwerker überhaupt eingeführt worden war. An dem Verschlag auf dem Treppenabsatz der ersten Etage, wo die Frau hockte, war Klim rein zufällig vorbeigekommen. Nein, nein und nochmals nein, alles war einfach so und ohne Schwindel geschehen. Man konnte ja, fiel Klim ein, ins Kaufhaus gehen und nachsehen, ob die Polizei zugange war: Wäre die Begegnung mit der Frau eingefädelt gewesen, hätte die Direktion des Hauses eingeweiht sein und mitspielen müssen. Iwan erhob sich: »Gehen wir!« Klim bekam den Auftrag, das Versteck der Frau zu inspizieren; das alte Gebot »nichts gesehen – nichts gehört – von gar nichts eine Ahnung« wurde erhärtet. Iwan erforschte unterdessen die Umgebung, hielt Augen und Ohren weit offen; jemand war unter den Trolleybus geraten, auf dem Boulevard hatten sie einen Taschendieb gefaßt, ein Herzanfall der Eisverkäuferin – nichts davon ergab einen Sinn, und mehr war nicht zu erfahren; dagegen war Klim weit erfolgreicher gewesen, was er zu erzählen und vorzuweisen hatte, entschädigte Iwan für seinen vergeblichen Fischzug vollauf. Die nächtliche Besucherin hatte sich offenbar so billige Ware gegriffen, daß es der Direktion peinlich war, die Polizei zu belästigen und von wichtigeren Dingen abzuhalten; vor allem aber hatte Klim in dem kurzen Rohrknie des Löschwasseranschlusses die Schnipsel eines Komsomolausweises und einen Schlüsselbund gefunden; seine Tasche, die er am Morgen im Betrieb gelassen hatte, um statt dessen die wie gewonnene, so zerronnene Habe der schönen und gefährlichen Jungfer durch die Pforte zu bugsieren, war nun auch in Sicherheit. Den Keller mußten sie aufgeben, suchte Iwan den Vetter zu überzeugen, jeder Aufschub konnte tödlich sein – was, wenn die Polizei der Diebin doch auf die Spur kam und nachschlich bis hierher (etwas, womit er Klim Angst einzujagen versuchte, ohne selbst daran zu glauben: weder an den Zugriff der Kripo noch an das Auftauchen der Schönen – ihren Namen würde er bald wissen! – in diesem Keller, da mochte sich Klim noch so viel Mühe gegeben haben, ihr das Haus und den Weg zu ihm zu beschreiben – und daß sie versprochen hatte, den Koffer abzuholen, war Unfug, Spiegelfechterei, so blöd war die nicht)? Nur weg von hier!, agitierte er weiter, je eher, desto besser; das für den Winter gemietete Haus wartete auf sie, Brennholz lag dort schon bereit, es lebe die fruchtbare Einsamkeit! – übrigens konnte man aus dem Fenster die Datscha von Maxim Dormidontowitsch Michailow sehen, dem berühmten Opernbaß, den schätzte er doch besonders, nicht wahr? Iwan redete, umgarnte, beschwor – es half nichts, der Vetter zuckte nervös die Schultern und warf alle vernünftigen Argumente über den Haufen; mitleidig (doch durchaus mit einem Anflug von Respekt) blickte Iwan ihn an, staunte über die Macht dieses uralten Instinkts. Eine Sache von Sekunden: ihr Duft, ihre Schönheit, der Klang ihrer Stimme, ihr Blick – und es hatte Klim erwischt. »Sie ist gut«, sagte er plötzlich und sah Iwan mit vorwurfsvollem Hundeblick an. Der sammelte schweigend die umherliegenden Notizblätter, Zeitschriften und Bücher ein (allein schon die Titel hätten jeden Schnüffler in fieberhafte Neugier versetzt), schnürte alles kompromittierende Material zu einem Bündel, legte Mikroskop und Vergrößerungsglas hinzu, vergaß selbstredend auch den nach Straußwalzern duftenden Koffer nicht (Klim zuckte, verknotete im nächsten Moment die Finger, hielt der Folter stand); das Wertvollste – ein Umschlag mit Ausweisschnipseln und ein Bund höchst interessanter Schlüssel –

steckte schon in Iwans Tasche; so ging er los, nicht ohne Klim eingeschärft zu haben: beim geringsten Anzeichen, daß die Polizei im Anzug war, alles stehen- und liegenlassen, abhauen, den Keller einfach vergessen, hier eine Adresse, mit der S-Bahn bis Fili und von da zu Fuß, die Wirtin macht ihm auf, er wird ihr Bescheid sagen ...

Den in der Tasche klimpernden Schlüsselbund besah er sich, kaum in Masilowo angekommen, in aller Gründlichkeit, studierte, betastete jeden Schlüssel einzeln: drei Haus- oder Wohnungsschlüssel an einem kleinen Ring, der Rest, fast identisch aussehend, offenbar zu Hotelzimmern gehörig. ›Moskwa‹, ›Metropol‹, ›Grand Hotel‹ und ›National‹ – so mochten die Orte heißen, an denen die diebische Komsomolzin namens Vera ihr Gewerbe betrieb, Zu- und Vatersname sowie Geburtsjahr und Zeitpunkt des Eintritts in den Leninschen Kommunistischen Jugendverband waren durch den Stutzen in den Rohrschacht gefallen, ebenso die drei letzten Ziffern der Mitgliedsnummer, doch verfügten Iwans Augen und Hände über ein zerrissenes Paßbild, das zusammenzukleben ihnen gelang: plumpes Kinn, platte Nase, in die flache Stirn gekämmter Pony – Klim würde Mühe haben, in der Komsomolzin Vera jene Fee wiederzuerkennen, die ihn so hingerissen hatte, als wäre sie einer goldenen Kutsche und nicht dem Brandschutzkasten entstiegen – oder hatte die Trübung des Verstands so frühzeitig eingesetzt, daß die Blendung vollkommen gewesen war? ... Im Zentrum der Hauptstadt arbeiteten Taschendiebe und Prostituierte von hoher Qualifikation, die der Polizei samt und sonders bekannt waren, auch die Komsomolzin würde man sich greifen, spätestens nach einem Jahr, wenn nicht einem halben; inzwischen konnte eine wie sie aber schon so viel auf dem Kerbholz haben, daß sie es vorziehen mochte, für einen Warenhausdiebstahl und ein ausgeräumtes Zimmer im ›Metropol‹ in den Knast zu gehen, statt für einen Mord in der Stoleschniki-Gasse oder sonstwo; also mußte er die Diebin finden, bevor die Polizei sie kassierte, und ihr einen festen Maulkorb anlegen, was ohne Kaschparjawitschus freilich nicht zu machen war; der Litauer ließ sich immer öfter bei ihm in Masilowo sehen, schien ihm mehr und mehr zu trauen, trank viel, schwieg hartnäckig, aus dem wenigen, was ihm durch die zusammengebissenen Zähne sickerte, ging immerhin hervor, daß er in den dreißiger Jahren Geselle in der Schusterwerkstatt eines jüdischen Kommunisten in Vilnius gewesen war und sich dann in die UdSSR abgesetzt hatte, um dort sein Glück zu suchen – bis das Glück in Gestalt der Roten Armee über ganz Litauen kam und der jüdische Kommunist in seiner Eigenschaft als Kleinkapitalist abserviert wurde, Kaschparjawitschus' Versuche, den Meister zu retten, indem er sich als dessen Bruder ausgab, waren fehlgeschlagen. Verwandtschaftsbande führte auch Iwan ins Feld, »einem Cousinchen aus der Patsche helfen« wolle er, und Kaschparjawitschus kümmerte sich, kannte seine Pappenheimer, von denen einer mit Prostitution zu tun hatte (die es offiziell gar nicht gab) und alles Diebesgesindel im Zentrum der Stadt kannte, der Meisterdetektiv hatte sein Stabsquartier im »Fuffziger«, dem Revier des fünfzigsten Polizeiabschnitts, wo die jungen Damen nach der Razzia angeliefert und sortiert wurden: die einen kriegten eine Verwarnung, die zweiten wurden an die heilige Pflicht und Ehre jeder Sowjetfrau erinnert, die dritten auf dem Verwaltungsweg aus der hauptstädtischen Hundertkilometerzone ausgewiesen; dann gab es noch einen Extraordner für die, die dem Zugriff der Polizei unwiderruflich entzogen waren, da die Lubjanka sich um sie kümmerte. Manche Physiognomien, Spitznamen und Personalien prägten sich Iwan sofort ein, der vor ihm sitzende Experte für das älteste der Gewerbe (Dienstgrad: Major, Haarfarbe: brünett) erging sich in Details, die im Lehrbuch der Pathologie ihren Platz hatten; eines seiner Patenkinder, im Krieg nach dem Westen verschleppt, sollte drei Männer gleichzeitig bedienen können, woran der Major nicht zweifelte, auch wenn sich die Angabe persönlich nicht überprüfen ließ, ja, selbige Dame prahlte, daß sie es auch mit fünf und mehr Kerlen aufnähme (Iwan stellte sich eine Akkordmelkerin aus der Stachanow-Bewegung vor); »tjaja, die Frauen«, seufzte der Major gönnerhaft, als er sich genug an den Finessen seiner Schutzbefohlenen berauscht und ihrer famosen Fähigkeiten geradezu gebrüstet hatte. Zwar war das ›DAF‹ mittlerweile aufgelöst, die Perlen des Bestands von den Litauern jedoch beizeiten sichergestellt und in diverse Garagen und Schuppen verfrachtet worden; drei Sprößlinge aus der ›Opel‹-Familie fuhren auf Moskaus Straßen, ein ›Kadett‹, ein ›Kapitän‹ und ein ›Admiral‹ – der Ranghöchste in diesem Trio war auch der geräumigste, dessen Fond der Major bequem hätte nutzen können, sich einen Eindruck von der Qualifikation seiner Schützlinge zu verschaffen; die Schlüssel des ›Admiral‹ ließ Iwan den Major demonstrativ sehen, auch nahm der Kriminalkommissar sich die Zeit, zweimal ans Fenster zu treten und nach dem Wagen zu sehen, mit dem der ihm bestens empfohlene Genosse vor dem »Fuffziger« vorgefahren war; der Major gestaltete das Gespräch so, als wäre ein Vertreter der Kripo Vilnius zum Erfahrungsaustausch erschienen. Die Wagenschlüsselchen fanden gastliche Aufnahme in der Tasche des Majors, und auch der ließ sich nicht lumpen, Iwan bekam diverse Gruppenphotos überreicht, auf denen die Komsomolzin Vera im letzten Glied zu sehen war, dazu die Adressen derer, die dem Major bekannt waren. Man schied herzlich und in beiderseitiger Zufriedenheit voneinander, der Major wünschte den Kollegen in Vilnius Erfolge und äußerte sein Bedauern darüber, daß das ›Fuffziger‹ nur über Moskau-Mitte wachte, die Reviere jenseits des Rings ihm nicht unterstanden;

Frauen, die dem bourgeoisen Laster frönen, gibt es in Moskau jede Menge, nur die Registrierung erfolgt leider kleinklein, da sind einem die Hände gebunden, Sie verstehen.

Sich durch die Prostituiertenwelt im Bezirksmaßstab zu vögeln, hatte Iwan nicht vor, vielmehr hoffte er mit Hilfe der Gruppenbildchen den Aufenthaltsort der Komsomolzin Vera zu erfahren, weshalb er sich noch am selben Tag mit einem der Mädchen traf, die, Strohhalm im Mund, an den Cocktailbars der Hotelhallen herumsaßen, darauf mit einem zweiten, einem dritten, immer mit der Frage nach ihrer Bildnachbarin zur Linken, zur Rechten, oben und unten. Die Komsomolzin stieß nur zeitweilig zu dem einen oder anderen Trüppchen, faßte nirgends Fuß, sie galt als Springerin, wurde meist irgendeinem Dreier für stärker alkoholisierte oder minderbemittelte Kunden zugeteilt. Nichtsdestoweniger trieb Iwan sie auf; ein Blick genügte, und er wußte: So eine kroch in keinen Feuerwehrkasten, das war nicht ihre Kragenweite, der Ausweis mußte entwendet worden sein. Vera zeigte zunächst wenig Lust, sich mit dem Abgesandten vom »Fuffziger« einzulassen, zuckte zurück, als er seine Fragen loswerden wollte (»bin längst raus aus dem Geschäft!«), erst die aus dem Kuvert fallenden Ausweisschnipsel machten sie gesprächiger; das Ding sei falsch, beschied sie, ein bißchen »als ob« könne nie schaden; der Ausweis gehöre natürlich ihr, sei aber gestohlen worden von einer zufälligen Bekannten, über die sie nichts weiter wisse; sie beide seien eines Abends an unsichere Kerle geraten und nach Verlassen des ›Baltschug‹, nicht willig, den Herren in ihre Quartiere zu folgen, ziemlich besoffen in verschiedene Richtungen davongetorkelt; vorher hatte die andere es fertiggebracht, heimlich in fremder Handtasche zu wühlen – na ja, aus dem Taxi habe sie sie in ein Haus laufen sehen, das sei in der Ossipenko gewesen, aber man konnte dort schlecht alle Wohnungen nach ihr abklingeln, und außerdem, was sollte sie, Vera, noch mit einem Komsomolausweis, aus dem Alter war sie ja wohl raus. Das nun ließ sich schlecht übersehen: Man mochte sie um die Dreißig schätzen, sehr gefragt konnte sie nicht mehr sein, war vom fleißigen Major wahrscheinlich nie behelligt worden, eine ganz gewöhnliche Gelegenheitshure, scharf auf Abenteuer, die weit über ihren Horizont gingen. Iwan ließ ihr die Schnipsel zum Andenken, umkreiste drei Abende hintereinander mit dem Auto das Haus, wo die Kaufhausdiebin respektive Hotelzimmerkundin mutmaßlich wohnte; der Major hatte im übrigen einen Vorfall im ›National‹ erwähnt, der paßte: Eine gut eingearbeitete Zimmerdame sei den Klauen der Lubjanka entsprungen und bislang nicht gefunden, die Suche gehe natürlich weiter. Falls die Diebin irgendwo Ersatzschlüssel für ihre Wohnung aufbewahrte, schien es sie nicht nach Hause zu ziehen, die Fenster aller drei Wohnungen waren weder morgens noch spätabends erleuchtet, was nicht hieß, daß die Person, von der für Klim und Iwan soviel Gefahr ausging, nicht bis zur Kaufhausnacht hier gewohnt haben konnte; ein dahergelaufenes Nüttchen war sie jedenfalls nicht, einer, die sich das ›National‹ zum Arbeitsort auserkor, durfte es an Kaltblütigkeit, Verstand und hochgradiger Flexibilität nicht mangeln, auch Kenntnisse in wenigstens einer Fremdsprache konnten von Vorteil sein. Iwan hatte bereits eine bildhafte Vorstellung, was sich an jenem Abend, zwei, drei Stunden vor Schließung des Kaufhauses, zugetragen haben mochte: Aus dem Restaurant des ›National‹ war sie nach oben gefahren und in das Hotelzimmer eingedrungen, hatte sich dort feingemacht und das Hotel dann fluchtartig verlassen, wobei sie ins Kreuzvisier der Jungs von der Lubjanka geriet; sie sprang in ein Taxi, das sie, ihre Verfolger bemerkend, in unmittelbarer Nähe des Kaufhauses wieder verließ, dort tauchte sie kurz entschlossen unter – ob mit Erfolg, konnte sie nicht sicher wissen und stellte

: 128 :

sich darum vorerst einmal tot, ließ sich nicht in ihrer Wohnung blicken; den Trottel von Klempner, der sie gerettet hatte, versuchte sie schnell zu vergessen, den Koffer zu holen war viel zu gefährlich. Besagtes Haus war zwischen Rauschskaja-Ufer und Ossipenko, direkt an der Ustin-Brücke gelegen; nachdem Iwan vor allen drei in Frage kommenden Wohnungstüren gestanden und sich die Schlösser besehen hatte, entschied er: Die da war es. Die Schlüssel paßten, die Tür öffnete sich auf Anhieb; die Briefe, die Iwan aus dem Briefkasten zog, waren adressiert an Frau Jelena Michailowna Surkowa. Ruhe und Unerschütterlichkeit einer Professorenklause wehten Iwan an: Bücherwände, lederne Sessel und Diwane, die schwarz gerahmte Photographie des Hausherrn; dem ersten Anschein nach schien seine Tochter allein hier zu leben und war – ohne jeden Zweifel – schon längere Zeit nicht dagewesen. Zur gründlichen Besichtigung fehlte Iwan die Zeit, Kaschparjawitschus drängte – wieder einmal eine Leiche: Den der Heimat verwiesenen Balten lag aller Internationalismus fern, und bevor sie in der russischen Fremde starben, wollten sie sich partout dort begraben wissen, wo Düna, Memel und Pärnu rauschten; so hatten die Verwandten eines soeben im Gebiet Kalinin Verstorbenen im voraus eine beträchtliche Summe berappt, und Iwan war von Kaschparjawitschus genauestens instruiert worden, welche Sehnen man zum Beispiel anschneiden mußte, damit der erstarrte Tote in eine Pose rutschte, die dem Sarg entgegenkam; dieser Art Instruktion ließ sich immerhin entnehmen, daß Kaschparjawitschus an Massenexekutionen nicht teilgenommen hatte und daher dem einzeln verstorbenen Individuum gegenüber Pietät an den Tag zu legen wußte, sich im Leichentransport auskannte und für unausgesprochene Wünsche aufgeschlossen war. Iwan steuerte seinen LKW dicht an die Hütte heran, klappte die hintere Bordwand herunter, nahm die Mütze ab und trat ein;

eine alte Frau saß da, den abwesenden Blick auf das Totenlicht gerichtet, der eben entschlafene Balte lag nackt und bloß auf dem Lehmboden. In eine Plane gewickelt, überstand er die siebenstündige Schüttelei auf der Ladefläche wohlbehalten und fand in dem auf ihn wartenden Sarg trefflich Platz. Einige Männer traten aus der Nacht und luden ihn sich auf die Schultern, ringsum wurde estnisch gesprochen, nach der Kirche bekam Iwan Geld zugesteckt, eine Flasche Wodka und einen ordnungsgemäß ausgestellten Fahrbefehl nach Leningrad, zu guter Letzt wurde das Auto noch mit Kartoffeln beladen, die Iwan bei den Spekulanten am Kusnezker Wochenmarkt losschlug, worauf er sich noch drei Tage in seiner Heimatstadt herumtrieb, kein Auge von der Wohnung am Karl-Marx-Prospekt ließ, sich jener Frau an die Fersen heftete, die ihm seinerzeit Klims Brief übergeben hatte. Deren Tochter studierte an der Universität, philologische Fakultät – und ob ihr die Ähnlichkeit mit Iwans Mutter angeboren war oder ob sie etwas von ihr angenommen hatte, was aus den Tapeten, den Küchenmöbeln auf sie gekommen war, die noch den Geruch der flinken, schönen Mutterhände in sich tragen mochten, jedenfalls wurde das Mädchen allabendlich von einer Schar ehrerbietiger Schürzenjäger, Jungen in Kriegsmarineuniformen, nach Hause begleitet – es würde die Zeit kommen, da das Mädchen mit akademischem Gefolge heimkehrte. Weder sie noch die Mutter unterhielten Kontakt zu den Organen, dessen war sich Iwan jetzt sicher. Im Begriff, nach Moskau zurückzufahren, kam ihm ein Gedanke, angestoßen vielleicht von dem Mädchen, vielleicht auch von dem Sarg, in den sie den Balten gelegt hatten: Er wollte Nikitins Grab finden! Seine Nachbarn von einst mußten wissen, wo es war. Nur ein einziges Mal war Iwan bei ihm gewesen, erkannte das Haus auf dem Ligowy-Prospekt jedoch sofort, wußte auch den Eingang noch, und das Namensschild an der Tür war von den

: 130 :

neuen Mietern noch nicht einmal entfernt worden, drinnen klapperte jemand mit der Kette, schob den Riegel zurück, und es erschien Fjodor Matwejewitsch Nikitin, eines Heldentodes gestorben im Blockadewinter neunzehnhundertdreiundvierzig, verhungert, ohne ein Körnchen von der berühmten Samenkollektion des Professor Wawilow angerührt zu haben. Auferstanden von den Toten, allen Abstrusitäten seines früheren Erdendaseins treu, sich selbst ein Beispiel gebend für sein berühmtes »Nichts gesehen – nichts gehört – von gar nichts eine Ahnung!«, warf er dem entgeisterten Iwan ein mißliebiges, hochmütiges »Wer sind Sie, junger Mann?« vor die Füße und schloß die Tür, ohne eine Antwort abzuwarten. Iwan schwebte geradezu die Treppe hinunter, mußte unten verschnaufen, die Achseln schweißnaß; sofort war ihm die gewisse Sorte Blumensträuße auf dem Grab der Mutter eingefallen – damals hatte er sich noch den Kopf zerbrochen, wer sie dort niedergelegt hatte. Er huschte in eine Seitenstraße und wurde dort von Nikitin eingeholt, der ihm den Ellbogen in die Rippen bohrte, was absolutes Stillschweigen und grenzenloses Vertrauen nahelegte. Schließlich saßen sie sich im hintersten Eckchen einer Stampe auf der Rasstannaja gegenüber, Nikitins Hände (zitternd: vor Freude? vor Angst?) rissen die Plötze auf seinem Teller auseinander, seine Rede war verworren, in den Augen flackerte ein stiller, kleiner Wahn. Nein, er war natürlich nicht gestorben, weder dreiundvierzig noch später, jemand hatte ihn versehentlich auf die Totenliste geschrieben, vielleicht auch nicht versehentlich, sondern weil er an Nikitins Brotkarte ein mehr oder weniger edelmütiges Interesse hatte. Den Fehler zu berichten, sah Nikitin keinen Anlaß; er hatte als Kind Flaubert verschlungen, im ›Salambo‹ war ihm, dem wohlgenährten Knaben aus begüterter Familie, ein Satz aufgefallen, der so beiläufig wie verblüffend war: »Vor lauter Schreck setzte Spendius das Gerücht von seinem eigenen

Tod in die Welt.« Sein Leben lang hatte ihn dieser Satz verfolgt, war ihm immer wieder eingefallen, und als Nikitin nun von seinem eigenen Ableben erfuhr, beschloß er, es dabei bewenden zu lassen, zumal die Institutsleitung im anderen Fall – nämlich zum Beweis, daß er lebte – amtliche Bescheinigungen in einer Zahl von ihm verlangt hätte, die beizubringen kein Lebender imstande war. So verzichtete er auf den Marsch durch die Behörden und lernte sehr bald schätzen, was Gottes Fügung ihm beschieden hatte. Für die Staatssicherheit, deren Stabsquartier sich auf dem Litejny befand, war er im Jenseits, wohin nicht einmal ihre langen Arme reichten, seine Bekannten trauerten ein bißchen und vergaßen ihn dann, von nun an war er frei und ledig – er, der um Haaresbreite an der Hölle vorbeigeschrammt war, durfte auf halbem Weg zwischen Himmel und Erde verweilen, nichts lag näher, als eine Tätigkeit bei der für Friedhöfe zuständigen Unterkommission des Gebietsverwaltungskomitees aufzunehmen, was ihm übrigens auch die Möglichkeit verschaffte, hin und wieder nach Minsk zu fahren, vorgeblich zum Erfahrungsaustausch; daraus, daß das Grab von Iwans Eltern nicht gepflegt wurde, konnte er nur die bösesten Schlüsse ziehen, apropos, sag doch mal: Was ist mit Klim Paschutin? »Nichts gesehen, nichts gehört ...« – Iwan setzte das Bierglas an die Lippen – »... von nichts eine Ahnung!« Nikitin dagegen hatte so manches zu berichten, ein Friedhofsinspektor war stets informiert, zwar schwiegen die verantwortlichen Genossen, solange sie an den offenen Gräbern standen, doch während sie gemächlich zu den schwarzen SIS-Limousinen zurückschlenderten und ihre Blicke zwischen den Grabreihen vor Zeiten Entschlafener spazierengingen, lösten sich die Zungen schnell. Seine Wissenschaft hatte Nikitin noch nicht vergessen, in der Zwischenzeit dies und jenes gelesen; mit den Glaubensbrüdern von einst war er allerdings schon vor dem Krieg in Streit geraten, durfte ihre Labors seither nicht mehr betreten; Nikitin rächte sich mit einer eigenen Zell- und Vererbungstheorie, die auf Analogieschlüssen basierte (Iwan horchte auf), manchmal waren die Parallelen, die er für sich zog, gewagt; insbesondere behauptete er, daß die verwahrlosten, von keinem mehr besuchten Gräber auf dem Friedhof mit jenen Merkmalen zu vergleichen seien, die nicht an die Nachkommen weitergegeben wurden. Das Grab eines Letten auf dem Nowodewitschi-Friedhof, dessen Stein den Namen Spogis sowie die Inschrift trug: *Hier ruht ein standhafter Bolschewik, Betriebsparteisekretär des Straßenbahndepots*, habe er, Nikitin, aus diesem Grund dem Erdboden gleichgemacht.

Sie trennten sich. Vereinbarten ein Wiedersehen, wobei Iwan seiner gewohnten Zurückhaltung und den Nikitinschen Geboten treu blieb, man sah ja, Fjodor Nikitin war übergeschnappt, sein Geist hatte gelitten, seltsam bloß, wie jung er noch wirkte – ob es etwa daran lag, daß er zwischen Gräbern lebte, tief in der friedhöflichen Bekümmernis, jener Zeitlosigkeit, die alle Unterschiede einebnete? Großvater und Enkel konnten unter einem Stein liegen, Onkel und Neffe, Cousin und Cousin – obwohl, letzteres kam äußerst selten vor, und sowieso war Klim und ihm ein langes Leben garantiert, da sie, die Zelle erforschend, der ganzen Menschheit ins Grab schauten.

Mit den nachgefertigten Schlüsseln betrat er Klims Keller und nahm die Höhle eifersüchtig in Augenschein, dem Vetter schien es gutzugehen, Teppich auf dem Fußboden, tütenweise Grütze und Graupen, eine Kiste im kleinen Flur bis obenhin mit Kartoffeln voll, und in dem Kanister, wo die Ratten nicht hinkamen, fanden sich Wurst und ein Stückchen Butter. Hatte eine Frau hier Hand angelegt? – Iwan erstarb in seinen Bewegungen wie ein wildes Tier, wenn es von ferne einen Gewehrschuß hört; er witterte etwas Fremdes, doch nicht der Keller strahlte es aus, es steckte noch in seinem Kopf. Die herzkranke und über allen Verdacht erhabene Alte aus dem ersten Stock kam geschlurft, kratzte mit ihrem Reisigbesen ein wenig in den Ecken herum, redete etwas in singendem Ton, ging wieder. Iwan sah den eintretenden Vetter: mager, blaß und müde, irgendwie besorgt, und als Klim verlegen herausrückte, es gebe Neuigkeiten, ein böses Omen vielleicht, man habe ihn aus der Schlosserei in die Transportabteilung versetzt, da nutzte Iwan seinerseits die Gelegenheit zu verkünden, er wisse jetzt, wo Klims Liebchen wohne, bald würde er sie finden und Klim zu ihr führen, als erstes aber müsse er die Kündigung einreichen, was freilich heikel sei, man brauche einen handfesten Vorwand, Klims angebliche Kursker Herkunft, wie sie in seinem Ausweis vermerkt war, kam gelegen, *Aufgrund meines Wegzugs aus Moskau bitte ich hiermit um Entlassung* ... – das geht, setz dich und schreibe, bald sitzen wir im Zug und hören die Räder unter uns rattern, die Krim wartet, der Kaukasus, dort unten gibt es landwirtschaftliche Versuchsstationen, in Gudauta zum Beispiel – Klim könnte den enthusiastischen Hobbyagronomen spielen und mit den Genossen Pflanzenzüchtern ins Gespräch kommen, die freuen sich doch über jeden, der reinschaut, ein geschwätziges Volk, kein Chauffeur im Fuhrpark setzt sich ans Steuer ohne einen ausgiebigen Schnack, von den Laboranten nicht zu reden ...

Man ließ Klim in Frieden gehen, händigte ihm sein Arbeitsbuch aus, die Hausverwalterin ließ sich überreden, ein Auge auf den Keller zu werfen. Während sich Klims Kündigungsgesuch mit Unterschriften füllte, drehte Iwan ein paar Runden um das Haus am Rauschskaja-Ufer, er wollte herausbekommen, wann die Nachbarn der Surkowa ins Büro und einkaufen gingen. Selbst war sie noch nicht aufgetaucht, was alles mögliche heißen konnte; wieviel eine verwaiste Wohnung und das Grab des standhaften Bolschewiken Spogis miteinander zu tun hatten, darüber durfte man spekulieren, den Leuten, die in dem Haus wohnten, hatte das Regime auf den Zahn gefühlt, die Fenster der Zuverlässigsten gingen zur Straße und zum Flußufer samt Brücke hinaus; daß die Massen zu den Festtagsdemonstrationen hier jubelnd und fahnenschwenkend vorbeizogen, ließ das Haus noch unbeugsamer erscheinen.

Endlich waren sie soweit und konnten fahren. Mit einem verstohlenen Lächeln beobachtete Iwan, wie ungeschickt Klim arglosen mitreisenden Damen den Hof machte; die Platzkarten hatte Iwan erst eine Stunde vor Abfahrt erstanden. In Gudauta nahmen sie ein Zimmer mit Veranda, das Wetter war ungewöhnlich mild, morgens gingen sie im Kurpark spazieren, liefen zum Strand hinunter, Klim erinnerte sich an jenen Krimurlaub, den die Eltern plötzlich abgebrochen hatten, um in den Norden zu fahren, nach Leningrad, und der kleine Klim hatte schon unterwegs gespürt, daß diese Reise unter keinem guten Stern stand, jemand würde über ihre Ankunft in Leningrad nicht erfreut sein. Von einem Basar brachte Iwan Berge von Früchten angeschleppt, einmal auch einen Schlauch mit herbem Wein, versuchte sich im Schaschlikbraten, die Wirtin, die sie sich mit Geld geneigt gemacht hatten, gab gute Ratschläge. Außerdem katzbuckelte Iwan ein wenig vor dem Chef der Versuchsanstalt: Vor dem Krieg hätten sie an ihrer Schule einen Zirkel junger Naturforscher gehabt, Fjodor Matwejewitsch Nikitin hieß der Zirkelleiter, der erzählte immer so viel von der Station in Gudauta, tja, ob man denn vielleicht ... Nur zu! erwiderte der Chef, der sich überaus geschmeichelt fühlte, sie sollten bloß etwas Geduld haben: wenn demnächst die Praktikanten abgereist seien – kein Problem! Klim allerdings schien vergessen zu haben, weshalb er da war, mit welchem Köder er sich hatte hierher locken lassen: Er aß, trank und schlief, streunte durch den Park, sah den Paaren beim Tanzen zu und ging Iwan mit seiner Umtriebigkeit auf die Nerven, mit Gewohnheiten, die immer unerträglicher wurden. Es war verrückt, schier unbegreiflich, doch es war so: Da hatten sie beide so viele bittere Pillen geschluckt, so viel Leid ertragen müssen, erst jeder für sich und dann gemeinsam, jetzt aber, hier in Gudauta, wo alles in Butter war, hielten sie es nicht miteinander aus, vermochten es nicht, ein normales, alltägliches Durchschnittsleben zu zweit und nebeneinander zu führen, Toleranz und Verständnis waren plötzlich passé – beinahe haßerfüllt sah Iwan zu, wie Klim am Tisch saß und aß, sich pingelig die Fleischbröckchen in den Mund schob, wie er, den kleinen Finger abgespreizt, stirnrunzelnd auf den Löffel blies, die gute Suppe zwischen die verwöhnten Lippen löffelte, schlürfte, schmatzte, rülpste – nein, das ließ sich nicht mit ansehen und anhören, die Ohren wollte man sich verstopfen, die Augen zukneifen. »Haben dir die Deutschen kein Benehmen beigebracht?« stieß Iwan durch die Zähne hervor, nahm seinen Teller und ging auf die Veranda. Dort, in der Kälte, schlief er auch, unter zwei Decken, durch die hindurch und durch die Wand Klims Pfeifen und Schnarchen zu ihm drang, genauso der Gestank seiner Socken, der ihn an den Mief in den Partisanenunterständen erinnerte. Aus der Tiefe des Magens schien der Groll heraufzukriechen wie ein stachliges, geschwänztes Tier, Iwan brauchte Klim nur anzusehen, und ihm wurde übel. Einmal sprang von dessen Hose ein Knopf ab, der Vetter bat um Nadel und Faden – doch wie er sich auch anstrengte, er brachte das gezwirbelte, speicheltriefende Fadenende nicht durch das Öhr; Klim schnaufte, der Faden schwankte und zitterte, Iwan genoß es ... Als die Praktikanten weg waren, schmierte er dem Chef der Versuchsanstalt noch einmal Honig um den Bart, brachte den Vetter zu ihm und sorgte dafür, daß er dort unterkam. Dann machte er sich auf zum Meer – ein letzter Blick über die Schulter, voller Verwunderung: Wie hatte er

: 136 :

es mit diesem Trampeltier aus Mogiljow so lange aushalten können?

Es folgten Tage der Zurückgezogenheit; allein mit dem Plätschern der Wellen, die in tiefem Blau auf den Strand aufliefen, dort erst dunkelgrau und dann mit einem Mal licht wurden, lag Iwan, warm angezogen, auf den Steinen, es gab einen Rhythmus, just den, der einmal den Beginn einer neuen Windung in der Evolutionsspirale begleitet hatte, und im monotonen Wellenschlag der Elemente konnte man gut über sich nachdenken – als ein zur Wendel verdrilltes Chromosomenpaar. In Moskau hatte er Aufnahmen dieser Fäden, vielfach vergrößert, in die Hand bekommen: das totale Chaos, konnte man meinen, die Genketten schwimmend in einem uferlosen Meer, und dennoch schienen sie einen Zusammenhalt zu bewahren, marschierten nicht kreuz und quer in der Zelle herum, blieben beieinander, paarweise. Und soviel stand fest: Man konnte zwei Objekte noch so nahe zueinanderstellen, es blieb zwischen ihnen etwas, das man einen Abstand nennen durfte, eine Zone, die verhinderte, daß die Umlaufbahnen der Elektronen einander durchdrangen, da sie angefüllt war mit etwas anderem; ähnlich mußte es sich mit den Chromosomenfäden verhalten, ihre Lage zueinander war definiert, die Glieder der Nukleinsäureketten hatten ein gemeinsames Prinzip, ein Strang spiegelte den anderen – von daher die feststehende Reihenfolge, die aufrechterhaltene Ordnung. Seit Monaten schlugen sie sich mit dieser Frage herum, dabei lag die Lösung, wie ihm nun schien, auf der Hand, wurde einem tagtäglich vom Leben vorgeführt, wo Ursache und Folge sich als miteinander austauschbar erwiesen; die »Organe« zum Beispiel verfuhren genauso: dachten sich zunächst einen Tatbestand aus, ein kriminelles Vergehen, und suchten anschließend den passenden Täter. Die Spiralen sind komplementär, jedwede Sequenz in der einen hat ihr Gegenstück in der anderen – wobei dieses Prinzip genauso im einzelnen, für sich genommenen Strang waltet. So gesehen, finden alle zellularen Prozesse ihre Erklärung.

Zwei Wochen hielt Iwan sich fern von den Menschen, lief Morgen für Morgen zum Strand – in der Tasche ein paar kleine Fladenbrote, etwas gebratenes Fleisch und eine Flasche saurer Madshari. Darum hätte er später nicht den genauen Tag benennen können, an dem das Rätsel der Spirale seine Lösung fand, ihm war, als kannte er das Geheimnis seit Ewigkeiten, als wäre er ihm jedenfalls schon damals im Keller der Minsker Hauptwache auf die Schliche gekommen, da er gedanklich den Versuch unternommen hatte, eine zehntelmillimeterdicke Zeitungsseite zu spalten, darüber nachgesonnen hatte, wie die Materie ihren natürlichen Schriftsatz durcheinanderwirft, um ihn nach den vorhandenen Matrizen neu zu setzen, wie sie dabei durchaus ins Schwitzen kommt, Fehler begeht. Der Wind hatte sich gedreht, wehte jetzt von Westen, die Brandung überschüttete Iwan mit einem Sprühregen, er floh ein Stück die Küste hinauf, schaute von oben auf das weißschäumende Meer, gönnte dem Geist eine Pause, ließ ihn eigene Wege gehen, schillernden Vermutungen nachsteigen, das ganze Leben zog an ihm vorüber. Aller Gram und alle Seligkeit, alle Lust und aller Schmerz gehorchten den Gesetzen der komplementären Ergänzung: Des Feindes Freud war sein, Iwans, Leid, Glücksfälle wiederum schienen zwangsläufig in höchste Verzweiflung zu münden; schon damals in Leningrad hatte er die Gesetze studieren können, die die Welt im Innersten zusammenhalten – von der Couch aus, auf der Pantelej den ihn hassenden Knaben züchtigte.

Vergessen waren Klims Schnarchen und der Gestank seiner Socken, all seine abscheulichen Eigenheiten – die Zeit, die sie voneinander geschieden zu sein hatten, war um; Iwan ging ins Labor der Versuchsanstalt, zeigte Klim sein

: 138 :

vollgeschriebenes Oktavheftchen, das er dem Sohn der Wirtin abgeschwatzt hatte. Klim warf einen flüchtigen Blick darauf und hielt ihm seinerseits ein Papier hin, vierfach zusammengefaltet, auf das zwei mit punktierten Linien verbundene Spiralbänder gezeichnet waren – und sagte, leichthin, als wäre es die normalste Sache der Welt: »Ich hab dasselbe ... seit vorgestern schon.« Der Labortisch mit den Stativen, Ampullen, dem Mikroskop, auf der Kochplatte irgendein Brei, Regen, der gegen die Scheiben schlug – wie öde das Leben sein konnte, und um wieviel öder wäre es gewesen ohne die Freude des großen Gelingens, des ›Ende gut, alles gut‹, auch wenn es immer nur eine Zwischenstation war und man sogleich einen noch viel trostloseren Wegabschnitt vor sich liegen sah, und wieder würden die zwei Wanderer durch unwegsames Dickicht tappen, vor sich am Horizont, schillernd und lockend, das Geheimnisvolle, nicht zu Greifende – steinig ist der Weg zur Erkenntnis ... Iwans vorsichtige Frage, ob man vielleicht an die Rückkehr nach Moskau denken sollte, tat Klim mit einer verächtlichen Geste ab: Was haben wir dort verloren? hieß das. Nein, verloren hatten sie dort nicht viel. Hier war für sie allemal der sichrere Ort, kein einziges Mal in der ganzen Zeit war die Polizei aufgetaucht, die Wirtin hatte in ihre Ausweise gar nicht hineingesehen, und der Leiter der Versuchsanstalt, eine Seele von Mensch, bot Klim gar eine feste Stelle an, worauf einzugehen natürlich zwecklos war, in Klims Arbeitsbuch stand der Klempnerberuf, und der Eintrag hätte in Moskau erfolgen müssen; Kaschparjawitschus wiederum hatte Iwan bis März freigegeben, genieß es, lach dir eine junge Köchin an im Erholungsheim hinter den sieben Bergen – und fürwahr, man mochte an nichts Böses denken, jeder werktätige Mensch hatte ein Recht auf Erholung, dies auch in einem barbarischen Land, das auf dem besten Weg war, sich selbst ad absurdum zu führen.

Und so hätten sie denn bis in den März hinein alle fünfe gerade sein lassen können, doch plötzlich verlor Klim den Verstand. Als Iwan eines frühen Morgens (von besagter Köchin) nach Hause kam, fand er die Wohnung im Zustand der Verwüstung vor, hörte Klim auf der Veranda toben – etwas ging dort kaputt. Zwar klirrte kein Glas, schlugen keine Flammen aus dem Dachstuhl, lag kein Brandgeruch in der Luft, doch es war schlimmer: zwei krähende, quietschende Prostituierte und ihnen hinterdrein Klim, splitternackt, besoffen, die Augen gelb unterlaufen; man kannte die Dämchen vom Straßencafé, wo sie im Winter – sich mit der Polizei arrangierend – ihr unangefochtenes Revier hatten, während sie in der Hochsaison von Sommerfrischlerinnen aus dem Feld geschlagen wurden. Die Wirtin, zu Tode erschrocken, die kurzen, stämmigen Arme vor dem Bauch verschränkt, blickte Iwan vorwurfsvoll entgegen: Wenn ihr nicht augenblicklich verschwindet, dann ...! Als erstes flogen die Nutten raus, dann bekam Klim seine Abreibung – der aber, Iwan die lästerlichsten Flüche an den Kopf werfend, rannten ihnen nach; kurz darauf erschien er wieder und wollte Geld haben. Des Vetters totale Umnachtung hatte Iwan nicht in seinen ärgsten Phantasien für möglich gehalten, denen er aufgrund des Koffers mit den französischen Düften erlegen gewesen war, und das Unglaublichste – der Wahn hatte alle im Haus angesteckt: Der älteste Sohn der Wirtin, ein Kriegskrüppel, der sonst still in seinem Kämmerchen saß und den Nachbarn die Schuhe besohlte, fing an, mit seinem Schusterleisten gegen die Wand zu wummern, der Kleine, ein Schuljunge noch, raste wie besengt auf dem Hof hin und her und warf Steine in die Fenster, die Wirtin selbst zerschlug mit wachsender Begeisterung ihr Geschirr, ihr Bruder schnappte sich das Jagdgewehr und begann die Hühner zu exekutieren. Die Polizei mußte jede Minute eintreffen, Iwan schleuderte der Wirtin einen Batzen

: 140 :

Geld hin, warf alles Papier in den Koffer und prügelte Klim zum Bahnhof: Der Zug nach Jerewan war die Rettung. In Anapa machten sie Station, Klim kam allmählich wieder zu Verstand, sein vergifteter Magen entledigte sich aller festen und flüssigen Inhalte, Mantel und Hut waren in Gudauta zurückgeblieben, ebenso Klims Notate mit den Kettenformeln, womit freilich keiner etwas anfangen konnte, niemand wollte davon wissen, niemand mochte es ernst nehmen, die zuletzt auf der Versuchsanstalt eingetroffenen Aspiranten aus Kiew hatten Klim ausgelacht, als er ihnen mit seiner Version der Proteinmolekularstruktur kam; richtig empört aber war Klim über die Weisheit des Anstaltsleiters – so jedenfalls interpretierte Iwan die Geschichte, die er kurz vor Moskau zu hören bekam. Der Mann, knapp über die Vierzig und seit seiner Studentenzeit der Genetik verfallen, hatte sich zunächst mit der Bestrahlung von Hefepilzen, später mit Versuchen zur Chromosomenzahlverdopplung in den Zellen einen Namen gemacht, hatte jahrelang in der Forschungsgruppe Genetik des Instituts für Experimentalbiologie gearbeitet, aber erst 1940, ein Jahr vor Kriegsausbruch, promoviert – wiewohl er schon 1934, als die akademische Graduierung neu geregelt wurde, um ein Haar ohne Verteidigung einer Dissertationsschrift zum Doktortitel gelangt war. Er teilte Klims Ansichten zur Mutagenese, doch zeigte sich, als die beiden nach Untersuchung einer Fliege ihre Chromosomenkarten verglichen, daß Klim nicht nur dem Anstaltsleiter, sondern auch all dessen Lehrern weit überlegen war; dieser fünfundzwanzigjährige Milchbart, der kein einziges Mal aus dem Institut oder der Forschungsgruppe geflogen war, nie am eigenen Leib erfahren hatte, was es hieß, in der Sowjetunion Genetiker zu sein, wagte es vorzupreschen, ohne um Erlaubnis zu fragen – da wurde der nette Kollege zur Furie, schien bereit, sich selbst und seine geliebte Wissenschaft zu verleugnen, nur damit nicht am Ende ein dahergelaufner kleiner wissenschaftlicher Mitarbeiter die Nase vorn hatte, was Klim, der entsetzt war von dieser Form des Verrats, im Zugabteil die Tränen in die Augen trieb, während Iwan insgeheim frohlockte. Höchste Zeit, daß der Vetter begriff: Die Wissenschaft war ein Klüngelbetrieb mit mittelalterlichen Zunftregeln – nicht anders als die kommunistische Partei der Bolschewiki.

Für das letzte Geld kauften sie einen schäbigen, löchrigen Mantel, in der U-Bahn wurde Klim angestarrt, dafür kam man sich im Keller wie am Schlund eines Hochofens vor; von den Januarfrösten waren hie und da Rohre geplatzt, da konnte Klim, wie die Hausverwalterin befand, gleich seine Schulden abarbeiten, während Iwan von Kaschparjawitschus nach Litauen geschickt wurde, mit Kisten voller Hehlerware, die kurz vor Paneweshis auf Leiterwagen umgeladen und in den finsteren Wald gekarrt wurden; kaum zurück, mußte er feststellen, daß die Glückssträhne ein Ende hatte. Ein junger Knilch mit Schlips und Aktentasche stand plötzlich in ihrem Keller, der sich als Mitglied irgendeines Betriebskomitees vorstellte, angeblich auf dem gewerkschaftlichen Sektor für die Interessen der Werktätigen focht, einer von diesen Trotteln, die ihren Dachschaden als »gesellschaftliche Tätigkeit« tarnten, Iwan kannte diese Typen, sie abzuwimmeln war ihm ein leichtes; zur Abschreckung hätte er seinen Dienstausweis der Vilniuser Polizei vorzeigen können, tat es nicht – die katzenhafte Gewandtheit des ungebetenen Gastes, seine Fähigkeit, mit einem schnellen Schwenk des Kopfes sämtliche im Raum befindlichen Wertgegenstände zu eruieren, ließen Iwan auf der Hut sein, wie auch die seltsamen Redepausen, die ersterbenden Gesten, so als betrachtete sich der Kerl plötzlich von der Seite und lauschte seinem eigenen Gewäsch; er gehörte zu der Gilde von Schauspielern, die sich nie abschminken – dabei aber einer, der sein Handwerk im Leben und nicht in der Schule gelernt hatte. Kaum war dieser Possenreißer gegangen, da durchfuhr es Klim wie ein Messer: Genau so einer war am Tag vor der Verhaftung seiner Eltern bei ihnen gewesen und hatte sich nach dem Stand der Beitragszahlungen für die ›Gesellschaft zur Förderung der Verteidigung, des Flugwesens und der Chemie‹ erkundigt. Iwan, der merkte, daß man in diesem Schreckmoment alles mit Klim machen, ihn sogar zum Verlassen des Kellers bewegen konnte, ließ sich gern von der Panik anstecken. Jenes Anwesen in Nachbarschaft zur Datscha von Opernsänger Michailow stand immer noch leer. Zwei Tage lang heizten sie ein, verstopften alle Ritzen, allmählich wurde das Haus warm. Auf dem Wochenmarkt von Kunzewo, gleich bei der Bahnstation, erstanden sie Kissen und Laken sowie drei Töpfe. Beladen mit den Einkäufen, kehrten sie in ihr neues Quartier zurück, einmal blieb Klim stehen, wandte sich um und stand lange so da, als schaute er seinem Keller hinterher, in den eines Tages die Prinzessin eintreten würde, der er aus der Klemme geholfen hatte – und jener, welchem sie ihre Liebe zu gestehen wünschte, wäre nicht da. »Komm jetzt!« drängte Iwan, ließ die Schlüssel vernehmlich in der Frostluft klirren; unter seinem Arm klemmte die kostbarste Erwerbung: ein nagelneuer Petroleumkocher.

Was mit dem Segen anfangen, der Erleuchtung, die über sie gekommen war? Weder er noch Klim wußte es, wenngleich sie immer danach getrachtet hatten, als Zehnjährige schon einer Wahrheit nachgejagt waren, die stets von neuem als Schemen am Horizont auftauchte, um ihnen im entscheidenden Moment zu entgleiten. Nun hatten sie Mutter Natur das große Geheimnis entrissen, den Mechanismus der Erneuerung und Veränderung einer sich immer gleichbleibenden Materie, und es stand an, tiefer vorzudringen in die intrazellularen Formen (die, je tiefer man vordrang, immer formloser erschienen), um die Codes und Chiffren von Texten zu knacken, die jeder vor Augen hatte, ihre Allegorik zu enträtseln, ihren verborgenen Sinn; sie mußten weiterlesen, weiterdenken, doch etwas in ihnen sträubte sich, eine sonderbare Scheu hatte Klim und Iwan ergriffen, es war, als schämten sie sich des Gedankens, den Biologen der Welt um mindestens fünf Jahre voraus zu sein, alle Zeitschriften waren ins Feuer gewandert, auch der Schmalhausen, keinen Schritt tat Klim vor die Tür ihrer warmen Behausung, während es Iwan in das Haus am Rauschskaja-Ufer zog, die ihm vom Himmel in den Schoß gefallene Wohnung wollte erforscht und in Besitz genommen sein, ließ sich als Notquartier denken für den Fall, daß auch ihr neues Domizil in Kunzewo von einem windigen Aktentaschenträger unsicher gemacht würde. Iwan unterzog die Wohnung einer flüchtigen Inspektion: Kein Zweifel, die Diebin hatte hier gewohnt, konnte jeden Tag, von einer Stunde zur anderen, wieder auftauchen, hatte gewiß irgendwo einen Zweitschlüssel liegen, und wenn nicht, durfte man ihr zutrauen, daß sie die Tür aufbrach, nein, sich in dieses Nest zu hocken und wer weiß worauf zu warten war gefährlich. Angenehm dennoch, wie der Schlüsselbund die Hosentasche beulte; außerdem war etwas vorgefallen, was irgendwie sein Interesse an der Surkowa wachrief, Kaschparjawitschus hatte die Geschichte zum besten gegeben, die in Leningrad spielte, Ort und Zeit der Handlung: das Damenkonfektionsgeschäft auf dem Newski-Prospekt, an einem Tag Ende Februar, sechs Uhr abends; handelnde Personen und ihre Darsteller: ein Oberstleutnant des Ministeriums für Staatssicherheit und seine junge Lebensgefährtin, bei deren Beschreibung man den Aussagen von Kunden und Verkäufern trauen mußte, an polizeiliche Protokolle kam Iwan nicht heran, Leningrad war nicht das »Fuffziger«, er konnte also nicht wissen, wie die Person aussah, mußte aber, als er die durchaus glaubwürdige Story hörte, unwillkürlich an Jelena Surkowa denken – die nahezu ideale Besetzung für die Rolle der falschen Ehefrau des vermeintlichen Oberstleutnants, der wiederum die gleiche Gewieftheit an den Tag gelegt hatte wie jener dreiste Eindringling in ihrem Keller. Das Pärchen hatte den optimalen Zeitpunkt gewählt: ein, zwei Stunden vor Eintreffen des Kassenboten, noch dazu am Monatsende, da die Einnahmen doppelt so hoch liegen wie gewöhnlich; das erste Solo wurde in glänzender Manier von der jungen, hübschen Dame im Pelz gegeben, die ihrem knausrigen Gatten penetrant in den Ohren lag, er solle ihr irgendein schickes Stück aus der Dessousabteilung kaufen; die beiden zankten sich, nicht sehr laut, doch so, daß mancher es hörte und sich ein mitfühlendes Lächeln nicht verkneifen konnte. Sie bekam ihren Oberstleutnant (Schulterklappen taubenblau wie einst die von der Gendarmerie) schließlich herum, er stellte sich an der Kasse an; als er das Wechselgeld ausgehändigt bekam und sich den Schein näher ansah, kam sein großer Auftritt, so daß endlich sämtliche Verkäufer und Kunden aufmerksam wurden: Dieser Schein war falsch! Der Geschäftsleiter, von der Kassiererin verständigt und herbeigeeilt, bestritt zunächst die Feststellung des Offiziers, welcher nunmehr – alle Augen auf sich ziehend – das schlagende Argument ins Spiel brachte: Er höchstpersönlich stehe der Abteilung vor, die sich mit Banknotenfälschung befasse, hier bitte, der Ausweis! Die eintretende bange und ehrfürchtige Stille wurde von der nächsten, tränenreichen Arie der Gattin gebrochen, die den Mann inbrünstig beschwor, es gut sein zu lassen – ihr, sich selbst und der Kassiererin zuliebe: Was sind schon dreißig Rubel, vergiß es! Und überhaupt, da will man schon mal ins Theater, in einer Dreiviertelstunde fängt die Vorstellung an, jeder Mensch hat das Recht auf einen Feierabend! Die Arie war gut, sie hellte die Stimmung der Anwesenden auf, bewirkte, daß sich die Sympathien für ihn und für sie die Waage hielten, doch am Ende hatte jeder ein Einsehen, daß der Erzfeind aller Leningrader Falschmünzer tat, was er tun mußte, nämlich Anweisung zu erteilen: Kassen versiegeln, die gesamten Einnahmen in einen Sack und unverzügliche Mitteilung an den Vorsteher der nächsten Polizeiwache, damit der ein Einsatzkommando in Bewegung setzte! »Die Telefonnummer werden Sie ja wohl kennen, also bitte schön ...« Der Geschäftsleiter kannte die Nummer, rief den Revierchef an, der versprach, sofort ein Kommando zu schicken, das Kommando kam, der Geldsack in das eine Auto, der Oberstleutnant mit seiner Frau in das andere, und als zehn Minuten später das echte Kommando in den Laden stürmte, waren die Verbrecher über alle Berge; die Leningrader Polizei entfaltete fieberhafte Aktivitäten, Gerüchte machten in der Stadt und im ganzen Land die Runde – und Iwan nahm jeden einzelnen Gegenstand in der Wohnung der Surkowa noch aufmerksamer in Augenschein. Flur, Küche, Toilette, Bad – am Haken ein Damenmantel aus Gabardine, im Schuhfach mehrere Paar Slipper, Pumps und Stiefeletten – nichts, was darauf hätte hindeuten können, daß ein Mann hier einwohnte und täglich die Schuhe aus- und anzog. Kein Hut, keine Mütze, kein Mantel im Herrenschnitt zu entdecken; nach der einheitlichen Schuhgröße zu urteilen, gab es auch nur die eine Frau. Das Brotfach in der Küche enthielt ein schimmliges Etwas, das einmal ein Brotkanten gewesen sein mochte; am Boden eines Topfes die angetrockneten Reste eines Mahls, Stapel unabgewaschener Teller, im Bad hing diverse Wäsche zum Trocknen, nicht einmal ihr Bett hatte das liederliche Fräulein Jelena bezogen, die Wohnung, wollte man dem Abreißkalender glauben, eine Woche vor dem Kaufhausdiebstahl zum letzten Mal betreten. Auf dem Nachttisch stand ein Photo der Mutter (*Dem geliebten Töchterchen*), auf dem Bord des großen Spiegels reihten sich billige Parfüms, Cremes und

: 146 :

Salben, doch es gab auch Schminkstifte und anderes anspruchsvolleres Instrumentarium, im Schrank waren Kleider, Hüte, ein Wintermantel und Wäsche – daß der Inhalt des Klim überlassenen Koffers (Unterrock, Höschen, Büstenhalter und so weiter) nicht aus diesem Schrank stammte, stand fest. An der Wand hingen schwarz gerahmte Atelierphotos, vermutlich die im Krieg gefallenen Brüder, beide in Offiziersuniform. Ein Vertiko mit Lehrbüchern, wobei nicht ersichtlich wurde, an welcher Fakultät Jelena Surkowa sich hatte bewerben wollen. Zwei weitere Zimmer gab es, das eine, größere konnte als Wohnzimmer gelten, aber auch Besuch, der über Nacht blieb, beherbergen, das andere, viel kleiner, war das Interessanteste – Bücherschränke und -regale ringsum, dazwischen Gemälde, es war die Bestätigung für das, was Iwan schon bei seinem ersten Besuch geahnt hatte: daß nämlich in diesen Wänden ein Wissenschaftler von Format gelebt und gearbeitet hatte, einer, der in der akademischen Welt zu Hause und von vielen Kollegen im Ausland geschätzt war, Schöpfer einer anerkannten, die Flözverschiebung betreffenden Theorie, korrespondierendes Mitglied internationaler Gesellschaften und erst vor kurzem gestorben. Es fand sich ein ganzes Bündel von Briefen des Vaters an die Tochter – Iwan las sie und machte sich seinen Reim, über manche Formulierungen dachte er lange nach. Der Geologe, der zwei Kohlelagerstätten entdeckt und vor dem Krieg einen Orden bekommen hatte, haderte bitter mit dem Schicksal: Die Familie ging langsam, aber sicher zugrunde! Jelenas Mutter war achtunddreißig gestorben, ihr älterer Bruder Andrej seit einundvierzig verschollen und der jüngere, Alexander, im November zweiundvierzig einberufen worden, ein halbes Jahr später kam die Nachricht von seinem Tod, die Jelena eine Weile vor dem Vater geheimgehalten hatte; der setzte zu jener Zeit im hohen Norden Bohrsonden, schrieb lange, fade

Briefe, in denen er der Tochter die zweifelhaften Reize seines Berufs nahezubringen suchte, Begriffe ins Spiel bringend, mit denen Jelena vermutlich aufgewachsen war: ›Gestein ohne sichtbare Einschlüsse‹, ›Subventionen‹, ›Eisenquarzite‹; einige der Briefe waren per Bote überbracht worden, wohl um die Militärzensur zu umgehen. Neunzehnhundertvierzig hatte der Vater noch einmal geheiratet, eine Geologin aus Krasnojarsk, in deren noble Familie er eintrat, ohne sich von Moskau ganz zu verabschieden, er blieb dort angemeldet, damit niemand in die Wohnung gesetzt wurde, Jelena hatte ihn einmal in Krasnojarsk besucht, vertrug sich jedoch nicht mit der neuen Stiefmutter, die nur wenig älter war als sie selbst; allem Stöhnen und Klagen über das Schicksal zum Trotz hatte der Vater es wohl nie verwerflich gefunden, den jungen Mitarbeiterinnen nachzusteigen, hatte sie, die Verderberinnen des Familienfriedens, heiß geliebt, mit einer Leidenschaft, die er der Tochter vererbt haben mochte; Iwan mußte in Jelenas Zimmer nur ein bißchen schnüffeln, um ein weiteres, peinlich verstecktes Bündel Briefe zu finden, diesmal von der besten Freundin – hier war dem Papier anvertraut worden, was kein Ohr hätte hören dürfen, in dieser Korrespondenz erkannten die Freundinnen einander, jedes vom anderen Ende der Stadt eintreffende Schreiben schien wie von eigener Hand verfaßt und von den eigenen Geheimnissen kündend, es herrschte völlige Offenheit, und der Inhalt der Antwortbriefe, die nicht hier am Rauschskaja-Ufer verwahrt lagen, ließ sich mühelos hinzudenken. Von der siebten, achten Klasse an hatten die Freundinnen begonnen, sich mit ihren schwellenden und sprießenden Körpern zu befassen, so manchen Tag betrachteten sie sich im Spiegel, zogen sich die Kleidungsstücke genau in der Reihenfolge vom Leib, die der Mann wählen würde, bevor er die großartige Prozedur der Defloration an ihnen vornahm (den nötigen Wortschatz hatten die Mädchen sich bereits zugelegt) – ihr Blick erlangte eine ungewöhnliche, geradezu technisch zu nennende Schärfe, beim Begutachten der seltsam wachsenden Haarwirbel in den noch kein einziges Mal ausrasierten Achselhöhlen gerieten sie außer sich, staunten über die Rundungen an Becken, Taille und Beinen; die Freundinnen betasteten ihre Brustwarzen, rätselten ausgiebig über die alte Schwäche, die ermannende Jünglinge für diese Drüsen hegten, während bei richtigen Männern die Busenlust doch eher zweitrangig schien – worum es denen hauptsächlich zu tun war, wurde mit nicht minderer Sorgfalt untersucht, für diesen Zweck benötigte man einen zweiten Spiegel. Der Krieg ließ den Briefwechsel nicht abreißen, auf die Zensur konnte man sich einstellen, ohnehin waren die Korrespondentinnen ein paar Jährchen älter geworden. Jelena war ein Traktat über die Liebe aus der Feder geflossen, die Antwort darauf in die Formel verpackt: Liebe, d. h. Küsse, Umarmungen und der Geschlechtsakt selbst, sind Friktionen von Schleimhäuten und Epidermiszonen – was jedoch kurze Zeit später von der Freundin selbst widerlegt wurde, da sie Hals über Kopf in den Hafen der Ehe einfuhr, anschließend nicht ohne Sarkasmus die Hochzeitsnacht beschrieb, der Auserwählte ihres Herzens erwies sich als Flegel und fühlloser Taugenichts, die Freundin hatte physiologische Unpäßlichkeiten in Kauf zu nehmen, die allerdings, so Jelenas Mutmaßungen, auch mit der Dürftigkeit des Liebeslagers zusammenhängen konnten; stimmt!, schrieb die Freundin zurück, der große Augenblick im Leben eines Mädchens sollte von Musik (Bach, Tschaikowski) eingeleitet werden, wünschenswert sind ferner Blumen je nach Saison, auszustreuen am Kopfende der heiligen Opferstätte; auch können Übungen nicht schaden, bei denen sich das Mädchen willentlich Situationen aussetzt, die die Entkleidung vor dem Mann nicht vorschreiben, aber nahelegen, denn unter derlei tückischen Umständen vermag sich ein Mädchen, ohne den Kopf zu verlieren, am ehesten in Stimmung zu bringen. Die heikle Frage der Schwangerschaftsverhütung zu erhellen war der verehelichten Freundin nicht mehr vergönnt, da der Mann, Konstrukteur in einem Rüstungsbetrieb, sein junges Weib an einen fernen, unbekannten Ort entführte, was Iwan nur recht war, entfiel doch damit die Notwendigkeit, Jelena bei ihrer Freundin suchen zu müssen, wie auch eine Reise nach Krasnojarsk sinnlos schien – die Stiefmutter, die gewiß eine neue Ehe eingegangen war, hätte das Vögelchen beizeiten wieder fortgejagt. Außerdem lag der Ausweis der Surkowa in der Schreibtischlade, ohne den kam sie in einer fremden Stadt nicht weit. Als auch das Notizbuch durchforstet war, betrachtete Iwan lange die Photos im Familienalbum und kam zu dem Schluß: Die Jungfer hatte ihre Mucken, war maßlos von sich überzeugt, stur und launisch, und finden mochte man sie am ehesten dort, wo es nach Theater roch, denn von der fünften Klasse an hatte Klein Lena in Laienspielgruppen mitgewirkt, beim Schneewittchen angefangen; sie ließ sich für ihr Leben gern im Kostüm photographieren – mit einem Lärvchen, das sympathisch, aber nicht weiter aufregend war, man sah es und vergaß es. Ein paar der Photos steckte Iwan ein, bei den Briefen zögerte er: Zwar wären sie durchaus geeignet gewesen, Klim den Dämon der Liebe auszutreiben – noch besser aber, er führte ihm dieses Biest leibhaftig vor, denn wohin die experimentellen Entkleidungen geführt hatten, war klar – wer konnte bei einer Jungfrau an sich halten, die sich auszog und ihre Unberührtheit provozierend zur Schau stellte, da schritten Gesangvereine zur kollektiven Vergewaltigung, diesem Schicksal konnte Jelena Surkowa nicht entronnen sein – weinerlich als Kind, leicht entflammbar in ihrer Jugend, ging sie jetzt auf den Strich, wohl nicht berufsmäßig und nicht aus Not, und in den Hotels war sie vermutlich gar nicht zugange, wie Iwan plötzlich einfiel; seit Gudauta und jener Erleuchtung am Meeresstrand war in seinem Fühlen und Denken eine Art Klarsicht eingetreten; er wog die Schlüssel in der Hand und wußte auf einmal, daß es keine Hotelzimmerschlüssel waren – natürlich, sie gehörten zum Keller in diesem Haus, jede Wohnung hatte dort unten ihre kleine Rumpelkammer, eine Art eingebauten Schuppen. Im »Fuffziger« war die Surkowa nicht bekannt, doch es konnte gut sein, daß sie in einem anderen Stadtbezirk auffällig geworden war, Namen und Adresse hatte preisgeben müssen und, als man sie laufen ließ, nach Hause zu gehen fürchtete, in der Angst, daß man ihr hier auflauerte und sie einsperrte; irgend etwas außer der Kaufhausgeschichte hatte dieses mistige Vögelchen noch auf dem Kerbholz, das war keine »Nataschka« mehr, sondern ein rundum verdorbenes Frauenzimmer. Ha!, wenn Klim gewußt hätte, was für ein Miststück seine Träume bewohnte, ihn bezirzt hatte und nun anscheinend im Begriff war, auch Iwan den Kopf zu verdrehen – denn es behagte ihm, in der Wohnung am Rauschskaja-Ufer zu sein, er wurde daran erinnert, daß er vor dem Krieg auch ein eigenes Zimmer gehabt hatte, in Leningrad und dann in Minsk, ganz für sich allein. Stundenlang hockte er in dieser Wohnung, sie gefiel ihm, die Bücher strömten Leningrader Gerüche aus, hier konnte Iwan sich dem Zauber der Einsamkeit hingeben, jedoch auch Stimmen hören und Menschen sehen, die durch diese Zimmer liefen, sprachen, stritten, lärmten, miteinander am Tisch saßen bei Tee und weißem Brot. In Maisels Haus waren, wie Klim erzählt hatte, jeden Samstag Physiker und Biologen aus aller Herren Länder zusammengekommen, Deutsche, Bulgaren, Belgier, zwei Russen (aus der Sowjetunion emigriert), ein Spanier – und was für Namen! Was für Debatten! Deutschland stand kurz vor dem Zusammenbruch, doch keiner hörte auf die Bombeneinschläge, alle waren im

Bann von Schrödingers neuem Buch ›Was ist Leben‹. Wenn nun er, Iwan, Biologen und Mathematiker zum Seminar hierher in diese Wohnung einlud, wo sie frei sprechen und ihre Gedanken sprühen lassen könnten? Auf solcherlei Hirngespinste kam er, als er sich im März in die Fünfte Akademische Konferenz ›Hochmolekulare Verbindungen‹ einschlich, die Sektionen Chemische und Biologische Wissenschaften tagten gemeinsam zum Thema Proteine und waren endlich soweit, die Existenz der DNS zuzugeben, jedoch gab es immer noch Stimmen, die jede systematische Genkonfiguration bestritten, und kaum jemand schien an ein internes, in Form endogen sich entwickelnder Zellmaterie angelegtes Programm zu glauben; die Diskussion war nicht uninteressant, wenn auch wenig anspruchsvoll, das übliche akademische Schwadronieren, Iwan sagte Klim nicht, wo er gewesen und was er vernommen hatte, für ihn stand fest: Das richtige DNS-Modell zu basteln, hatten die wohl noch fünf, wenn nicht zehn Jahre zu tun; herauszufinden, welche Prozesse im einzelnen in der Zelle abliefen, konnte erst recht dauern – und bis sie am Ende ausgebrütet hatten, was in ihrer beider, den Köpfen zweier Unbekannter, fix und fertig war, würde das Jahrhundert vorüber sein; in Gudauta hatten sie einen Riesensprung getan, über den Abgrund hinweg, der die Jahrhundertmitte von der Jahrhundertwende trennte; vorerst waren sie dabei in dieser Wohnung gelandet, die Miete hatte die Surkowa im voraus bezahlt, selber war sie ausgeflogen, flott und fidel, die Lebensmittelkarten steckten noch im Ausweis. Und trotzdem war sie es, deren Telefonanrufe die Andacht der Wohnung störten, immer pünktlich um neun Uhr abends, es war, als klopfte sie an ihre eigene Tür. Klim und Iwan blieb das Glück einstweilen gewogen; zwar hatte der Inhaber der Datscha sie in ein winziges Zimmerchen im ersten Stock abgedrängt, unten logierte jetzt seine Sippe aus der Archangelsker Gegend, wodurch die Ruhe dahin war, dennoch blieben sie wohnen, besaß das Haus doch sozusagen territoriale Integrität, da die Polizei keine hundert Meter entfernt war und niemand dort auf den Gedanken kam, daß sich »nicht ausweisfähige« Existenzen in Sichtweite des Reviers niederließen; Klim fiel ein, daß er bei Maisel Gärtner gewesen war, und ließ sich von einer griesgrämigen Alten anstellen, die nicht nach dem Ausweis fragte und der er an den verblühten Fliederbüschen herumschnippelte, den Vorschuß von vierhundert Rubeln hielt er Iwan stolz unter die Nase, der bei dieser Gelegenheit verkündete, er werde für länger, anderthalb Monate vielleicht, verreisen, so lange sollte sich der Vetter nicht unnötig in der Stadt herumtreiben, die Spätvorstellungen im Kino meiden und, falls plötzlich doch einmal der Abschnittsbevollmächtigte hereinschneite und nach dem Ausweis fragte, sich hurtig nach Masilowo absetzen. Den Hut mußte Klim einer Vogelscheuche entwendet haben, glich selbst einer solchen – dürr, mit knochigen Pranken, so abgerissen, stumm und finster, daß die Vögel sich vor ihm fürchten mußten. Iwan wurde von dem Anblick schlecht, er fuhr zum Litauer, verfluchte ihn und seine Machenschaften, die sinnlosen Fuhren: Kisten mit leeren Flaschen, leere Zuckersäcke. Von Bugulma nach Gurjew und dann wieder nach Kursk – in Gorki stieg Kaschparjawitschus zu, sein langer, polierter Fingernagel fuhr über die Lettlandkarte, zeichnete die Route vor und den Punkt, wo Iwan auf einen bestimmten Mann warten und ihm mit bestimmten Worten auf den Zahn fühlen sollte – der Legende nach sein Beifahrer, der irgendwo den Anschluß verpaßt hatte. »Fahr mit Gott – deinem russischen und meinem litauischen!« Iwan hielt sich exakt an die Instruktionen, fuhr über Resekne nach Lettland hinein, tankte in Krustpils, querte die Düna und war schon in Jekabpils, beobachtete die Autos, die ihn überholen, nebst den Fahrern, die darin saßen: Nummernschilder konnte man türken, so viel man wollte, doch Menschen, die sich zu tarnen wußten, waren selten. Genau um sieben Uhr abends, vierzig Kilometer vor Schiauliai, stellte er den Motor ab, öffnete die Tür einen Spalt und sah im Rückspiegel einen Mann aus dem Unterholz treten, knapp über die Dreißig vielleicht, der wie ein Beifahrer gekleidet war und dessen Gang den guten Läufer verriet. Er sprach die Parole, stieg ein und begann sogleich, die diversen Ausweise, die Iwan unter dem Sitz liegen hatte, mit den eigenen zu vergleichen; sein Russisch war akzentfrei; Iwan erinnerte sich, daß dieser Mann unterwegs mehrfach hinter ihm gewesen war, ihn hin und wieder überholt hatte, noch dazu mit verschiedenen Fahrzeugen; im Krustpilser Bahnhofsbüfett hatte er am Nebentisch Tee getrunken. Ob er sich selbst etwas beweisen oder Iwan damit testen wollte, jedenfalls sortierte er einen Stapel Dokumente aus, die allesamt echt und astrein waren, trotzdem gab Iwan manchen Tip und bekam zum Dank das eine oder andere gesteckt, was er gebrauchen konnte. Der Mann war kein Russe, soviel wußte Iwan, der sich nicht nur auf papierne Fälschungen verstand, und darum wunderte es ihn nicht, daß Kaschparjawitschus, als der plötzlich in Schiauliai auftauchte, den Fremden mit ›Herbert‹ ansprach; sie flüsterten miteinander und verschwanden – erst der Litauer, dann der andere, der Iwan zuvor noch mitgeteilt hatte, wann er zurückkommen und wo er aufgelesen werden wollte. Iwan mußte nicht auf die Karte sehen, die Gegend um Jaschiunai war ihm aus dem Krieg nur allzu gut bekannt; auf dem Vorwerk, wo er Unterschlupf fand, war er vermutlich zum ersten Mal, aber wer wußte diese halbverfallenen Gehöfte mit ihren lange nicht bestellten Äckern schon auseinanderzuhalten. Bruder und Schwester ernährten sich von dem, was Kuh und Garten hergaben, abends hörte er die Milch in den Eimer strullen, die anschließend, durch Mull geseiht, gleich in die Becher kam, und ein Schwung kleine, neue Kartoffeln in den gußeisernen Topf, dann wurde Iwan zu Tisch gerufen, seinem Paß nach war er ein entfernter Verwandter der Wirtsleute, doch die Fliegen ließen sich von dem amtlichen Vilniuser Stempel und der Unterschrift des Polizeipräsidenten nicht täuschen, die Fliegen rochen sein slawisches Blut, und erst die Mücken – in dicken, brummenden, lüsternen Schwärmen kreisten sie über seinem Kopf und hätten ihn aufgefressen, wenn nicht diese Frau den Litauer in ihm erkannt hätte: Danute Kasismirowna, so hieß sie, so verstand Iwan ihren Namen, so pries er ihn; sie sah aus wie vierzig, war wohl um etliches jünger, ihre Lebenszeit maß sich nicht nach Jahren, sondern nach Eimern gemolkener Milch, geborenen Kälbern, umgegrabenen Beeten, Schwüngen der Sense, alles unter ihren Händen gedieh und trug Früchte – bevor die Deutschen gekommen, als sie da und nachdem sie gegangen waren. Sie setzte sich zu Iwan, die Mückenschwärme drehten ab und verschwanden. Alle Schmerzen schmolzen wie Butter in Iwan und alle Freuden ebenso, da er die litauische Frau Danute Kasismirowna reden hörte, in deren Leben nun einmal nicht Geburten, nicht Kinder in Folge für Einschnitte sorgen konnten. Ihre erste und einzige Schwangerschaft hatte ein jähes Ende genommen, wie eine plötzlich verdunkelte Sonne, und die Wolken blieben hängen für alle Ewigkeit. Die Frage, von wem sie schwanger gewesen war, beantwortete sie treffend: von einem Mann. Ob Russe, Litauer, Deutscher, Pole oder Weißrusse, ergab keinen Unterschied, alle hatten sie Samen und alle eine Pistole oder ein Gewehr, wer im Recht und wer schuldig war, würde Gott befinden. Danutes Bruder, ein buckliger, sehr kräftiger Mann, dengelte die Sense, das metallische Klingen schläferte Iwan ein, den fünften Tag ging das schon so und hätte noch zehn oder zwanzig so weitergehen können: nach getaner Arbeit den Spaten zur Seite und sich auf den Heuboden legen, dem Lied der Frau lauschen – aber das war nicht möglich, nicht erlaubt, durfte nicht sein, in Ruhe und Zufriedenheit zu leben war ihnen nicht vergönnt, er und Klim liefen nur deshalb immer noch frei auf Erden herum, weil die Welt vor ihnen die Zähne fletschte und weil sie vor der verhaßten Lubjanka auf der Hut waren. Sobald der Gedanke an die Staatssicherheit sich nur im entferntesten regte, klappten die Augen von allein auf; vom Rascheln des Heus wurde die Stille vollkommen und undurchdringlich; wie flach die Sonnenstrahlen in die Scheune hereinfielen, deutete darauf hin, daß es schon Abend war; diese Nacht mußte er aufbrechen und Herbert entgegengehen, wenn der bis dahin nicht selber kam. Die Wimpern schlossen sich wieder, Iwan entschlummerte und hörte Kaschparjawitschus im Schlaf, die deftigen Entgegnungen des Buckligen, dazwischen Danute Kasismirownas sonores Rezitativ. Es war schon dunkel, als Iwan mitbekam, daß auch Herbert da war, daß seine und Kaschparjawitschus' Stimmen schon eine Weile zu ihm drangen, ihr ganzes Gespräch im Gedächtnis niedergesunken und von da abzurufen war, wobei es gewisse Betonungen dazugewann und einen Sinn, der ihm nun aufging. Herbert gratulierte Kaschparjawitschus zu irgend etwas, dankte ihm für die Umsicht, die Ehrlichkeit, und wenn er früher noch seine Zweifel gehabt habe, so wolle er jetzt zugeben, daß der Litauer absolut und in allem recht gehabt und auch der Russe seine Loyalität bewiesen habe, denn hätte der mit der Staatssicherheit zu tun, wäre Herbert dort, im Wald bei Madona, unter Garantie aufgeflogen, was er da gesehen habe, haute die Bosse in London glatt um, wenn sie davon erfuhren. Da hockten die baltischen ›Waldbrüder‹-Partisanen in ihren Unterständen, funkten ihren erbitterten Kampf gegen den Bolschewismus in die Welt hinaus und ließen sich derweil aus den Proviantkammern der örtlichen Staatssicherheitsbehörde füttern: ein typischer Lubjanka-Trick, auf den die Protektoren des antisowjetischen Undergrounds in ihren Enklaven nicht zum ersten und nicht zum letzten Mal hereinfielen. Er, Herbert (plötzlich sprach er mit Akzent), habe derlei schon früher vermutet, doch erst jetzt Gewißheit – nun müsse er schleunigst nach Berlin, Kontakt zur Führung aufnehmen, damit sie alle Verbindungen zu den falschen Freunden kappten! Das könne aber unangenehm für ihn werden, warnte Kaschparjawitschus, welche Führung gibt schon gern zu, gefoppt worden zu sein – dem konnte Herbert nur zustimmen und wollte sodann Näheres über Iwan wissen, der Litauer gab träge Auskunft: Diese Russen – es seien zwei – handelten äußerst vorsichtig, wer genau sie seien, wisse man nicht, nur, daß sie auf die Lubjanka nicht gut zu sprechen waren. Es war ein kurzes, aufschlußreiches Gespräch, im Gedächtnis vorläufig abgelagert als ein heller, runder Kiesel; mit diesem saß Iwan am Tisch, trank selbstgebrannten Schnaps, der Bucklige gab ein Stück Speck und einen Laib weiches, lockeres Brot als Wegzehrung mit, Danute Kasismirowna segnete die Aufbrechenden, Herbert küßte ihr die Hand, ließ sich bis Vilnius auf dem Beifahrersitz neben Iwan durchschütteln und verschwand, Kaschparjawitschus war schon vorher ausgestiegen, tauchte erst kurz vor Moskau wieder auf. Schlechte Nachrichten, sagte er, Herbert sei, wie zu erwarten, von den eignen Leuten der Hals umgedreht worden, wir leben in einer grausamen Welt, Freund und Feind ununterscheidbar, nur Recht und Pflicht, ganz ohne Gesicht und ohne Seele. Er erging sich in Erinnerungen, ohne Fakten und Namen zu nennen, die pure Bitterkeit – Vater und Mutter ermordet, Brüder in alle Winde zerstreut, die Schwester bei ihrem Kamtschadalen im Fernen Osten, er selber wisse kaum noch, wie er wirklich heiße, Kaschparjawitschus jedenfalls nicht. »Mir gehts genauso«, erwiderte Iwan; da war wohl wieder einmal ein neuer Ausweis fällig.

Als Iwan zurückkam, war Klim allein, die Archangelsker Sippe des Vermieters nach Feodossija entschwebt; kein Krümel Brot im Haus; ein Band des ›Johann Christof‹ lag herum, aufgeklappt im hinteren Drittel; auf dem Fußboden war Tapete ausgerollt, und Klim kauerte, die Rückseite mit Schnörkeln bedeckend, über ihr. Die Alte hatte ihn entlohnt und weggeschickt, aber die Blindengenossenschaft suchte einen Schlosser. Drei volle Tage brauchte Iwan, um Klims Papiere zurechtzufälschen, und war gerade damit fertig, als sich zeigte, daß ihr Vermieter doch ein guter Mensch war – der wurde nämlich, weil die Polizeiwache keine zwei Minuten zu Fuß von dem klammen zweistöckigen Haus entfernt lag, des öfteren zur Leibesvisitation betrunkener oder zufällig aufgegriffener Personen mit verdächtig viel Geld in den Taschen als Zeuge gerufen, man brauchte nur zu pfeifen, schon war er da, setzte seinen Namen unter jedes Protokoll und hatte keinen Nachteil davon; da er nun auf der Wache etwas aufgeschnappt hatte, das seine Untermieter anging, klopfte er noch in der Nacht und weckte Iwan. Sie machten sich auf, samt ›Johann Christof‹ und den anderen Siebensachen, um die Tapetenrolle war es Klim am meisten zu tun; sie fuhren nach Kiew – erst einmal weg, je weiter, desto besser, Klim schlummerte friedlich auf der oberen Pritsche, der Ortswechsel schien ihm nichts auszumachen, er wirkte sanft und umgänglich, hatte einen gesunden Appetit. Zehn Tage brachten sie in der Stadt am Dnjepr zu, eine Ukrainerin kochte für sie Borschtsch mit roten Pfefferschoten, dann brachen sie wieder auf in Richtung Meer. Gleich nach ihrer Ankunft in Odessa regnete es sich ein und wurde ungemütlich, sie ließen sich in Bendery nieder, genauer: in einem Dorf am südlichen Rand der Stadt, die Moldawier überschlugen sich, ihnen eine Herberge zu bieten, Klim und Iwan mieteten einen Schuppen und stießen mit ihren Gastgebern auf die Völkerfreundschaft an. Den Schlüssel-

: 158 :

bund zur Wohnung am Rauschskaja-Ufer hatte Iwan immer noch in der Tasche, er brannte ihm auf der Haut, rief und mahnte, und eines Nachts (sie konnten beide nicht schlafen) brachte Iwan das Gespräch behutsam auf ein fern vor ihnen am Horizont sich abzeichnendes Leben, anders als das jetzige mit seinem ewigen Hü und Hott, ruhig vor sich hinfließend, angefüllt mit nützlicher Arbeit, im Dienste der ... – »na, na?« fauchte Klim übermütig dazwischen. Iwans Gedankengang war eher schleppend und vage: die Menschheit, die weltweite Forschung, ihr eigenes Glück – schließlich konnten sie sich nicht ewig so durchs Leben schlagen und Verstecken spielen wie jetzt, ein paar Abhandlungen zur Zelltheorie gehörten geschrieben, eine Serie von Experimenten mußte angestellt und die Wissenschaft auf eine sensationelle Entdeckung vorbereitet werden, Klim würden sie rehabilitieren, er bekäme ein eigenes Labor, Assistenten und Ausstattung, das Regime würde einlenken, die Erfahrung zeigte das: Einstein zum Beispiel hatten die Deutschen nicht angerührt, auch alle übrigen Physiker waren davongekommen. »Die Menschheit ...«, echote Klim, so als hörte er von ihr zum ersten Mal, warf die Bettdecke von sich, setzte sich auf, nahm einen Apfel vom Tisch – und jetzt ergriff er das Wort: nicht zornig, eher leidvoll, wie ein stilles Bächlein plätscherte seine Rede dahin. Die Menschheit, sagte er, sei unerkennbar, insofern sie mit keiner anderen Menschheit koexistiere und über sich selbst nicht urteilen könne, sich zu lenken und zu kontrollieren nicht imstande sei, nur ein Baron Münchhausen habe es vermocht, sich am eigenen Zopf aus dem Sumpf zu ziehen; die Menschheit könne sich nur aus sich selbst heraus betrachten, mit den Augen jedes einzelnen Menschenkinds – so viele Menschen es gebe, so viele Menschheiten gebe es, und er, Klim, habe nicht die Absicht, der Menschheit zu dienen, denn die habe sein Leben ruiniert, zur Gänze sei es dieser verdammten Doppelspirale zum Opfer gefallen, für den genetischen Code, der da auf der Tapete stehe, habe er bezahlt: mit einer versauten Kindheit in einer sterbenslangweiligen Familie, wo keiner sich getraut habe, ein Wort zuviel zu sagen, mit dem Frühlingserwachen in Gorki, wo die Gedanken über den Wolken schwebten, mit der Odyssee durch die Wälder, jeder Ast dort, jeder Zweig konnte der Lauf einer auf dich gerichteteten Maschinenpistole sein; zweimal sei er im Lager der Deutschen dem Tod von der Schippe gesprungen, habe seine helle Freude gehabt an den Thermostaten und was da sonst noch in Maisels Labor blitzte, habe die Befreiung aus der Gefangenschaft erlebt, und in dem Keller, der nun schon wieder verloren war, habe er die süßen Augenblicke der heiligen Initiation in die Urgeheimnisse auskosten dürfen, sich als Stern gefühlt, ein plötzlich von lichtspendendem Äther durchdrungener Klumpen Materie! Und für all diese Lust und Qual sollte er am Ende irgendeinen Stalinpreis entgegennehmen? Seine kostbare Entdeckung einfach so in die Hände von Leuten legen, die nicht den hundersten Teil dessen hatten erdulden müssen, was ihm auferlegt war? Die in der Stille ihrer schallgedämpften Kabinette vergeblich die tauben Gehirnkästen anstrengten? Sollten sie doch über ihren geistlosen Artikeln schnaufen, sollten sie selbst durch Himmel und Hölle gehen! Er hatte genug getan. Er hatte den Sinn des Lebens begriffen, konnte ihn nachvollziehen anhand der einzelnen Zelle: Proteine sind nichts als die Exkremente der DNS. Und der Mensch existiert einzig zum Zwecke der Ernährung und Ausscheidung, jedwedes Menschenleben besteht aus einem Häuflein Ziegenknöllchen, einer Reihe Kuhfladen ... – aber es brauchte ja gottlob keine großen Worte, die Äpfel hier schmeckten, der Wein war gut, das Wasser des Dnjestr warm, was wollten sie mehr, nichts!, gar nichts brauchten sie, was gab es Schöneres, als dazuliegen und in den moldawischen Himmel zu starren, und so-

: 160 :

wieso war diese Freiheit eine Schimäre, jeden Moment konnten sie kassiert und in den Knast gesteckt werden, Ausweisfälschung plus Meldepflichtverletzung, das brachte drei Jahre Lager – so sah sie aus, ihre nahe Zukunft, und deshalb bat er, Klim, seinen Vetter Iwan nur um eines: Er solle doch dieses Mädchen ausfindig machen, das ihm den Koffer zur Aufbewahrung überlassen hatte. Er gab es ungern zu, doch sie fehlte ihm sehr! Ja, es war dumm, bescheuert, widerwärtig, sich von einer Frau abhängig zu fühlen – wozu der Mann sie nötig hatte, welcherart Chemie dem physiologischen Geschlechtsakt zugrunde lag, wußte man ja. Doch so war es eben, Schicksal!, und es half nichts, daß Iwan damit einmal bittere Erfahrung gemacht hatte, jetzt war es an ihm, die Qualen solcher Verbrennungen am eignen Leib zu erleiden, diese Verquickung von Gefühlen, Sinnestäuschungen: Er braucht nur an den Keller zu denken, schon zittert ihm die Hand, weil sie die Berührung durch die Finger des Mädchens spürt, der Duft des Parfüms provoziert Gelüste, ein ganzes Orchester spielt ... – »Strauß«, soufflierte Iwan, und er empfand Trauer und Scham; Klim war erwachsen, ein Mann und kein Knirps, kein Hosenscheißer, kein Hans Guckindieluft mehr, den man am Schlafittchen packen und dem hereinbrechenden Unheil entreißen konnte, er hatte selbst seine Erfahrungen gemacht; sie nahmen sich nun nichts mehr, waren einander ebenbürtig, Klim schien womöglich weiter und tiefer zu sehen als er, wenn er jeden Gedanken an Veröffentlichungen, Versuchsserien et cetera von sich wies: Wer würde ihnen Zutritt zur Wissenschaft gewähren, wenn diese doch wie ein Kuchen aufgeschnitten und ein für allemal klar war, wem welches Stück zustand; nicht einmal in die Nähe des Tisches würde man sie lassen, lieber zehnmal nach Personalausweis, Beurteilung, Genehmigung fragen, immer neue Gutachten und Unbedenklichkeitserklärungen bestellen, und am Ende stünde wieder die

Haussuchung ... »Sie heißt Jelena, ihr werdet ein schönes Paar sein«, sagte Iwan und hielt das Photo ins Mondlicht, Klims Augen blinzelten wie geblendet, die Lippen flüsterten: »Das ist sie.« Eine Weile wälzten sie sich noch und schliefen dann ein, am Morgen gingen sie in die Stadt, stöberten in der Buchhandlung, kauften, was sie brauchten, Klim las sich die nächsten Tage ein neues Fachgebiet an, laut Ausweis, Arbeitsbuch und Bescheinigung des Betriebs war er nun Facharbeiter für Erdöltechnik im Jahresurlaub; Iwan wollte vorerst in der alten Haut steckenbleiben. Wohlbehalten langten sie in Moskau an, stiegen dort mehrere Male um und landeten am Ende in Perejaslawl, von wo es bis in die Hauptstadt nicht gar so weit war. Die Jahre in Angst und Schrecken und unter falschem Namen waren eine Schule gewesen für Klim, der inzwischen wußte, wie man sich unauffällig benahm, was man der Polizei erzählte und was den Vermietern diverser Zimmer, Veranden und Bodenkammern; die Anmeldung bei der Militärkommandantur unterließ er, wobei das Regime hier vor Ort wohl keine Scharfmacher sitzen hatte, ein Kampf gegen Spione fand offenbar nicht statt, im ganzen Umkreis gab es nur eine einzige Bausoldateneinheit, die irgend etwas trockenlegte. Über Jaroslawl reiste Iwan nach Leningrad – Nikitin war nicht aufzutreiben, doch hatte er dem hübschen Weib am Tresen der Kneipe in der Rasstannaja eine Botschaft aufgetragen: »Sag ihm, ich bin trauern gefahren.« Demnach war er in Minsk. Mit einer Unermüdlichkeit, die ihn selbst erstaunte, konnte Iwan der jungen Frau zusehen, deren Lebensaufgabe es schien, Bier in 0,5-l-Gläser jeder Sorte abzufüllen. Sie brachte ihn über Nacht bei ihrer Großmutter unter, die zähe Alte sah so aus, als würde sie auch die nächste Blockade noch überstehen. Die Observierung des Karl-Marx-Prospekts ergab nichts Neues, das Mädchen ging ins Wyborger Kulturhaus zum Tanz, ein Marinekadett drückte sich, den

Degen mit der Linken am Körper haltend, unter ihren Regenschirm; die Mutter des Mädchens kränkelte und ging nicht aus. Nikitin ließ auf sich warten, dennoch schien die Fahrt hierher nicht umsonst gewesen zu sein, noch in Moskau hatte Iwan beschlossen, den eigenen Spuren nachzugehen, um zu sehen, ob womöglich die Stiefel eines Einsatzkommandos darübergestampft waren – ob etwa die Moskauer Lubjanka, von den Minskern angestiftet, nach ihm gefahndet hatte. Mamachens dummer Sohn war inzwischen anscheinend invalid geschrieben und soff ohne Unterlaß; wer ihm das Geld gab, war keine Frage mehr für Iwan, als er Mamachen zu Gesicht bekam. Er erkannte sie kaum, so sehr hatte sie sich verändert, mußte nicht erst wie damals hinter einen Wandschirm steigen, um sich herauszuputzen, sie stellte etwas dar – und ihre Freude, Iwan zu sehen, schien aufrichtig, sie hakte sich bei ihm ein, schritt auf Männerart aus neben ihm, wie durch einen Jungbrunnen gegangen, das Haar in Dauerwelle gelegt, die Lippen dezent geschminkt, gekleidet à la Abteilungsleiterin beim Rat der Stadt, jedoch mit der Nuance: ... ich könnte noch ganz anders!; Brust geschwellt, Taille und Oberschenkel von einem maßgeschneiderten Kostüm betont, eine fünfundvierzigjährige Frau von eindrucksvollem Äußeren, die es genoß, Geld im Überfluß zu haben; Iwan bot sie keines an (obwohl er ihr vor zwei Jahren so manches Bündel Dreißigrubelscheine zugesteckt hatte – geliehen eigentlich), mit ihm hatte sie ganz andere Pläne, im Restaurant wirkte sie selbstsicher, stilvoll, zeigte beim Lachen ihr gut saniertes Gebiß, wußte die Gabel zu handhaben und gab in allem zu verstehen, daß es für sie keine Seltenheit war, in einem ordentlichen Lokal mit einem ordentlichen Mann zu dinieren. Über den Sohn äußerte sie sich so, als wäre er irgendein entfernter Verwandter, den es aus tiefster Provinz zu ihr verschlagen hatte; man durfte annehmen, daß sie ihn über kurz oder lang entweder in die Psychiatrie einweisen oder aus der Hundertkilometerzone aussiedeln lassen würde, damit er ihr beim Geldscheffeln nicht mehr hinderlich war; letzteres klappte auch jetzt schon recht gut, würde sich aber ausbauen und entfalten lassen, sobald die lästige Bürde von ihren Schultern und das Geschäft von einem richtigen Chef in die Hand genommen war. Nicht, daß sie Iwan diese Rolle angeboten hätte – einstweilen kam sie ganz gut allein zurecht, und ohnehin war das Geschäft von der Sorte, daß sich Iwan wohl kaum dazu herabgelassen hätte, Mamachen hielt ihren ehemaligen Untermieter für einen Drahtzieher großen Stils, Tips von ihm würde sie immer ernst nehmen und großzügig vergelten, ob er, Iwan, denn nicht einen netten jungen Mann für sie an der Hand habe, mit dem Talent, Frauen so um die Fünfunddreißig, Vierzig ein bißchen blauen Dunst vorzumachen? Die Arbeit war nicht beschwerlich und wurde gut bezahlt, nur adrett mußte unser Goldstück sein, die Sache lief nämlich so: Er steigt in den Zug nach Moskau und schließt darin Bekanntschaft mit einer gebildeten, gutbemittelten Frau, nimmt sie nach Ankunft mit zu sich nach Hause (die passende Wohnung stellte Mamachen bereit), schläft mit ihr und macht sich in der goldnen Morgenstunde unter dem Vorwand, Zeitungen oder Milch zu kaufen, aus dem Staub, das übrige geht ihn nichts mehr an, die Frau kommt selbstverständlich ungeschoren davon, nur eben erleichtert um dies und jenes, na, die Liebe hat ihren Preis, nicht wahr? ... (»Und ob!« murmelte Iwan, während er Mamachen Kognak nachschenkte.) Die Sache war bombensicher, der Charmeur bekam fünfundzwanzig Prozent Anteil, und dafür, daß die Gute nicht zur Polizei rannte, war gesorgt, lieber greinte sie sich bei ihrem Göttergatten aus: hu-hu, Straßendiebe! Ja, ob sich denn in Iwans Reichweite so ein Prachtbursche fände? »Ich werd drüber nachdenken«, versprach Iwan mürrisch und wurde richtig verstanden, Mamachen drang nicht weiter in ihn, schien auch nicht gekränkt, ergeben sah sie Iwan in die Augen, klärte ihn seelenruhig darüber auf, daß sich im Laufe der letzten zwei Jahre niemand nach ihm erkundigt habe. Iwan nickte dankbar, rauchte, nahm einen Schluck Bier und betrachtete sein Mamachen, das also von der landläufigen Hurentour, Freier auszunehmen, zu, sollte man sagen: männlichen Beschißformen übergegangen war; daß sie weitreichende Verbindungen hatte, war jedenfalls klar, das war es, was man ausnutzen mußte – und prompt kam das Photo der Surkowa auf das Restauranttischtuch, Mamachen warf einen abschätzenden Blick darauf, nagte an ihrer Unterlippe, hob in Erwartung genauerer Auskünfte den Blick, bekam sie, nickte kurz. Na ja, sagte sie, da könnte man auch die Stecknadel im Heuhaufen suchen, diese Sorte Nüttchen gebe es in der Millionenstadt Moskau wie Sand am Meer, schwankend im Preis zwischen hundert Rubeln in den Grünanlagen am Pawelezker Bahnhof und einer Fütterung am Stehbüfett des Restaurants ›Moskwa‹; alles in allem gut gehende Ware, die reißend Absatz finde, erst letztens wieder habe die Polizei bei einer Razzia im ›Moskwa‹ und im ›Grand Hotel‹ ein paar Dutzend von ihnen auf einen Schwung in ihren schwarzen Raben abtransportiert, obwohl, das war die Crème de la crème, die High-Society sozusagen, die, die im »Fuffziger« geführt wurden und zu denen die hier gewiß nicht zählte; für Nachforschungen würde es einige Zeit brauchen, ein Häschen, das so aussah (Mamachens kleiner Finger tippte auf die Photographie), mußte man an den besseren Stellen nicht suchen, höchstwahrscheinlich war es eines von den billigen, miesen Dingern, die am Bahnhof anschafften, aber zu finden sei die auf alle Fälle – Geld wolle sie keines dafür haben, sagte Mamachen, Gefälligkeit gegen Gefälligkeit, sie brauche wirklich dringend einen Mann zum Heiraten, natürlich nur der Form halber, und registriert mußte er in einer anderen Stadt sein, für den Stempel im Ausweis und das Einverständnis, getrennt zu leben, würde sie zahlen, so erforderten es die Umstände, die Iwan nicht wissen mußte. »Du kriegst einen«, sagte Iwan, verlangte die Rechnung und war froh, daß er für Mamachens Dienste nicht würde blechen müssen: Das Geld war knapp geworden, sehr knapp sogar, und noch dazu stand die Währungsreform vor der Tür, alles raunte und redete davon, und er fragte sich, was zu tun war: sämtliches Geld von den Büchern abheben und in Edelmetalle umsetzen oder die »Ersparnisse« noch mehr stückeln und in kleinsten Summen auf andere Sparbücher umlegen?

Diese Tage hatten ihn so erschöpft, daß er, in Moskau angekommen, keine Kraft mehr hatte, nach Perejaslawl weiterzufahren. Er trat in das Zimmer in Fili und fiel wie tot auf das Bett, ohne sich auszuziehen, im Mantel; später, aufgeschreckt von der Nationalhymne, die zum Sendeschluß aus dem nebenan bei der Wirtin laufenden Radio herüberschallte, stand er auf, aß im Dunkeln etwas, horchte in die nächtliche Stille, die vom Zirpen der Grillen noch stiller wurde, versuchte sich vorzustellen, was Klim gerade tat, was er aß ... Etwas mußte passieren – das spürte Iwan bis in die Nackenhaare, bis in die Fußsohlen. Mitten im Schlaf war ihm das Herz im Leib plötzlich wie abgesackt, klopfte gegen das Zwerchfell, den Magen und die Leber, Iwan konnte mit Mühe den Oberkörper heben, die Zähne schlugen auf den Rand des Wasserglases, von der Tür und den Fenstern her wehte ihn das Grauen an, seine Hand tastete nach dem Dielenbrett, unter dem die Pistole lag. Da halfen keine Tabletten und keine Mixturen, da half nicht einmal Wodka – nur neue Wünsche konnten helfen; die alten, die ihn gezogen, getrieben, weitergejagt hatten, waren befriedigt, die Zelle war erobert, und was weiter, mochte die Nacht draußen vor dem Fenster wissen und der Wind, der am Dachblech rüttelte. So wie die Dinge standen, gab es in diesem Land für ihn kein Überleben, für Klim ebensowenig, sie mußten fliehen, nach Schweden, von da aus konnten sie Kontakt mit denen aufnehmen, die bei Maisel ein und aus gegangen waren, jenem Belgier zum Beispiel, der gewiß fröhlich und zufrieden in seinem Brüssel lebte, ein allseits respektierter Gelehrter, auch die Deutschen hatten zu Hause einen guten Stand, an Maisels Assistenten würden sie sich erinnern und wie selbstverständlich zusammenrücken, damit das Talent aus Rußland seinen Weg gehen konnte. Schweden war im übrigen Kaschparjawitschus' Vorschlag gewesen, jedoch unter einer Bedingung: Er wollte mit der Sache nicht behelligt werden, er traute niemandem, war sogar froh, daß sie den Engländer kaltgemacht hatten – ein Zeuge weniger, einen Beifahrer namens Herbert hatte es nie gegeben. Abhauen? Schön und gut, aber nicht einfach so drauflosschwimmen, das Ganze wollte überdacht sein, die richtigen Leute mußten ausfindig gemacht werden, ein bißchen segeln zu lernen konnte auch nicht schaden – und unklar war, ob Klim überhaupt einwilligen würde, dem jener Moment die Sinne vernebelt hatte, da dem Brandschutzkasten, einer Zauberspiegelwand gleich, die berückende, betörende Jelena Surkowa entstiegen war.

In der Nacht noch, lange vor Morgengrauen, zog Iwan sich an und lief bis an den Rand der Siedlung Masilowo hinaus, betrat das Haus, von dem aus ganz Fili mit Selbstgebranntem versorgt wurde, hinter der Trennwand keuchte die Kuh, zwei Polizisten, die schon schwer geladen hatten, begrüßten ihn als einen der Ihrigen; Iwan atmete durch, ihm wurde leichter ums Herz, er kam auf die Idee, den ›Opel‹ aus der Garage zu fahren, so hätte er schneller bei Klim sein können, aber bei diesem Schlamm, in dieser Finsternis fuhr er wohl besser mit dem Zug. Am Weißrussischen Bahnhof stieg er aus, völlig zermürbt; drei Minuten vor Abfahrt des D-Zugs langte er auf dem Jaroslawler Bahnhof an. In Rostow fand sich ein Auto, das ihn mitnahm; überraschend zeigte sich die Sonne, Iwan hatte sie zwei Wochen nicht zu Gesicht bekommen, er schlenderte am Ufer des Pleschtschejewo-Sees dahin, suchte die Empfindungen der Tage wieder heraufzubeschwören, als er in Gudauta am Strand gelegen hatte. Von einem Boot wurden die Netze ausgeworfen, irgendwoher klangen einzelne Glocken, die übrigen Kirchlein blieben stumm. Zweimal ging Iwan an dem Haus vorüber, spähte hinein, hob endlich den Riegel der Pforte. Die Hausherrin lud ihn ein zu gebratenem Fisch, er nahm an, sah ihr forschend ins Gesicht und erntete einen gelassenen Blick. Trotzdem, etwas mußte passiert sein, er hatte es noch in Masilowo gespürt; auf Zehenspitzen stieg er die Wendeltreppe hinauf (sie hatten die Bodenkammer gemietet), öffnete lautlos die Tür. Auf dem Fußboden lag Millimeterpapier ausgebreitet – Klim war dabei, es mit jenen Häkchen und Schnörkeln zu bemalen, die nur ihm etwas sagten, Splitter für Splitter setzte er (näher hinschauend, sah es Iwan) die Evolutionsbombe wieder zusammen, die vor Millionen Jahren explodiert war, das heißt, im Moment reproduzierte er das, was schon auf jener Tapetenrolle gestanden hatte, die in den Fluten des Dnjestr versenkt worden war, und es sah nicht so aus, als ob den Millimeterpapierbögen das gleiche Schicksal drohte und der Pleschtschejewo-See die Urgestalt der ersten Aminosäure schlucken würde – denn auf dem Tisch lag ein Manuskript. Derselbe Klim, der eben noch die Wissenschaft mißbilligt und ein für allemal an den Nagel gehängt hatte, ging nicht nur wieder den alten Passionen nach, er schien den Versuch unternehmen zu wollen, durch das Hauptportal Einlaß zu finden: Der Stil des Manuskripts ließ vermuten, daß es für den Druck bestimmt war. Iwans kräftige Hand zwang Klim, sich zu erheben; in dessen gelben Augen flackerte der altvertraute Wahn. »Was ist los? Was geht hier vor, verdammt noch mal?« Zappelnd entwand sich der Vetter dem harten Griff, fiel zurück auf das Papier, zückte den Bleistift – »du kannst mich mal!« mochte sein beleidigtes Schnaufen heißen. Es gab keine neuen Bücher, Spuren weiblicher Anwesenheit waren nirgends zu entdecken, alles sah aus wie gehabt; systematisch, in der Art einer Haussuchung, rückte Iwan an den Wänden entlang in Uhrzeigerrichtung vor, kein Auge von dem förmlich in sein Millimeterraster kriechenden Klim lassend; als er sich dem Bett näherte, begann dessen Bleistift zu zucken – dort also, unter dem Kopfkissen, der Matratze. Er wühlte mit einer Hand und fand sogleich, was er suchte. Es war ein Zeitungsausschnitt, dem Schriftbild nach nicht aus der Kreis- oder Bezirkszeitung, sondern aus einem Zentralorgan, der ›Prawda‹ oder ›Iswestija‹, Leitlektüre für das ganze Land, überall und unter allen Umständen zu bekommen, darauf angelegt, daß der darin Angesprochene, selbst wenn er blind, taub, stumm und Analphabet war, von sich erführe. Die Zeilen, die Klim aus dem Häuschen gebracht hatten, waren leicht zu entdecken, es war nur ein einziger Satz: *Neue Wege wiesen in den Jahren vor dem Krieg die Arbeiten unseres Kollegen K. Paschutin, damals noch Student mit vielversprechenden Leistungen auf dem Gebiet der Genetik.* Es klang, als müßte er inzwischen ›Dr. habil.‹ sein. Und wie sperrig das formuliert war: »mit vielversprechenden Leistungen auf dem Gebiet der Genetik«! Da konnte der Verfasser, ein gewisser Iwanow, seinen Artikel noch so gewichtig als ›Mitarbeiter am Institut für experimentelle Biologie‹ unterzeichnen, der eine Satz stellte ihn bloß, ein Satz aus der Kanzleischublade, im Stile jener Elaborate, wie sie gerichtlichen Untersuchungsakten beigeheftet wurden. Man wollte Klim anfüttern, wollte ihn hervorlocken aus seinem der Lubjanka nicht bekannten Versteck, wollte, daß er sich verriet, Laut gab, damit man die Maschine anwerfen konnte – unmöglich, daß Klim das nicht durchschaute, und trotzdem tappte er fröhlich in die ihm gestellte Falle hinein. Ein neues Mal riß Iwan den Vetter vom Boden hoch, schob ihn gegen die Wand, rüttelte ihn immer wieder, wie um ihn aus seinen süßen Träumen holen: »Trottel!« zischte er ihn an mit zusammengebissenen Zähnen, suchte ihm einzutrichtern, daß kein Schwein in diesem Land ihn brauchte, keine Zeitung druckte einen Artikel ohne Absegnung durch einen wissenschaftlichen Rat und diverse Gutachten sich spreizender Koryphäen, und daß die den wie vom Himmel gefallenen Konkurrenten mit offenen Armen empfingen, glaubte er doch selber nicht, all sein Geschreibsel würde rundweg abgelehnt von denen, die sich Formalgenetiker schimpften, die schwitzten die Ideologie durch sämtliche Poren aus und kreideten noch jedem Autor fehlende philosophische Grundpositionen an, ganz zu schweigen von jener Feme, die die Materialität der Gene überhaupt in Abrede stellte: Was würde die toben! ... Die stampfen dich in den Dreck, was noch nicht das Schlimmste wäre, weissagte Iwan mit böser Zunge, das Schlimmste wäre, wenn sie Klim in ihre Arme schlössen und anfingen, ihn auf Redaktionskonferenzen über den grünen Klee zu loben, ja, dann dürfte er ein Weilchen fleißig sein, würde mit seinen Arbeiten auf diversen Ratsversammlungen und Konferenzen herumgereicht, bekäme als frischgebackener Prophet die passenden Apostel untergeschoben, und am Ende knüpfte das Ministerium für Staatssicherheit aus den vielen hübschen Fädchen eine prächtige Schlinge und könnte sich brüsten, eine brandheiße Verschwörung aufgedeckt zu haben, angeführt vom übelsten Feind der Sowjetmacht und des sowjetischen Volkes, dem Hochverräter Paschutin, der sich in Kriegszeiten nicht gescheut hatte, freiwillig in Gefangenschaft zu gehen und den Besatzern seine Dienste anzutragen; hei!, war das ein leckeres Freßchen für die Lubjanka, dafür würde sie

Klim glatt mit Wein, Weib und Gesang belohnen – in der Zelle, versteht sich; welch weites Betätigungsfeld für die Büttel noch der hinterletzten Staatssicherheitsämter! Was sich allein an Nebenverschwörungen hinzuerfinden ließ! Wie viele kleine Kohlen da vor sich hinglommen in Erwartung der großen Blasebälge, die ihre züngelnden Flämmchen im Handumdrehen zu einem landesweiten, ach, zu einem weltweiten Flächenbrand anfachten, und zwei Generationen von Untersuchungsrichtern hätten ihr Auskommen – dem Provokateur Paschutin und seinen vielversprechenden Leistungen nicht nur auf dem Gebiet der Genetik sei Dank. Noch die Enkel würden ihn verfluchen und auf sein Grab spucken!

Als Iwan das von dem Grab sagte, ging eine Anspannung durch den Körper des Vetters; Klim stieß Iwan von sich und redete. Ja, sagte er, sein Name sei schon befleckt – Klim Paschutin hat mit den Deutschen gemeinsame Sache gemacht; daß er in diese sowjetische Wissenschaft keinen Einlaß finden würde, das wisse er, nicht von vorn und nicht durch die Hintertür, aber diese winzige Erwähnung in der Zeitung hatte in ihm alle Sinne wachgerufen, Ahnungen heraufbeschworen; eines trüben Tages habe er am See gesessen und geheult, denn sein Instinkt habe ihm gesagt: Wenn dieser Tag auch nicht der letzte war, so war die Reihe derer, die folgten, begrenzt, irgendwann bald würde er sterben, wogegen er ja nichts einzuwenden habe – doch sei in ihm der Wunsch, in jener unstofflichen Welt am Leben zu bleiben, die sich die Geisteswelt nennt, dieser Krypta, wo die Schmerzen, die die Größen der Wissenschaft zu erleiden gehabt, begraben liegen. Schon als Kind sei er fasziniert gewesen von den Leiden, die die großen Gelehrten auf sich nahmen; und diese Leute sterben nicht, sie leben fort in den Gedanken der Menschen, wie Wasserzeichen sind sie auf jeder Buchseite präsent, ihre Augen, ihre Brauen, die Sohlen ihrer Füße treten aus den Formeln und Gleichungen hervor, ihre Leidenschaften sind so jugendlich und kühn, ihre Irrtümer so grandios wie eh und je, und sie kommunizieren miteinander, Linné zum Beispiel mit Aristoteles, Thukydides mit Lavoisier, alle sind sie per Tod und Erinnerung in einen gemeinsamen Raum geholt, reden, streiten, schimpfen miteinander, heiraten, ziehen Kinder groß – und all dies dort, in jener Welt, wo nicht gestorben wird, da wünschte Klim aufgenommen zu sein; er müsse unbedingt mit Gregor Mendel und Rudolf Virchow sprechen, wolle Charles Darwin einen Rüffel erteilen ob seines blinden Glaubens an die natürliche Selektion, und auch mit Lamarck habe er ein Wörtchen zu reden; in diese Kolonie einzutreten sei jedoch nur durch die Pforte möglich, und als Passierschein habe allzeit der Ruhm gegolten, die Welt muß einen kennen – und wenn es die Berühmtheit eines Herostrates ist, jaja, auch die, die sich mit Verwüstung und Brandstiftung einen Namen gemacht haben, kommen dorthin – und deswegen müsse man schreiben, sieben, acht Bücher mindestens, und man benötige einen Koautor, einen braven Staatsbürger mit weißer Weste, den es nach Ruhm gelüstet, mit dem ließe sich sozusagen der Entdeckerlorbeer teilen ...

Als Klim bei seiner jenseitigen, platonischen Phantasiekolonie angelangt war, konnte Iwan kaum an sich halten: »Und wer schickt dir dorthin die Lebensmittelpakete?« wollte er ihn anbrüllen, biß sich jedoch auf die Zunge – bestürzt und gekränkt wie immer, wenn Klim abdrehte und in der dritten Person von sich zu reden anfing, dann schwebte er über allem, auch über sich selbst, erst recht über Iwan, den er durchaus nicht in seine Schattenwelt, sein staatssicherheitsfreies Paradies einladen wollte – dabei war er es, der ihm die Paarigkeit der DNS mathematisch begründet hatte! Der liebe Vetter spann! Er war verrückt! Übergeschnappt! Und schuld war er, Iwan, er hätte Klim auf keinen Fall allein lassen dürfen, ohne Aufsicht, noch dazu aller Freuden des Lebens beraubt. Eine Frau mußte herzu, eine Frau! Ein warmes, vollbusiges Weibsbild mit aufgeknöpfter Bluse – und der Wahn vom Weltruhm würde sich in Luft auflösen. Herrgott! dieses Genie wußte anscheinend immer noch nicht, wo es lebte; in diesem Land reichte es, eine Instruktion zur Eindämmung der Schaben- und Fliegenplage zu verfassen, eigenhändig auf ein Blatt Papier zu schreiben und an den Telegrafenmast zu kleben, und eine Stunde später kamen die Erzengel dieses Paradieses auf Erden angerauscht und posaunten etwas von einem Überfall feindlicher Fliegen- und Schabenverbände. Freilich, ohne die Lubjanka wäre das DNS-Modell gar nicht zustande gekommen, des Drachens stinkender Atem hatte ihren Denkapparat beflügelt, doch war dies nicht der Zeitpunkt, dem Vetter Binsenwahrheiten ins Hirn zu blasen, besser vergoß er ein paar Krokodilstränchen und pflichtete ihm bei: Jaja, schreib nur, schaffe, erfülle deine Pflicht als Retter der Menschheit vor dem Nichtwissen. »Ach, Bruderherz!« schluchzte Iwan, plötzlich von Familiengefühlen übermannt, »ich gehe mit dir bis zum bitteren Ende …«

Eine Überraschung ward Klim verheißen: daß er in aller Bälde jenes Mädchen wiedersehen würde; sie habe im Keller vorbeigeschaut, flunkerte Iwan, habe ihren Retter sprechen wollen und lasse ausrichten, sie müsse leider für ein, zwei Monate verreisen, werde sich aber gleich nach Rückkehr wieder melden. In Wirklichkeit legte Mamachen bei der Fahndung nicht übermäßig viel Eifer an den Tag, wobei es töricht gewesen wäre, Druck auf sie auszuüben: Die Währungsreform rückte immer näher, jeder mußte sehen, wie er sich mit der neuen Situation arrangierte, Iwan streunte durch die Straßen der Hauptstadt und suchte nach einer neuen Bleibe. Überraschend fand sie sich in Mytischtschi, und ausgerechnet jene Hexe mit den Stahlzähnen, die drei Maß Bier hintereinander auf ex trank, half ihm dabei, schnorrte mit tiefer Stimme eine Zigarette, sah ihm in die Augen und zwinkerte einmal kurz: mir nach! Nach Mytischtschi war Iwan überhaupt nur in Kaschparjawitschus' Auftrag gekommen, er mußte schleunigst zurück, und mit einer vorbestraften Gewohnheitstrinkerin durch die Straßen zu ziehen war sowieso gefährlich, trotzdem ging Iwan mit, ließ eine Flasche Wodka springen und trollte sich in bester Laune nach Moskau, vorher hatte er Klims neuem Domizil, Kulturhaus Perowo, einen Antrittsbesuch abgestattet: Ein Briefchen von der Alten ließ den Direktor, Exsträfling auch er, zu Iwans und Klims Busenfreund werden, ein beschauliches, einträgliches Plätzchen wurde in Aussicht gestellt, wenn sie wollten, konnten sie schon am nächsten Tag mitsamt ihrer Habe gefahren kommen und die Dienstwohnung beziehen, und jede befristete Aufenthaltsgenehmigung ließ sich verlängern, wozu hatte man seine Leute bei der Polizei; der Direktor hatte das Gebaren eines Arbeiterfestspielorganisators und die Augen eines von seiner eigenen Auferstehung überraschten Toten. Klim brannte darauf, Perejaslawl den Rücken zu kehren, nur eine einzige Buchhandlung in der ganzen Stadt, mit zwei thematischen Schwerpunkten: die Ruhmestaten der Baltischen Flotte und die Trockenlegung von Sumpfniederungen. Gegen Abend langten sie im Kulturhaus an, auf der Bühne probte der Tanzzirkel, die Heizungsrohre im Foyer und auf den Fluren bullerten beängstigend, ein Lokalvirtuose schlug auf dem Flügel Tonleitern an, ernsthaft dreinblickende Jungen klebten Flugzeugmodelle; eine steile Treppe nach unten, das Sportgerätelager hinter Schloß und Riegel, den Gang nach rechts und dann nach links, plätscherndes Wasser aus einem defekten Spülkasten, schließlich eine blechverkleidete Tür, dahinter war es: ein Zimmerchen, wie man es sich netter nicht wünschen konnte, Souterrain der Extraklasse, mit Schrank, Tisch, Sche-

: 174 :

mel, drei Stühlen, Bett mit Schlüsselringmatratze – hier hatten der Schlosser oder der Wachmann genächtigt, angeblich auch irgendein Heizer, seltsam, da das Haus doch Zentralheizung hatte. Nun mußte nur noch Jelena Surkowa herbei und ein halbwegs überzeugender Ausweis – dann mochte Klim froh und glücklich werden in diesem Hort der Kultur. »Hurra!« riefen die beiden, und jeder tat, was ihm wichtig war: Klim, den alles Quietschen, Gurgeln und Kreischen, das ihn beim Denken störte, zur Weißglut treiben konnte, stellte die Leiter an und reparierte den Spülkasten, während Iwan als erstes einen Klumpen Plastilin aus dem Zirkel bildender Kunst klaute und von den Schlüsseln sämtlicher Tür- und Vorhängeschlösser Abdrücke machte. Dann eilte er zur Verabredung mit Mamachen, prüfte zunächst, ob die Luft rein war und seine Halbweltkönigin nicht absichtlich oder unfreiwillig irgendwen im Schlepp hatte. Hochmütig thronte sie vor einer Flasche kaukasischem Mineralwasser, wurde jedoch, als sie Iwan bemerkte, schlagartig munter, rutschte auf ihrem Stuhl hin und her und konnte es nicht erwarten, ihrem Wohltäter die erfreuliche, aufregende, umwerfende Neuigkeit zu unterbreiten: »Ich hab sie!« platzte sie hervor und lehnte sich im nächsten Moment so brüsk und zufrieden auf ihrem Stuhl zurück, als habe sie soeben ein Todesurteil unterschrieben. Im ›Metropol‹ oder im ›National‹ hätte man Mamachen sogleich ins richtige Fach eingeordnet, hier im ›Dynamo‹ aber hielt man sie für irgendeine Amtsperson, die Kellner näherten sich ihr devot. An wenigen Tischen saßen Gäste, je zu zweien geschäftig ineinander vertieft, Iwan lauschte Mamachen, sah auf den Schnee und die Skiläufer vor dem Fenster; er litt und schwelgte, war froh und traurig zugleich, erfüllt mit Ehrfurcht vor der Primitivität dessen, was die Leute Leben nannten; so hörte er die Geschichte, wie zwei verwegene Leutnants, noch von Berlin her daran gewöhnt, über die

Stränge zu schlagen, die Wette eingegangen waren, ein Auto der englischen Botschaft von der Sofioter Promenade zu klauen, zum Beweis ihrer Heldentat konnten sie einige im Kofferraum gefundene Kartons mit Damenbekleidung, Trikotage und Schuhen vorweisen; nun war es so, daß nicht wenig ausländische Klamotten in der Moskauer Unterwelt kursierten, ohne Abnehmer zu finden, da man hatte läuten hören, daß die Lubjanka um jedes gestohlene Fähnchen wußte; wie die heiße Ware in die Hände der Surkowa gelangt war, würde er sie selbst fragen müssen. Dankbar drückte Iwan der Frau die Hand, die sich gewitzt und wagemutig nach oben gearbeitet hatte, um nun andere, die dümmer und feiger waren als sie, in den Dreck zu schmeißen; auch daß sie sich ihm kein einziges Mal persönlich aufgedrängt hatte, rechnete er ihr hoch an, sie war, wie es aussah, ein wahrer Freund und guter Kamerad, auf den man sich verlassen konnte, als solchen setzte er sie in ein Taxi und ging sogleich zu strategischen Maßnahmen über, durchkämmte den Stadtbezirk Nishnaja Maslowka, schaute kurz in den Hinterhof jenes Hauses, wo, wie er nun wußte, lüsterne Mannsbilder um Geld und Kleider gebracht worden waren, jedoch mit Augenmaß und unter Berücksichtigung des Besonderen Teils des Strafgesetzbuches der RSFSR: Mit Hüten und Mützen ihre Scham bedeckend, suchten die Gerupften das Weite, nur nicht den Kontakt zur Polizei. Den Laden hatte ursprünglich eine gewisse Rita geschmissen (Rita, die Wundertäterin, wie ihre Freier sie nannten), doch die war spurlos verschwunden, weshalb die drei verwaisten Jungfern sich die just wie vom Himmel gefallene Surkowa anlachten – sehr wohl mit dem Hintergedanken, daß so auch besser betuchte Kundschaft anzulocken war, denn die Neue konnte »Dichter vortragen«; die skurrile Weigerung, sich denen, die angebissen hatten, auch hinzugeben, wurde ihr anfangs nachgesehen; als sie aber zugab, Jungfrau zu sein

(»unten noch ganz«, wie die Zunftgenossinnen sich ausdrückten), war die Aufregung bei ihnen groß, denn die Mädchen kapierten, daß, wenn sie alle vier »hochgingen« und auf dem Revier landeten, es für die Surkowa ein leichtes gewesen wäre, sich herauszuwinden: Ihre Jungfräulichkeit war mit dem, was sich in der Parterrewohnung tat, schlechterdings nicht zu vereinbaren. So beschloß man, Jelena gewaltsam von dem mildernden Umstand zu befreien, doch blieben alle Zugangswege dorthin verbarrikadiert, da nutzte nicht einmal eine Schnapsflasche, von der natürlichen männlichen Stoßwaffe ganz zu schweigen. (»Lag da zum Schluß wie mariniert«, hatte sich Mamachen mit dem drastischen Rigorismus der Abteilungsleiterin entrüstet – »ihr Herzallerliebstes zur Faust geballt!«) Wie besessen hatte sich die Surkowa zur Wehr gesetzt und behielt die Oberhand, übernahm am Ende sogar das Kommando über die drei Stuten, die sie ausnahm wie die Weihnachtsgänse; tatsächlich vermochte sie ihre Unberührtheit, als die Polizei zugriff, erfolgreich ins Feld zu führen; die Sache wurde groß aufgezogen, da ein von den Kolleginnen in die Höhle gelockter Freier zuvor auf der Rennbahn eine gehörige Stange Geld abgezockt hatte, und solche über die Maßen glücklichen Gewinner wurden von der Polizei wie von den Jockeys stets im Auge behalten; die Surkowa konnte also den Kopf aus der Schlinge ziehen, allerdings zu einem nicht geringen Preis, da sie Ausweis und Meldeschein vorweisen mußte. Der Verurteilung und Ausweisung entgingen die drei leichten Mädchen im übrigen dank eines von der Rennbahnmafia auf dem Polizeirevier organisierten kleinen Feuerchens, wodurch sämtliche Akten und Protokolle verbrannten, was die Surkowa, die unverzüglich abgetaucht war und sich totstellte, freilich nicht ahnen konnte; von der Sache mit dem Kaufhaus schien wiederum Mamachen nichts zu wissen (sie danach zu fragen war riskant), wie sie auch die wahren

Gründe nicht ahnte, derentwegen die Surkowa ihre Wohnung mied; zu erfahren war noch, daß sie sich inzwischen einem hartnäckigen Draufgänger ergeben und ihre Unschuld eingebüßt hatte (also doch ohne Bach, ging es Iwan träge durch den Kopf, und auch für Mendelssohn war wohl kein Bedarf), sie arbeitete solo, sollte aber letzthin mit einem schrägen Typen gesehen worden sein, der ein Zimmer in der Lawrowgasse oder irgendwo in der Nähe gemietet hatte – dahin also machte sich Iwan auf den Weg, als es für ihn in Nishnaja Maslowka nichts mehr zu tun gab, wobei er gewiß nicht hoffen durfte, Jelena Surkowa zu begegnen, zu dieser Tageszeit war die arbeitende und sonstwie diensttuende Bevölkerung Moskaus nicht zu Hause; um so verblüffter war er (und stürzte vor Schreck in den nächsten Bäckerladen, mußte tief Luft holen – von dem, was sich in seinem Kopf zusammenschob, wurde ihm beinahe schwarz vor Augen), als ihm plötzlich jener windige Schmierenkomödiant auf dem Gehweg entgegenkam, vor dem Klim seinerzeit geradezu hysterisch die Flucht ergriffen hatte – der angebliche Gewerkschaftsfunktionär, der ihnen mit seinem Getue soviel Angst eingejagt hatte, daß sie ihren gemütlichen, sicheren Keller im Stich ließen! Und was noch viel furchtbarer war: An seinem Arm war Jelena Surkowa gegangen, gekleidet wie ein graues Mäuschen aus Generalsfamilie: schicklicher Mantel mit Fuchspelzkragen, Halbstiefel, Persianermütze; ihr Begleiter (und Lebensgefährte, was sonst!) glich diesmal einem harmlosen Zwischenhändler für Theaterkarten – daß er jedoch ein Gauner war, ein Bandit, ein Mörder, dessen war sich Iwan sicher, der das Paar von diesem Vormittag an beschattete, ihre harte und mühevolle Arbeit von morgens um acht bis abends um neun, gekrönt durch ein tägliches Abendessen auf dem Bahnhof; von dort, nämlich aus der Damentoilette, klingelte die Surkowa zu Hause an, die übrige Zeit des Tages ließ ihr Partner sie nicht aus den Augen. Anschließend fuhren sie mit dem Taxi nach Hause in ihre Gasse, tauchten in der Dunkelheit des Hofes unter, während Iwan mit dem ›Opel‹ zurück nach Fili in sein Quartier jagte und nicht übel Lust hatte, den Schlüsselbund von der nächsten Brücke ins Wasser zu schmeißen, das Steuer herumzureißen, nach Perowo zu düsen, Klim einzuladen und Moskau auf schnellstem Wege zu verlassen, am besten nach Litauen, wo sich zu allen Zeiten für höheren Orts gesuchte Gesetzesbrecher ein Versteck gefunden hatte. Zum Teufel mit den interzellularen Prozessen, in den Arsch damit!, die nackte Haut galt es zu retten – doch gerade die schien mit dem Feuer spielen zu wollen: In den letzten Wochen hatte Iwan an sich wieder das alte kindliche Verlangen registriert, den Hintern Pantelejs Peitsche entgegenzurecken, um das Blut auf den zerbissenen Lippen schmecken und den Triumph des Guten und Gerechten ein weiteres Mal herausfordern zu können; ein schelmischer Übermut bemächtigte sich seiner, wenn er, fein in Schale geworfen, sich an der Garderobe des ›Moskwa‹ oder des ›Grand Hotel‹ vor dem Spiegel drehte, das Restaurant betrat, sich mit nonchalantem Kennerblick in die Speisekarte vertiefte und aus den Augenwinkeln die Spitzel beobachtete, die an den Nachbartischen ihre Schicht absaßen; einmal ließ sich so ein Tölpel, nicht mehr der Jüngste, von ihm aufs Glatteis führen, Iwan lockte ihn bis in einen Hausflur, verdrosch ihn dort nach Strich und Faden und empfand eine grimmige Freude dabei.

Die Schlüssel blieben in seiner Tasche stecken, wurden nicht von der Moskwa verschluckt; eine ganze Woche dehnte Iwan die Beschattung aus, ertappte sich schon am dritten Morgen, daß er froh war, die Surkowa wiederzusehen, während ihm schwante, daß sie und ihr Galan einen Raub planten, der reiche Beute versprach, doch nicht ohne Blutvergießen abgehen würde; ferner hatten sie eine mit

Schmuck und Antiquitäten vollgestopfte Wohnung im Visier, dort würde genauso Blut fließen, und wie es sich für eine richtige Räuberpistole gehörte, mußte früher oder später auch die Surkowa ihr Leben lassen. Die Story vom Leningrader Damenkonfektionsgeschäft hatte in Gaunerkreisen längst die Runde gemacht, die von dem dreisten Pärchen in die Massen getragene Idee wurde aufgegriffen, auch das Duo aus der Lawrowgasse hatte eine Variante ausgetüftelt – daß die Leiche jener kapriziösen jungen Offiziersgattin jüngst aus der Newa gefischt worden war, konnte die Surkowa nicht ahnen.

4

In angemessener Verkleidung kamen die beiden aus ihrer Höhle gekrochen, trennten sich ausgangs der Gasse und waren nunmehr zwei Personen, die einander nicht kannten, nie gesehen hatten, an verschiedenen Tischen im Café an der Taganka saßen, vor sich ein kräftiges Frühstück, das Mittagessen gleich hinterher; die Küche am Rauschskaja-Ufer hatte Iwan schon ahnen lassen, daß Jelena Surkowa eine miserable Hausfrau abgab, weder kochen noch backen konnte, außer Brot und Tee mochte in der ohnehin nicht wohnlichen Absteige nichts zu finden sein. Die getrennte Einnahme der Mahlzeit hatte ihren Sinn: Einzeln ließ sich das Publikum im Café besser studieren, konnte man flüchtige, unverbindliche Bekanntschaften knüpfen, wobei er, ein Mann vom Schlag Diwanjow, sich besonders hervortat, den Geheimnisträger herauskehrte, hinter dessen Worten sich Bedeutsames verbarg, dessen Andeutungen besagten, daß er eine Waffe trug, von Amts wegen natürlich, daß einflußreiche Kräfte die Hand über ihn hielten, und zwar nicht irgendwer, o nein, wenn Sie wüßten, mein Lieber! ›Bramarbas‹ hatte die schöne Mutter vor Zeiten in Leningrad verächtlich einen solchen Typen genannt, wenn er ihr den Hof machte: eitle Worte, Posen und nichts dahinter. Unter diesem Spitznamen trug Iwan den Begleiter der Surkowa in sein Gedächtnis ein, wobei er sich durchaus bewußt war, daß hinter den windigen Grimassen viel böser Wille und Berechnung standen, daß unter dem Velourhut Mordpläne ausgeheckt wurden, die für diesen Mann Routine waren; ein Menschenleben betrachtete er als etwas Vorläufiges und ihm in die Hand Gegebenes; wenn jemand auf der Straße ihn anrempelte oder beschimpfte, blieb er gelassen – die Gewißheit, daß er diesen Menschen, wenn es ihm einfiele, töten, mit einer Kugel, einem Messerstich erledigen konnte, machte ihn liebenswürdig zu jedermann. Im Café an der Taganka saß man also nicht bloß so herum, einmal hatte die Surkowa ihren Platz so geschickt gewählt, daß eine schmuddelige, dicke Alte nicht umhinkam, sich an ihren Tisch zu setzen, und gleich fing das Schneewittchen aus dem Laienzirkel von dazumal an, etwas vorzuspielen, wühlte lange und hektisch in ihrer Handtasche, schaute sich verstohlen um, ein bißchen geschockt, man durfte annehmen, daß sie das Portemonnaie mit dem Geld vermißte: ob gestohlen oder zu Hause gelassen, jedenfalls nicht da – bis sie zuletzt nervös den Brillantring an ihrem Finger zu drehen anfing, den zum Verkauf oder immerhin als Pfand anzubieten nun wohl oder übel anstand, womit sie das vorsichtige Interesse der allerlei Kuchen in sich hineinstopfenden Alten weckte. Die kaufte den Ring zwar nicht, doch Bramarbas nahm die Verfolgung auf, stellte fest, wo sie wohnte; anschließend betrat er eine Telefonzelle, wählte eine Nummer, wobei er seinen flink über die Wählscheibe flitzenden Fingernagel mit dem Körper zu verdecken suchte; während des nachfolgenden, längeren Gesprächs ließ er von Jelena, die draußen auf ihn wartete, kein Auge. Nach zwei Uhr mittags kam das dubiose Gespann langsam zur Sache – Einkäufe in exquisiten Geschäften standen auf der Tagesordnung, die regelmäßig fehlschlugen; das Theater, das dabei gespielt wurde, variierte in Szenen, Auftritten und Bildern, nicht aber in den handelnden Personen, als da waren: die Kassiererin, Bramarbas, die Surkowa und der Verkaufsstellenleiter. Fünf Minuten vor der Surkowa war ihr Kompagnon mit einem Kassenbon an den Ladentisch getreten, anschließend, nachdem sich ein Mißverständnis mit der Verkäuferin herausgestellt hatte, zur Kasse zurückgekehrt, und dies just in dem Moment, da die bis dahin still und bescheiden in der Schlange stehende Surkowa an die Reihe gekommen war, die Summe genannt und ihr Geld hingelegt hatte, welches nun natürlich mit dem, was die Kassiererin unserem Bramarbas herausgab, durcheinandergeriet. Streit kam auf, Bramarbas brüllte (Variante a) auf die Surkowa ein, die er beschuldigte, sein Geld eingesteckt zu haben, oder hörte sich (Variante b) ergeben, ja ehrfurchtsvoll ihre kreischend vorgebrachten Bezichtigungen an. Im nächsten Geschäft wieder dieses Spiel, jedoch mit beträchtlichen Abwandlungen, hier war es die Surkowa, die sich an der Kasse vordrängte (»bitte, Leute, ich hab es furchtbar eilig, mein Kind ist allein zu Hause! ...«), und Bramarbas gab die Rolle des unterm Pantoffel stehenden Ehemanns, der sein ganzes Gehalt bei der argwöhnischen Gattin abzuliefern hatte. Die kleinen Wortgefechte wuchsen sich hier wie dort zu handfesten Skandalen aus, gerade noch so, daß man nicht die Polizei rufen mußte; meist kam der Verkaufsstellenleiter seiner Kassiererin zu Hilfe, bat die beiden Kunden zu sich nach hinten, prüfte dort die uneingelösten Bons, ließ Gerechtigkeit walten und wußte die hitzigen Parteien am Ende zu versöhnen; mit den Etüden zum vorgegebenen Thema verschafften sich die Räuber in spe einen Eindruck von der Psychologie des gegen Abend zumeist erschöpften Kassen- und Verwaltungspersonals, das die Tageseinnahmen zur Übergabe an den Geldboten vorbereitete, wagten sie den einen oder anderen neugierigen

Blick auf Korridore und Treppenflure in den hinteren Geschäftszonen; meist schlich sich Bramarbas auch noch auf die Höfe, verfolgte, während die Surkowa Schmiere stand, was sich hinter den erleuchteten Fenstern der Verwaltungsräume tat. Vorbereitet wurde der Überfall auf einen Laden, auf den sie es schon länger abgesehen hatten, ohne dort je Theater gespielt zu haben; hier parkten die Geldboten ihren ›Pobeda‹ immer vorn auf der bevölkerten Straße, Bramarbas' Komplizen konnten mit dem Wagen in den Hof hineinfahren und dem Pärchen nach dem Überfall – exakt eine halbe Stunde vor Eintreffen der Boten – die Tür aufhalten. Die Vorbereitungen zogen sich hin, jeden Tag konnte die Währungsreform hereinbrechen, und es hatte wenig Sinn, heute einen Sack voll Geld zu erbeuten, das morgen in ein Portemonnaie paßte! Nach dem Auftritt zerrte Bramarbas die Surkowa für gewöhnlich zur Auswertung und Analyse in eine nahe gelegene Parkanlage, die Großmütter, die mit ihren Enkeln an der Bank vorbeispazierten, bedachten das sich zankende Ehepaar mit milde vorwurfsvollen Blicken; tatsächlich gab die Surkowa reichlich Anlaß zur Unzufriedenheit, im Überschwang ihres Ehrgeizes pflegte sie Dummheiten zu verzapfen; sie war begabt, wußte ihr Äußeres einzusetzen, von Fall zu Fall zu variieren, von einer Stunde auf die andere wurde aus der Venus ein häßliches Entlein, einmal mimte sie die der elterlichen Fürsorge entronnene Studentin aus der fremden Stadt, dann wieder die jähzornige Furie, nur kam es leider des öfteren vor, daß sie sich vergaß, das Possenspiel ihres Partners für bare Münze nahm und an der Kasse zu krakeelen anfing, jede Dramaturgie über den Haufen warf; außerdem hatte sie einen Hang zu kostspieliger, gediegener Kleidung, was der Rolle der zu kurz Gekommenen nicht entsprach. Iwan, der aus dem Hintergrund die Komödianten an der Kasse agieren und später auf der Parkbank die Fetzen fliegen sah, fragte

: 184 :

sich manchmal, ob er noch bei Sinnen war, seine Kräfte so lange daran zu vertun, eine Wohnung zu erbeuten und sich in ihr festzusetzen, das war doch einfacher zu haben: Er hätte nur eine Datscha am Stadtrand anmieten und irgendwem ein bißchen Schmiergeld zuschieben müssen, ein besseres Versteck für Klim ließ sich nicht denken, man hätte dort sogar ein Labor einrichten können. Iwan horchte in sich hinein und blieb fest: Nein, diese und keine andere Wohnung mußte es sein – nicht bloß die toten Wände natürlich, die Frau, Tochter des namhaften Gelehrten, gehörte dazu, lüde die alten Freunde ihres seligen Vaters ein, machte sie mit ihrem Mann, Klim also, bekannt, unter dem fünfarmigen Kronleuchter im großen Zimmer würden Teestunden abgehalten, Gesprächsrunden zu Schrödinger und Weismann anberaumt, Schmalhausen persönlich konnte man am Kopf der Tafel plazieren – und Klim würde aufleben, akademische Luft schnuppern; was er brauchte, waren Dispute mit Biologen, Physikern und Chemikern, erst vor kurzem hatte Iwan in Klims Kiste die alten Lehrbücher der zehnten Klasse und die Aufnahmeprüfungsordnung für die Universität entdeckt, Klim, zur Rede gestellt, gestand seinen Wunsch ein, die Abendschule zu besuchen – nicht, daß er dort etwas Neues zu lernen hoffte, er suchte den Kontakt zu aufgeweckten, wißbegierigen Leuten, das war alles. Ja, diese Wohnung war ideal für sie, ihr Wert um so größer, als sie in einem Viertel lag, das vom KGB oft genug durchkämmt und geröntgt worden war, nebenan waren das Institut für Leichtindustrie, die Verwaltung des Energiekombinats mit ihren Schornsteinen und der Moskauer Militärbezirksstab, es gab ein Wohnhaus des KGB am Maxim-Gorki-Ufer, drei Hotels, in denen man nur durch Vermittlung der Organe ein Zimmer bekam, und als Krönung einen Blick auf den Kreml, wie er weiß Gott nicht jedem beschieden war ... Ein hübscher Wohnsitz, fürwahr! Die Surkowa sehnte sich auch schon nach ihm, rief immerzu an, um herauszukriegen, ob da irgendwer war, ihre Nerven begannen zu flattern, einmal sah Iwan sie in einem Hausflur stehen und trinken, die leere Flasche flog in hohem Bogen in den Schnee.

Die Frau mußte gekidnappt werden – so der Gedanke, der sich allmählich abzeichnete, und der Litauer sagte Hilfe zu, ohne viel zu fragen; wieder einmal schien das Glück zu winken, Iwan blieb das erste Mal über Nacht am Rauschskaja-Ufer, hatte zu essen und zu trinken mitgebracht, räumte ein bißchen auf: Hierher würde die Surkowa nach der Entführung aus ihrem Ganovennest verbracht, hier in diesen Wänden würde sie verhört und vor die Entscheidung gestellt werden: die Lubjanka oder wir; letzteres bedeutete die völlige Unterordnung unter Klim, ihren Mann. Die Bolschewiken, allewiel mit Krieg und Klassenkampf beschäftigt, pflegten Eheanbahnungen dem Selbstlauf zu überlassen, legten vorerst noch nicht fest, wer mit wem einen gemeinsamen Hausstand führen und welche Augenfarbe das in offizieller Ehe gezeugte Kind haben durfte; das Regime unterband nicht einmal (dies nun wirklich eine Schwachstelle!) die Paarung nicht standesamtlich zur »kleinsten Zelle der kommunistischen Gesellschaft« verschweißter Personen. Da gab es etliche Freiräume: Ein Ehemann durfte zum Beispiel, noch ohne in der Wohnung seiner Frau registriert zu sein, bei ihr schlafen und überhaupt Seite an Seite mit ihr leben, was man sich im gegebenen Fall, in dieser Wohnung, zunutze machen würde – Klim konnte einziehen.

Der Litauer mußte gar nicht erst tätig werden, die Entführung geschah überraschend, reibungslos, fast wie von selbst, Bramarbas kam zu Hilfe, da er, keine hundert Meter von ihrem Schlupfloch entfernt, die Nase unbedingt in einen Hof stecken mußte – angezogen von einem Auto, das dort hineingestoßen war, um zu dieser späten Stunde (es war kurz vor Feierabend) Fleisch anzuliefern; die Transportarbeiter hatten die beiden Flügel der Hecktür schon aufgeklappt und die verzinkte Rutsche angestellt, über die die gefrorenen, ungeteilten Tierkörper nach unten segeln sollten; solch eine Aktion – kurz bevor die Geldboten kamen! – konnte den ganzen Zeitplan umschmeißen, dieser Lebensmittelladen stand nämlich auf der Liste, Bramarbas mußte herausbekommen, ob es sich um eine außerplanmäßige Lieferung handelte oder etwa der Fleischbelieferungsplan für die Verkaufsstelle geändert worden war. Jelena blieb draußen auf der Straße; Iwan, der nach ihm auf den Hof gehuscht war, erkannte die Gunst des Augenblicks (der Hof stockduster, der ›Opel‹ ganz in der Nähe) und schritt zur Tat: ein kurzer, schneller Hieb, Bramarbas fiel mit eingeschlagenem Schädel auf die Rutsche. »Surkowa, Sie sind verhaftet!« teilte Iwan kurz und bündig mit und führte sie ab in den Nachbarhof, wo er den ›Opel‹ stehen hatte. Der vorgezeigte Schlüsselbund machte sie so fassungslos, daß sie bis zum Haus keinen Ton herausbrachte, erst recht nicht, als sie vor der richtigen Tür standen; dennoch waren Schneid und Dreistigkeit ihr nicht gänzlich abhanden gekommen, ermuntert von den heimischen vier Wänden, zischte sie, den Mantel von sich werfend: »Wer sind Sie überhaupt? ... Ich rufe die Polizei!« Nur zu!, Iwan hatte nichts dagegen: Dann kommen sie und können dich gleich fragen, wo die feine englische Unterwäsche abgeblieben ist und was die bei dir zu suchen hatte. Solch eine Pointe war freilich nicht nach ihrem Geschmack, und als die Rede auf den Brillantring kam, knickte sie gleich ganz ein, probierte ein theatralisches Schluchzen und »zutiefst verzweifeltes« Händeringen, doch die stoische Ungerührtheit ihres einzigen Zuschauers verhieß keine Gnade, so daß sie sich schon hinter Gittern sah: Jene Alte an dem Tisch im Café hatte den ganzen Krieg über beim sogenannten Bilanz- und Revisionsbüro gearbeitet, dessen Aufgabe es war, die in den Läden der Stadt eingelösten Lebensmittelkarten zu sammeln und der Vernichtung zuzuführen, ein Teil davon drehte während der Hungerjahre eine zweite Runde, wodurch der Alten die Milliönchen wie von allein in die Tasche wanderten, im Siegesjahr fünfundvierzig hatte sie natürlich nichts Eiligeres zu tun, als zu kündigen, ihren Namen und zweimal den Wohnsitz zu wechseln; nun also, da längst noch nicht alles Geld in Gold und Edelsteinen angelegt, war sie auf diesen Ring scharf – und Bramarbas auf einen Besuch bei ihr; daß wieder einmal ein Blutbad bevorstand, war der Surkowa klar. Sie versuchte es bei Iwan auf die Mitleidstour, schwätzte etwas von verlorener Jugend und verstummte, kroch förmlich in das Radio hinein, als die Meldung von der Währungsreform kam. Iwan wollte wissen, mit welchem Anteil sie zu rechnen gehabt hätte, wenn der Raubüberfall auf das Lebensmittelgeschäft geglückt wäre. »Fünfundzwanzigtausend.« – »Ich geb dir das Doppelte«, tat Iwan kund. »Für die eine Nacht? Du mußt es ja nötig haben ...« Sie schäumte noch ein bißchen und schlief dann ein; Iwan horchte auf alle Geräusche, dreimal ging sie in dieser Nacht zur Toilette, was an ein Blasenleiden denken ließ; die Belagerung dauerte drei volle Tage, ihm war, als hätte man ihn zu einem Puma in den Käfig gesperrt, außer nach Fleisch gelüstete es die Bestie nach Alkohol; er hoffte, die Möbel, die Bücher- und Bilderwände, die ganze, all die Jahre unveränderte Einrichtung würden sie allmählich zähmen. Und die Hoffnung trog nicht: Jelena Surkowa floh in die Vergangenheit, erzählte das eine oder andere über sich. Vergangenen Sommer hatte sie sich an der Moskauer Universität eingeschrieben, war schon dabei, sich um Lehrbücher zu kümmern, da passierte es, in der Bibliothek fing sie ein Typ von der Lubjanka ab und trug ihr die Zusammenarbeit mit den Organen an; sie erbat sich Bedenkzeit – und lief in ihrer Panik zu den alten Bekannten des Vaters, Rat einzuholen, die Bekannten ließen sie durchweg auflaufen, keiner wollte sie auch nur anhören, bis sie schließlich von selbst darauf kam, ihre Papiere aus dem Rektorat zu holen und unterzutauchen – in der Hoffnung, daß, wenn sie keinen Kontakt zur studentischen Jugend hatte, die Lubjanka mit ihr sowieso nichts anfangen konnte und sie vergaß. Von Nishnaja Maslowka einstweilen kein Wort; mit der Importaussteuer hatte Bramarbas sie für ihre Dienste entlohnen wollen, kaum daß sie sie am Leib trug, war sie davongelaufen, hatte ihn sitzenlassen; woher die Kleider, die Schuhe und der übrige Plunder stammten und wie ihr Verehrer zu ihnen gekommen war, wußte sie nicht, konnte sich aber denken, daß die Außendienstler der Staatssicherheit den Kofferinhalt wie ihre Hosentasche kannten. Iwan gratulierte sich im stillen zu seinem sechsten Sinn: Erst hatte er die Idee gehabt, die Klamotten Mamachen zu schenken, es sich jedoch zum Glück anders überlegt; der Koffer mußte auf alle Fälle vernichtet werden, bei der Gelegenheit konnte er in Masilowo gleich die Sparbücher aus dem Ofenrohr holen und ausrechnen, wieviel er nun besaß und wie lange es reichen würde, um Klim mitsamt dieser habgierigen Jelena Surkowa über Wasser zu halten, die sich selbst von allen offiziellen Versorgungskanälen abgeschnitten hatte, die Flucht aus der Universität kam ihr teuer zu stehen: Ihr Vater hatte es während des Krieges bis zum General gebracht, die Tochter daher nach seinem Tod Anspruch auf Waisenrente entweder bis zur Volljährigkeit oder bis zum Abschluß des Studiums; an das Institut zurückzukehren, würde sie dennoch nicht wagen, eine Arbeit aufzunehmen, ebensowenig, daß sie also wohl oder übel diesen fremden Burschen heiraten mußte, wußte sie und hatte sich, wie es schien, mit ihrem Schicksal bereits abgefunden. Als Iwan aus Fili zurückkam, fand er sie mit einem Kochbuch in der Küche stehend: ›Kochen – schmackhaft und gesund‹. »Hast du Brot gekauft?«

hörte er sie fragen, gab Antwort und rührte sich nicht, stumm stand er da und merkte erst jetzt, wie er sich beeilt hatte, in diese Wohnung zurückzukehren und, oje!, dieses von ihm aufgelesene niedliche Biest zu sehen; gleich würde sie ihn mit etwas Selbstgekochtem verwöhnen, und wie es danach weiterging – dazu fiel ihm nichts ein, oder doch, ein Erlebnis von Ende einundvierzig, in einem Dorf, wo er, nach einem Erkundungsauftrag bei den Deutschen zu seinem Bataillon zurückkehrend, genächtigt hatte; die Bäuerin, schielend und mit einem Hüftschaden, ansonsten gut beisammen, beköstigte ihn und schlug ihm plötzlich vor, noch zu bleiben, für immer vielleicht, ihr Mann zu werden, und als er lachend zu bedenken gab, ob nicht vielleicht Liebe nötig wäre, um eine Familie zu gründen, da ließ dieses Scheusal die lange Nase hängen und seufzte weise: Heute singt das Vögelein, und morgen singt das Vögelein – aber wo der Suppentopf steht, da steht bald auch der Trog mit den Windeln. Er wusch sich die Hände, setzte sich zu Tisch, die Suppe war so lala, dem zarten Fräulein fehlte noch ein bißchen die Übung, Bulettenmachen und Geldbörsenklauen war zweierlei; die Surkowa saß ihm gegenüber, fesch, ein klein wenig geschminkt sogar; aus den Sparbüchern wußte er, daß er ab heute ein vermögender Mann war, genügend Geld war da, um Klims Familie zu nähren und zu kleiden, für Bücher mußte man nichts mehr ausgeben, eine vorzügliche Auswahl an Literatur aller naturwissenschaftlicher Disziplinen stand nebenan, Klim würde seine helle Freude haben. Als er vom Geld zu sprechen begann, unterbrach Jelena ihn sogleich, ich brauche keins, sagte sie; was sie brauchte, stellte sich wenig später heraus, da Iwan auf der Leiter stand und Montaigne suchte, von ganz früher wußte er noch, daß es in den ›Essays‹ eine Stelle gab, wo von einem Programm in der Zelle die Rede war; als nun sein Blick nach unten fiel, stand sie da in ihrem wohl

: 190 :

allerbesten Kleid, Arme auf dem Rücken, mit dem Nacken leicht die Wand berührend, in den Augen eine verschleierte Erwartung und auf den Lippen ein seltsames Lächeln, quälend irgendwie. Komm runter! sagte sie, knie vor mir nieder, und bitte um meine Hand. Der Montaigne war gefunden, Iwan hatte zu blättern begonnen, auf die überraschende Albernheit einer doch immerhin erwachsenen Frau beschloß er mit Moskauer Humor zu reagieren: Jaja, gleich, ich muß mir nur noch die Schuhe anziehen, dann bin ich weg! Er stellte das Buch an seinen Platz, stieg rückwärts hinab. Jelena erwartete ihn – auf den Knien. »Bitte, werde mein Mann ...« Iwan kniete ebenfalls nieder, so hockten sie, Nase an Nase, eine Weile da, standen dann auf und fielen sich in die Arme; kein Wort wurde mehr gesprochen in dieser Nacht, auch am nächsten Morgen blieb Jelena schweigend, schaute Iwan in der Küche beim Rasieren zu, sah, wie das Gesicht eines Mannes aus dem Schaum geboren wurde; ihr kleiner Finger berührte die Brauen, die Lippen, das Kinn, die weichen Fingerkuppenpolster fuhren spazieren, wo es nun frisch und glatt war, die Hände, den Augen nicht trauend, prägten sich Falten, Grübchen, Runzeln und Pickel ein. Später (die Nächte waren nun stets länger als die Tage) steigerte sie sich aus den anfänglich schüchternen Liebkosungen des männlichen Körpers in einen beinahe rasenden Drang hinein, keine Schramme auf der Brust und unter den Schulterblättern blieb ungeküßt und ungestreichelt. Zwischendurch, als sie wach zu liegen schien, erzählte Iwan ihr von Klim, sie nickte bloß: jaja, ist gut – begriffen hatte sie gar nichts. Und plötzlich eines Nachts schrak sie aus dem Schlaf: Sie mußten aufs Standesamt, sofort! »Ich hab einen Braten in der Röhre!« entfuhr es ihr, und dann hing sie selig lächelnd an Iwans Hals, flüsterte es ihm noch einmal ins Ohr, daß sie ein Kind haben würden – also von nun an keine Zigarette mehr, keinen

Tropfen Alkohol, das neue Jahr werden wir nüchtern begrüßen, rein und neugeboren!

Am Tag ihrer Hochzeit ging irgendein Gürtelchen verloren, und Jelena brach in Tränen aus. Auf der Straße hatten sie ein zufällig daherkommendes Ehepaar aufgegabelt, erst wechselten die zwei einen langen, vielsagenden Blick, dann erklärten sie sich bereit, Trauzeugen zu sein, die klugen Äuglein der Frau huschten über Jelena, blieben abschätzend an der Taille hängen, taxierten auch den verbliebenen Zwischenraum, als die Lippen des Paars nach vollzogenem Ritual zueinanderfanden. Anschließend fuhren sie nach Chimki ins Restaurant an der Anlegestelle, Jelena trank so gut wie nichts und erntete dafür den stillen Beifall der Trauzeugin, ihr Gatte, der wie ein fleißiges Buchhalterlein aussah, hatte nie zuvor Lachs, Kaviar und Schaschlik auf seinem Teller gehabt und genierte sich zuzulangen. Mit dem Taxi brachten sie die beiden zurück zum Lesnaja-Platz, dann kaufte Iwan am Bahnhof Blumen und stand auf der Straße, ließ sich vollschneien, ohne einen Gedanken, nur mit dem dumpfen Gefühl von Schuftigkeit: Die Frau war Klim versprochen, Klim, seinem »Bruderherz«! ... In dieser Nacht erzählte er Jelena von sich und Klim: wer sie waren und warum sie sich versteckten, warum es jetzt nötig war, nach Perowo zu fahren; Jelena, der es endlich dämmerte, daß die Welt aus kommunizierenden Bunkern bestand, rückte ein wenig von Iwan ab. »Wenn's weiter nichts ist!« versetzte sie mit trauriger Stimme: Sie konnten Klim sagen, sie wäre noch verheiratet, würde aber demnächst geschieden werden, und dann ... so stehe es ja nun sogar in ihrem Ausweis, was wollten sie mehr. Auf solche Ideen kam sie also; einmal mehr konnte Iwan mit seiner Umsicht und Diskretion zufrieden sein, seinen aktuellen Nachnamen hatte er Klim vorsorglich verschwiegen; der Vetter ging ihm die ganze Nacht, da er Jelena ein bißchen ausfragte, nicht aus dem Kopf. Die Wohnung, meinte sie, sei sauber, stehe garantiert in keinen Proskriptionen der Lubjanka vermerkt. Iwan fand, daß man ihr »professorales Flair« unbedingt wiederherstellen mußte, die Brustbilder von Timirjasew, Dokutschajew, Setschenow, Kolzow, Mitschurin und Pawlow wieder anbringen, zur Tarnung konnte man Lyssenko dazuhängen, und unter dem Schrank lag ein eingestaubtes Photo Maxim Gorkis mit Widmung, gut geeignet, den Salon- und Boudoir-Einschlag dieser Räumlichkeit ein bißchen zu proletarisieren. Hier durften sie plaudern, die Biologen und Mathematiker, Philosophen und Rechtsgelehrten, von hier aus würde die neue Lehre ihren Weg gehen, siegreich voranschreiten – und, bei der Gurgel gepackt, in Bälde verrecken, denn natürlich gäbe es denunzierende Nachbarn, eine sich aufblasende Polizei und eine die Ohren spitzende Lubjanka. Das Nest würde ausgehoben, die Ermittlungen zögen sich über Monate hin – und am Ende die Urteilsverkündung, ein paar trockene Gewehrsalven sowie etliche in alle Himmelsrichtungen abgehende Häftlingstransporte, mit denen vorlaute, ungezogene Geister (solche, nach denen sich die Diwanjows in ganz Moskau die Finger leckten) an ihre Verwahrorte gebracht würden. Kurz, das Desaster war vorauszusehen, das Scheitern sämtlicher Pläne, von denen man jedoch nicht lassen konnte, denn da gab es etwas, wovon Iwan und Klim sich unbändig locken und auf vermintes Gelände drängen ließen. Ein Wissen war es, das sie trieb, Wissen, das nur zum geringsten Teil schon auf dem Papier stand, eine phantasmagorische Welt aus Ideen, gut verstöpselt und schon ein wenig sauer riechend – die mußten endlich an die frische Luft, mußten auf schwachen Beinen hinaustreten in die Spalten der Zeitschriften, wo sie Widerspruch ernten und davon Fleisch ansetzen würden, Philippiken der Torheit hervorrufen, die sie stark machten, und die ersten Schritte würden hier in dieser Wohnung getan werden, deren wahre Bestimmung er Jelena einstweilen vorenthalten mußte, doch sie ahnte gewiß schon, daß das Unglück sie nicht aus den Klauen lassen würde, und mit dem bösen Stern hatte der Vater in seinem Brief wohl recht gehabt. Jede Nacht wachte Iwan davon auf, daß er die Wärme an seiner Seite vermißte, ging in die Küche, fand Jelena dort weinend, nahm sie auf die Arme und trug sie zurück ins Schlafzimmer. Sie hätte zu allem, selbst zu einer Dynamitwerkstatt in ihren heiligen Hallen, ja und amen gesagt, aber das war es ja: Kein einziger von den Freunden des berühmten Geologen würde einer Einladung folgen, denn ihnen allen hatte die zu Tode erschrockene Jelena damals anvertraut, daß die Lubjanka sie haben wollte – und die Herrschaften würden sich hüten, einen Fuß in diese Wohnung zu setzen.

Es dämmerte bereits, als sie im Kulturhaus Perowo eintrafen, das junge Volk am Eingang schleckte Eis und drängte sich vor den Plakaten, die Kino- und Tanzveranstaltungen ankündigten; sie kauften Karten, um hineinzukommen, verweilten kurz vor den Stümpereien der ortsansässigen Jugend im Laienkunstzirkel, hinter dessen Türen Radau herrschte. »Es riecht nach Schule«, raunte Jelena. Dann liefen sie hinunter zu Klims Tür, Jelena atmete tief durch wie vor einem Bühnenauftritt und ging tapfer hinein, Iwan blieb draußen, bis sie ihn riefen; als er die beiden sah, wußte er sofort: Es war schiefgegangen! Klim hatte seine Herzensdame nicht erkannt, sie war ihm fremd, unterschied sich von der, die er im Gedächtnis trug, durch irgendeine Kleinigkeit, welche verhinderte, daß die Empfindungen jenes überwältigenden Morgens, da ein Engel vom Himmel gefallen kam, wiederkehrten. Iwan senkte den Blick vor der bestürzten Jelena, mochte auch Klim nicht mehr ansehen, denn eben hatte er es entdeckt, der Vetter war häßlich, diese

Ohren! – keine harmonischen Attribute, sondern Auswüchse, um nicht zu sagen: Ausgeburten einer mißgünstigen Natur, der es auch gefallen hatte, die Augenhöhlen eng zueinander zu stellen und dem ganzen Gesicht einen Ausdruck von Blasiertheit zu verleihen. Jelena spielte ihre Rolle gut, zwitscherte und flatterte, was das Zeug hielt, doch das Gespräch kam nicht in Gang. Klim erbot sich, die beiden zum Bahnhof zu begleiten, Iwan ließ sich zurückfallen, damit Jelena, die Klim untergehakt hatte, ihm etwas Sanftes, Unverbindliches ins Ohr flüstern konnte. Im Eisenbahnabteil, kaum daß der Zug abgefahren war, schmiegte sie sich an Iwan, flehte: »Es geht nicht! Ich kann nicht!« Ihre Haare rochen nach Seife, Marke ›Rotes Moskau‹ – das war es: kein französischer Duft, keine Miliza Korjus, kein Walzer von Johann Strauß – darum war die Bilderkennungsautomatik nicht angesprungen, darum hatte Klim sie verkannt. In dem kalten Abteil, beim Rattern der Räder über die Schienenstöße, versprach Jelena, ohne daß Iwan sie noch darum gebeten hätte, Klim gelegentlich zu besuchen.

Sie hielt Wort, fuhr einige Male hin, kehrte stumm zurück; sie schien überhaupt ganz versunken, horchte nur noch in sich hinein, denn da war dieses andere Leben im Entstehen, das neun lange Monate untrennbar von ihrem Körper sein würde und ihr plötzlich fremd und unbekannt war, von dem sie nichts wußte; mit nüchternem Interesse, wie um sich weiterzubilden, las sie Bücher zum Thema Schwangerschaft, vertiefte sich begierig in den Anblick von Iwan, der doch die Frucht in ihr gezeugt hatte, fragte ihn aus nach seinen Eltern, suchte Fadenanfänge und -enden zusammenzubringen und ächzte vor Staunen, als es ihr aufging: Etwas an dem Kind würde sozusagen auch von Klim sein! Sie fuhr jetzt häufiger nach Perowo, plante auch eine Reise nach Minsk, wollte vor dem Grab der Großeltern dieses in ihr schlummernden Wesens stehen, welches, kaum daß es sich in ihrem Schoß eingenistet hatte, die Kreise seiner Erzeuger schon zu stören begann: Immer abstruser erschien Iwan die Idee, die Wohnung in ein Refugium der modernen Wissenschaften zu verwandeln. Er war schon im Gebrauchtwarenladen gewesen, hatte sich alte Möbel angeschaut und einen Leuchter, beim Antiquitätenhändler ein edles Gemälde entdeckt, doch er konnte sich des Gedankens nicht erwehren, daß all dies noch vor der Verhandlung konfisziert werden würde, wozu also überhaupt kaufen? Und sollte Jelena etwa im Gefängnis gebären? Noch ein paar Mal hatte Kaschparjawitschus die Rede auf Schweden gebracht, Iwan schwieg dazu; dann sollte das Kind schon lieber im Butyrka-Gefängnis zur Welt kommen als in einem Fischerboot. Tagelang war er in den Sommerhaussiedlungen rund um Moskau unterwegs gewesen, bis er schließlich ein passendes Häuschen in Swenigorod fand: zwei kleine Zimmer mit Veranda, täglich frische Milch; den Vermietern kündigte er an, daß eine schwangere Frau Anfang Juni bei ihnen einziehen würde. Indes hätte auch Litauen ein Nest zu bieten gehabt: Iwan war zweimal auf Danute Kasismirownas Gehöft gewesen – die hatte schon mit einer Kurpfuscherin gesprochen und sogar eine Hebamme an der Hand. In Frage kam ferner die Variante, daß Jelena, mit ordentlichen Papieren ausgestattet, in eine andere Stadt zog, damit die Lubjanka sie nicht behelligte. Auf ihrer Etage gab es drei Wohnungen; Jelena hatte Iwan mit den Nachbarn bekannt gemacht, so daß er ihnen im Falle des Falles hätte suggerieren können, sie sei nach Krasnojarsk gereist, um dort niederzukommen. Es gab so viel zu tun, daß Kaschparjawitschus ein Einsehen hatte und einen anderen Fahrer nach Omsk schickte, den dort gestorbenen Litauer heimzuholen; der Umgang mit den Toten hatte Iwan Langmut anerzogen, im Angesicht der Ewigkeit gab es keinen Grund zur Eile. Drei Tage schon lag er in diesem Kolchos-Wohnheim herum und wartete, daß Kaschparjawitschus anrief. Sechs-Mann-Zimmer, Marktstände vor dem Fenster, der Schnee war längst weg, der Schlamm auf den Straßen trocknete langsam ab, vierhundert Kilometer bis Moskau; stinkender Wodka, dafür waren die Salzgurken in den Zubern gut und der Dörrfisch fett – all dies auf dem winzigen Markt an der Straßengabelung, wo die Kleinproduzenten der Gegend sich drängten. Er hatte mehrmals in Moskau angerufen und festgestellt, daß Jelena nicht zu Hause nächtigte. Mit Dörrfisch und Bier kehrte Iwan in das Wohnheim zurück, doch vom Trinken wurde er die Unruhe nicht los. Als er einschlief, kam es ganz übel: Jener Henkersknecht von der Minsker Gestapo erschien ihm im Traum, nicht der, den er getötet hatte – der andere, dürre, der sich ins weiße Taschentuch geschneuzt und im Vornüberbeugen die eigenen Gesäßbacken gestreichelt hatte. Ein gräßlicher Traum, von dem ihm noch nachträglich die Knie weich wurden und ein stechender Schmerz in den ungeschützten Nacken fuhr. Iwan hob den Kopf: Vom Flur waren verdächtige Schritte zu hören. Kaschparjawitschus' Ermahnungen klangen ihm noch in den Ohren; gut, daß er das Nummernschild des ›Opel‹ gewechselt hatte, dachte er erleichtert, so konnte er das Auto stehenlassen, von hier bis Moskau war es ein Katzensprung; jedenfalls mußte Kaschparjawitschus gewarnt werden. Durch das Fenster gelangte er auf die Straße, kaufte Machorka-Tabak und äugte, während er sich die Zigarette drehte, in die Runde. Nichts wie weg!, in der anbrechenden Nacht untertauchen – darum ging es. Zwei Straßen weiter bemerkte er, daß ihm jemand folgte; noch drei weiter hatte er die Spitzel fürs erste abgeschüttelt. Endgültig davongekommen fühlte er sich erst am nächsten Morgen, in der Eisenbahn; während er sich von ihr durchschütteln ließ, überlegte er, wo er den Zug am günstigsten verlassen sollte: Auf den Moskauer Bahnhöfen war es immer gefährlich. In Podolsk stieg er in die S-Bahn um, fuhr dann ein Stück per Anhalter, ein weiteres mit dem Taxi, lief zuletzt eine geschlagene Stunde im Zickzack durch die Straßen. In Kaschparjawitschus' Schweigen schwang eine Spur Geringschätzung, zuletzt ließ er durchblicken, daß der Typ, der Iwan im Kolchos-Wohnheim auf dem Kieker gehabt hatte, einer von den eigenen Leuten war, alle Ängste umsonst, etwas anderes mußte ihn beunruhigt haben, und den ›Opel‹ durften sie eben vergessen. Aus Kaschparjawitschus' Wohnung rief Iwan erneut am Rauschskaja-Ufer an, wohl zum fünften oder sechsten Mal in den letzten vierundzwanzig Stunden, Jelena war nicht da. »Rasier dich«, empfahl Kaschparjawitschus, »das hilft.« Er machte Angebote: Geld, Pistole, einen neuen Ausweis. Bis Fili wechselte Iwan zweimal das Taxi, von da nach Masilowo, seine Tokarjew holen, er klickte die Patronen aus dem Magazin, es waren fünf, ob das reichte? Dabei fiel ihm ein: Die Pistole war markiert, nach ihr wurde gesucht – und er genoß die Klarheit im Kopf, die wiedergewonnene Ruhe; Wachsamkeit und Entschlossenheit waren in seine Seele eingekehrt wie damals in Minsk, als er nach dem Mord an Diwanjow zum Güterbahnhof gefunden hatte. Inzwischen hatte sich die Dämmerung zur Nacht verdichtet. »Perowo«, bekam der Taxichauffeur gesagt. Um Mitternacht klingelte er ein letztes Mal bei Jelena an, von dem Tuten aus dem Hörer dröhnte die ganze Telefonzelle, er hängte ein. Die Fahrt ging weiter, einen Kilometer vor dem Klubhaus ließ er sich absetzen, pirschte sich näher wie durch den tiefen Wald. In einiger Entfernung ein friedlich erleuchtetes Barackenfenster – ansonsten schwarze, undurchdringliche Nacht, ein Motorrad knatterte vorüber. Iwan schlich sich zum hinteren Eingang des Kulturhauses, den Klim vor dem Schlafengehen von innen zu verriegeln pflegte. Iwan stemmte die Schulter gegen die Tür, schob einen Schlüssel von seinem Bund durch den Spalt;

schließlich stand Iwan im Korridor, zog die Schuhe aus. Stille, ausgefüllt mit einem schwach pfeifenden, sachte an den Fensterscheiben rüttelnden Windhauch, dazu hin und wieder ein Knirschen und Rascheln von hinter der Bühne. Vorbei am Atelier des Laienkunstzirkels, zweimal um die Ecke, und Iwan stand vor der Kellertreppe, die zu Klims Gelaß führte. Er zog die Schuhe wieder an, ließ für den Bruchteil einer Sekunde die Taschenlampe leuchten und sah das Schloß vor der Tür hängen; daran, daß Klim und Jelena dahinter waren, zweifelte er in diesem Moment nicht mehr; als er unten stand, das Ohr an die Tür legte, wußte er, sie waren tot, nicht mehr am Leben, denn was den kleinen Korridor ausfüllte und Klims Kammer, war keine einfache Stille, war jene gleichsam mit einem Minuszeichen versehene Form von Lautlosigkeit, wie sie einzig von Toten ausgeht, die alles Geräusch aufsaugen wie ein Schwamm. Das abgenommene Schloß noch in der Hand, trat er ein, machte kein Licht, da er sich fürchtete, die beiden zu sehen – in der Pose, in der der Tod sie ereilt hatte. Er trödelte. Er konnte ein Gähnen nicht unterdrücken. Seine ausgestreckte Hand ertastete Jelena, ertastete Klim, die angezogen auf dem Bett lagen. Ermordet mit einem am Riemen schwingenden Wägestück, einem der üblichen Totschläger; klaffende Löcher in den Schädeln unter geronnenem Blut, der Tod mußte vor etwa sechs Stunden eingetreten sein, da war im Saal der Film gelaufen, die Mörder hatten es eilig gehabt, hatten das Schloß vorgehängt, ohne (noch einmal flammte die Lampe sekundenlang auf) irgend etwas anzurühren oder gar mitzunehmen; Klims Papiere hatten sie nicht interessiert, die Schlüssel von Jelenas Wohnung steckten noch in ihrer Manteltasche. Bramarbas war hier gewesen; damals auf jenem Hinterhof mußte ihn sein Velourhut gerettet haben, kaum wieder auf den Beinen, hatte er nach Jelena geforscht, und er war nicht dumm, besaß einen Riecher, auch nach der

Nacht im Kaufhaus hatte er sie aufgetrieben, sogar Klims Höhle ausfindig gemacht. Und vor einer Woche war es soweit gewesen: Jelena, die den Verfolger im Nacken spürte, hatte Bramarbas möglichst weit weg vom Rauschskaja-Ufer locken wollen und sich bei Klim versteckt. Iwan mußte die beiden hier heraustragen, wegschaffen – bloß wie? Wann? Wo beerdigen? Er mußte, er mußte ... und blieb doch auf dem Bett sitzen, so als fürchtete er, die Schlafenden zu wecken. Nach einer Weile stand er auf, tastete nach der Kiste, in der das Klempnerwerkzeug lag, ergriff den Fuchsschwanz und zog das Blatt über die Tülle der Teekanne; ein Kreischen ertönte, bei dem Klim stets die Finger in die Ohren gesteckt und wie besessen zu brüllen begonnen hatte: »Aufhören!« Noch einmal dasselbe – Klim reagierte nicht. Da Iwan also wußte, daß der Vetter tot war, wandte er sich Jelena zu, rief sie ganz leise an, wartete nicht erst, ob sie sich regte, ließ sogleich einen anderen, vernehmlicheren Ton hören – eine Art Stöhnen, das nur sie allein kannte und das ihr sagte: Hör zu, ich bin hundemüde, und alle Weiber können mir den Buckel runterrutschen, du auch, aber wenn du nun schon mal beim Ausziehen bist und so begierig guckst, dann ... Von diesem Stöhnen ließ sie sich stets provozieren, stimmte ein höhnisches Gelächter an, kam im nächsten Moment auf ihn zugeflogen, warf sich ihm an den Hals: »Ja! Ja! Ja!« Jetzt – schwieg sie. Iwan schob Klims Ausweise in die Innentasche seiner Jacke, steckte Jelenas Schlüssel ein und erstarrte – horchte angestrengt, flog wie ein Pfeil die Kellertreppe hinauf, blieb reglos bei den Fenstern stehen. Ein Kleinlastwagen näherte sich im Rückwärtsgang, vorsichtig, wie auf leisen Sohlen; gut möglich, daß Bramarbas gestern abend gesehen worden war, irgendein hier ansässiger Spitzbube ihn erkannt hatte; jedenfalls mußte er dafür sorgen, daß Jelenas Leichnam sich in Luft auflöste, da von ihr eine Spur geradewegs zu der Tante aus dem Revisionsbüro führte.

Das Auto kam ganz nahe an die Fenster herangefahren, auf der Ladefläche hatte ein Mann gekauert, der jetzt die hintere Bordwand herunterklappte und absprang, zu ihm gesellte sich der Fahrer; die beiden – verwegene Burschen, eindeutig mit Fronterfahrung – liefen um das Haus, jeder in entgegengesetzter Richtung, so daß sie sich beim Auto wieder trafen; inzwischen hatte auch Bramarbas das Fahrerhaus verlassen, auf dem Kopf den Velourhut, seinen Glücksbringer (Iwan hätte jetzt bis auf den Grund des Meeres hinabzusehen vermocht). Geschickt drückten die Burschen eine Fensterscheibe ein, so daß sie die Riegel drehen und das Fenster öffnen konnten, als erster kam Bramarbas hereingekrochen, ein kurzer Pfiff hieß die anderen folgen. Schießen durfte Iwan nicht, doch eines war sicher: Diesmal hätte Bramarbas auch ein Helm nichts genützt. Bis zum Tagesanbruch schien es noch weit, trotzdem war keine Zeit zu verlieren; alle drei erwischte es auf dem Korridor, die Leichen warf Iwan auf die Plattform des Autos. Er ging hinunter in die Kammer, wo die Toten auf ihn warteten; er nahm Jelena auf die Arme und trug sie hinaus, war mit ihr schon auf der Treppe, als ihm einfiel, daß er sie anders tragen mußte, mit den Füßen voran, so wie es Sitte war. Er legte sie neben Bramarbas und ging wieder hinunter, Klim holen; über die Toten zog er eine Plane. Nun scheute er sich nicht mehr, Licht zu machen, durchstöberte Klims und Jelenas letztes Asyl auf Erden, hinterließ alles so, daß niemand ihren Tod vermuten konnte. Sodann fuhr er los, die Pistole in Griffweite – bereit, jeden niederzuschießen, der es wagte, ihn aufzuhalten. Irgendwo bog er von der Chaussee und warf drei Leichen in den Fluß, wusch sich danach ausgiebig die Hände in einer schlammigen Pfütze. Die Anspannung ließ nach, Tote zu transportieren, war er gewohnt, nach einer Stunde Fahrt färbte sich der Himmel im Osten rot; Iwan kannte die Gegend, er parkte den Laster auf einer Schneise, sogar an einen Spaten hatte der gewissenhafte Bramarbas gedacht, Iwan fand ihn unter dem Sitz; mit der Kante stach er zunächst das Geviert ab, wo seine Gefährten die letzte Ruhe finden sollten – ein trockener, etwas höher gelegener Platz – und begann dann die feuchte Grasnarbe abzuheben, büschelweise schlug er die Haut der Erde zurück. Die ausgeschachtete Erde wurde sorgsam auf der Plane gesammelt, aus der tiefer werdenden Grube wehte es feucht, irgendwann stieß er auf Sand, naß zunächst, dann bröselig und gelb, der Spaten grub vorsichtig um Wurzeln der umstehenden Bäume herum, bei deren Anblick Iwan etwas wie Neid verspürte: Diese Organismen durften weiterleben, ihre Wurzeln die verbleichenden Überreste der hier Bestatteten umranken und die ihnen umständehalber zugefallenen Elemente in sich aufsaugen. Zuerst trug er Klim in die Grube, bettete den Kopf bequem, gestand sich in diesem Moment ein: Kein anderes Ende war zu erwarten gewesen, Klim hatte sich, indem er gedanklich in die Zelle eingedrungen und in den Bannkreis des Mysteriums vorgestoßen war, selbst zum Tod verurteilt, seit langem schon hatte er sein Leben und Schicksal von der simplen Funktion der Spiralen abhängig gemacht und dabei seine Ressourcen allmählich erschöpft – so wie eine Zelle irgendwann müde wird, Proteine in den interzellularen Raum zu pumpen; und auch Jelenas Tage waren gezählt gewesen, irgend etwas in ihr schien seit langem abgeschnitten, geknickt, mitunter war seine Frau ihm verwundet vorgekommen wie ein angeschossener, hinkender Vogel. Er legte sie Klim zur Linken; als er aus der Grube herausstieg, merkte er, daß Platz für drei war, er hatte beim Graben offenbar an das mit Jelena zu Tode gekommene Kind gedacht, es aus irgendeinem Grund als Erwachsenen gerechnet, achtundzwanzigjährig, weshalb er mehr Grasnarbe entfernt, das Grab größer angelegt hatte als nötig; in der Zelle tickten die Chromosomenuhren mit spiegelverkehrtem Zifferblatt, die Zukunft ließ sich auf die Vergangenheit projizieren, das fiel Iwan nun wieder ein, und er stieg aus dem Grab, in das er sich eben noch an des Kindes Stelle hatte legen wollen: »Ich muß doch spinnen!« sagte er laut. Wer sollte zuschaufeln, wenn sie alle da drinnen lagen, Klim, Jelena mit dem Kleinen und er selbst!

Die Grasnarbe legte sich über das Grab wie ein Deckbett – kein Hügel, kein Kreuz, kein Blechtäfelchen mit den Namen der Gott Anheimbefohlenen. Iwan warf einen letzten, prüfenden Blick über die Lichtung – nein, niemandem fiele hier etwas auf, in einer Woche schon hätten sich alle Wunden der Erde geschlossen, und der üppige Frühlingswuchs senkte den Vorhang über das Drama – die Endlichkeit dessen verkündend, was der Anfang von allem ist. Der Wald war schon erwacht, er zwitscherte, piepste, wogte und wich; Iwan wusch das Auto in einem Flüßchen, fuhr es noch ein Stück weg von dem Wald, entfernte das Nummernschild. Erst gegen Abend war er wieder in Moskau, wanderte in Masilowo über die Dielenbretter, unaufhörlich von einer Ecke in die andere, fuhr nach Dorogomilowo ins Badehaus und fühlte erst hier, zwischen den nackten Körpern, den versehrten und den unversehrten, daß er noch lebte. Einige Tage verbrachte er trinkend, um den großen Schmerz zu betäuben, bis eines Morgens die Schmerzen wieder die waren, die er kannte. Kaschparjawitschus, der mit irgendwelchen Gaunern in Kaliningrad gemeinsame Sache machte und tonnenweise Bernstein aufgekauft hatte, schickte ihn dahin und dorthin, später stieg er um auf Holz; nichts anderes wollte Iwan sehen als die Rücklichter der vor ihm fahrenden Transporte; manchmal packte ihn ein unerklärliches Mitleid mit wildfremden Leuten, und es gab Tage, da er auf die Bremse trat, wenn weit vor ihm ein paar Spatzen über die Straße hüpften. Er schaute im Kommissionsladen auf dem Arbat vorbei, die Abnehmerin wisperte, sie hätte eine wahnsinnig billige Kuindshi-Kopie im Angebot, und demnächst bekäme sie einen Wasnezow herein. Was er mit der Wohnung am Rauschskaja-Ufer anfangen sollte, wußte Iwan nicht, er fuhr nicht hin – träumte davon zu verschwinden, sich aufzulösen in rabenschwarzer Nacht, die sonstwie hätte heißen können: Schweden, ein namenloses Grab, ein verlassenes Gehöft – er wollte keine Menschen mehr sehen. Bald darauf jährte sich der Tod der Eltern zum siebten Mal, er hatte keine Angst mehr, nach Minsk zu fahren, im Gegenteil, er wollte hin, wenigstens von weitem den Grabstein sehen, den Nikitin aufgestellt hatte ... Und er fuhr – nach Leningrad, weil, wie er richtig vermutete, Nikitin in Minsk war; das Frauchen hinterm Kneipentresen steckte ihm einen Zettel nebst Schlüssel und Adresse zu, Iwan wartete eine Woche. Das Herz füllte sich mit lichter Sehnsucht – das kam von den Weißen Nächten, die kein bolschewistisches Dekret einberufen hatte, auch die Tage verbrachte er an den weitläufigen Uferpromenaden, einst errichtet in der Gewißheit, daß sie alle unsicheren Zeiten überdauern würden; die Newa wälzte sich zum Meer – das alte Wort vom ›Fluß des Lebens‹ bekräftigend, das keine endlos dahinziehenden Wassermassen meint, sondern das Sickern der Zeit durch das poröse Dasein. Das Mädchen vom Karl-Marx-Prospekt ging tagtäglich, wie zum Dienst, in die Ermitage, ein paarmal schloß Iwan sich an, kam dahinter, daß sie in den Bildern einen Gleichklang mit sich selbst suchte; die Studentin erlebte ihre erste Liebe, die zu bekennen sie sich schämte; eine halbe Stunde mindestens saß sie in der Grünanlage vor dem Finnischen Bahnhof (das Buch auf ihren Knien blieb zugeschlagen), erlaubte den auf dem Heimweg an ihr vorübereilenden Offizieren der Artillerieakademie einen Blick auf ihre schmalen Knie, die nackten Schultern, die versonnenen, nicht mehr kindlichen Augen, bis endlich der Hauptmann mit der kecken Schirmmütze vor ihrer Bank stand und mit der Studentin zum Arsenal-Ufer spazierte, wonach sie sich wieder trennten, ohne viel gesprochen zu haben, ohne zu ahnen, welche Qualen Iwan, ihr heimlicher Beobachter, litt: Jelena lief neben ihm. Die Mutter der Studentin kaufte Vogelfutter auf dem Markt, in das Haus war Leben eingezogen, das Gezwitscher verhieß baldiges Kinderlachen und -weinen.

Nikitin traf ein, still und niedergeschlagen, winkte müde ab, allen Fragen ausweichend; er hatte sich ein Oberlippenbärtchen stehen lassen und das Büschel am Kinn in eine ansehnliche Form gebracht – vielleicht nicht Henri IV., aber Kalinin; schon am nächsten Morgen legte er mit Schere und Rasiermesser neuerlich Hand an, gab auch Iwan den guten Rat, sein Äußeres zu verändern, und zwar schnell! Auf dem Minsker Friedhof hatte er sich tunlichst nicht sehen lassen, nachdem aus verläßlicher Quelle zu erfahren gewesen war, daß das Grab von Iwans Eltern unter Beobachtung stand; alle Pläne – nach Minsk zu ziehen, dort auf den Tod zu warten und bei denen begraben zu werden, die er all die Jahre geliebt hatte und immer lieben würde – waren somit zunichte. Dieses verdammte sowjetische Leben, diese dreimal verfluchten bolschewistischen Gesetze, die es untersagten, einen Toten anderswo zu begraben als am Ort seiner amtlichen Registrierung!, und er, Nikitin, wohnhaft in Leningrad, durfte nicht in Minsker Erde liegen, der Mensch hatte nicht die Freiheit, seine Geschicke selbst zu bestimmen, nicht im Leben und – wie empörend! – nicht einmal im Tod; Nikitin tobte, was Iwan Anlaß gab, sich Kaschparjawitschus' zu entsinnen; und er begriff erst jetzt richtig, was es mit der Überführung der Leichen und ihrer klammheimlichen Beerdigung auf sich hatte: Man öffnete alte Gräber und legte die frischen Toten hinein, das jenseitige Leben begann so, wie das diesseitige geendet hatte, denselben Gesetzen folgend, all dieses Durcheinander mit expedierten Särgen und vertauschten Toten war ein groteskes Spiegelbild dessen, was ihnen, Klim und Iwan, zeit ihres Lebens geschehen war, Nikitin ebenso, der die Idee einer fiktiven Ehe mit Mamachen, dem Moskauer Luder, aufmerksam zur Kenntnis nahm. Er könne den Vorschlag nicht annehmen, brummte er dann, Iwans Eltern würden sich im Grab herumdrehen; daß die Zuhälterin es schaffte, die Polizei zu bestechen und ihn zum Minsker Bürger zu machen, daran zweifelte er nicht, doch wer weiß!, vielleicht landete er wegen so einer noch im Lager und wäre verdammt, in aller Ferne von Minsk zu sterben und begraben zu werden, so weit käme es noch. Die Einwände hatten etwas für sich, Iwan diskutierte nicht, kam vielmehr zur Hauptsache – dem, was hier unter Leningrads weißem Nachthimmel, am Ufer der Newa und in den Sälen der Ermitage in ihm gereift war. Er erzählte von Maisel, von Klim und von sich, davon, daß sie den großen Vorstoß ins Mysterium gewagt und vollzogen hatten; nicht nur, daß die Vererbungsvorgänge damit erklärt waren, die neue Theorie schloß – bis ins Detail! – alles ein, was Lamarck und Darwin und Mendel und Morgan und sogar Lyssenko gefunden hatten; das Prinzip war entdeckt, nach dem die Materie ihre Erbmerkmale und -submerkmale gruppiert und in eine bestimmte Reihenfolge bringt, bewiesen war, daß, topologisch gesehen, vom Standpunkt der Evolution, alle Organellen einer Zelle Defekte, Mißbildungen sind ... (Nikitin lauschte: mit offenem Mund, Schmerz in den feuchten Augen, den Zeigefinger warnend erhoben). Die Frage war nun: was anfangen mit diesem Juwelenfund, in welcher Kunstkammer präsentieren? Ihm persönlich, dem entlaufenen Untersuchungshäftling, konnte dieses idiotische Regime gestohlen bleiben, und nicht ihm zum Ruhm hatte der Paria Klim Paschutin seine genialen Aufsätze geschrieben, der hatte seinen eignen Wahn gehabt und auf die Macht, auf Partei und Regierung und auf die ganze Menschheit gleich mit geschissen; jedoch benötigte er, der nunmehr tot war, von dieser Welt noch einen Passierschein, eine Genehmigung, vor die körperlosen Gespenster mit den klingendem Namen hinzutreten und sie anzusprechen. Stundenlang hatte er, Iwan, vor Rembrandts Gemälden gestanden, diese holden, heiligen Nasen sagten ihm wenig zu, und wer diese Bilder nie zu Gesicht bekam, hatte gewiß keinen Schaden, der Menschheit im ganzen jedoch, soviel stand fest, wäre ohne all die Bilder des berühmten Flamen ein Unglück zugestoßen, Mutationen, von denen die Männer böser, die Frauen schlechter geworden wären, und sein geliebtes Wunder wäre ausgeblieben: jenes arme, dumme, geile, miese, verlogene Flittchen, eine Diebin und Räuberin, die mit Klim gemeinsam ums Leben gekommen war, hatte zu sich gefunden in der Liebe, sich verwandelt in dem Mann, dem sie sich erstmals ganz und gar hingegeben hatte mit der Leidenschaft des Instinkts, der in allem und jedem war: der Newa, dem Grab auf dem Minsker Friedhof und dem Flaum von den Pappeln unten auf dem Hof – darum also bat er Nikitin um Hilfe bei dem Vorhaben, Klims Artikel veröffentlichen zu lassen, sie in eine Form zu bringen, die keinen Argwohn weckte; die Leningrader Biologen (Nikitin kannte sie doch!) waren gewiß weniger konservativ als die Moskauer, an der hiesigen Universität mochte es ein paar freisinnigere Geister geben, man konnte es so einfädeln, daß der Artikel durchging, die Wissenschaft würde davon bereichert ... »Einen Dreck wird sie, deine Wissenschaft!« brüllte Nikitin und fegte wie ein Derwisch durch das Zimmer, schwer atmend wie nach einer Verfolgungsjagd. Seine spitzen Nägel krallten sich in Iwans Hemd, seine Augen füllten sich mit Tränen, er litt. »Einen Dreck!« flüsterte Nikitin und ließ den Kopf sinken. Zur Besinnung gekommen, begann er zu klagen, mit gepreßter Stimme und verhaltener Wut: Die Molekularbiologie sei am Ende, liege in den letzten Zügen, noch zwei, drei Monate, dann würde sie totgequetscht wie eine lästige Fliege. Ja, soweit er wisse, tue sich gerade etwas, ein letztes Aufbäumen in den Reihen der sogenannten Mendelisten/Morganisten, die waren so dumm und glaubten, demnächst müßte irgendein Dokument öffentlich werden, das ihrer Lehre so etwas wie ein Existenzrecht zuerkannte, bekommen würden sie hingegen etwas anderes, die Anklageschrift des Mitschurinschen Kriegstribunals nämlich – daß Genetik und Parteiideologie unvereinbar waren, wußte man doch! Die Genetik war der Tod des Kommunismus! Von den frühen Utopisten bis zu den heutigen zog sich die Idee des neuen Menschen, ein Wesen ohne Erbmasse, ohne Gedächtnis, ohne alle Merkmale früherer Generationen, ohne kapitalistische Rudimente, wie das neuerdings hieß, und daß ein solcher Mensch ein Ding der Unmöglichkeit war, darin bestand ja der letzte, indirekte Schluß der mikrobiologischen Wissenschaft, deren baldiges Ende darum abzusehen war. Die ganze Kremlbande nährte sich von dem Glauben an die Erblichkeit erworbener Merkmale, was kompletter Schwachsinn war; diese Utopisten mit der Axt in der Hand meinten allen Ernstes, die Vielfalt menschlicher Eigenschaften ließe sich reduzieren auf die Fähigkeit zu gehorchen; noch widerwärtiger die Überzeugung, eine Art könne durch Umwelteinflüsse in eine andere entarten, und bei richtiger Fütterung würde aus dem Spatz eine Meise – weshalb es ja auch so viele Volksfeinde gab und Konzentrationslager. Das Ekelhafteste aber (Nikitin spritzte schon wieder Speichel), das Allerekelhafteste war, so seltsam es klang, das böse Gewissen dieser Kommunisten – denn unbewußt, in der Tiefe ihrer dreckigen Seele, wußten sie nur zu gut, wer sie waren, welch ein Abschaum, und wie monströs und sinnlos ihre Träume, darum fürchteten sie, sich von der Seite zu betrachten, sich mit fremden Augen zu sehen – weshalb sie sich von aller Welt separiert hatten, allen, die wahr sprachen, das Maul stopften, alle Spiegel zerschlugen, worin sie ihrer Nacktheit, der Nacktheit von Höhlenbewohnern, hätten gewahr werden können – und die Genetiker würden in der Luft zerrissen werden, dahin gejagt, wo der Pfeffer wächst, zerquetscht wie Läuse, die Feigen würden zur Abkehr genötigt, die Ungehorsamen verdammt – und in dieser Situation Artikel, wie Iwan sie sich dachte, über alle redaktionellen Barrieren hinwegschleppen zu wollen wäre der reine Selbstmord gewesen, da konnte man gleich den Kopf unters Schafott legen, die Hände vorstrecken, damit die Handschellen zuschnappten, merk dir das, mein Freund, und sieh dich vor, wenn dir dein Leben und deine Freiheit noch eine Winzigkeit bedeuten! ...

5

Was Nikitin da zusammenredete, war so greulich, daß Iwan sicherheitshalber über Smolensk nach Moskau zurückfuhr und schon in Moshaisk den Zug verließ, um die Vermieterin in Swenigorod aufzusuchen und ihr zu suggerieren, die Gattin sei unter frauenärztliche Kontrolle gestellt und dürfe die Hauptstadt einstweilen nicht verlassen. Es war ein gutes Apfeljahr, die Wirtsleute priesen ihren weißen Klarapfel, zeigten Iwan noch eine neue Sorte, den Pflaumenblättrigen Kaukasier – da mußte Iwan an den Botanischen Garten in Gorki denken und an Klim. Und dann, als sich eine Stute schnaubend den Schwanz über die Kruppe peitschte und der Wind den Geruch der Pferdeäpfel herantrug, wußte Iwan auf einmal, was Nikitin mit seiner Tirade hatte ausdrücken wollen, die ganze Sowjetmachtphilosophie: daß nämlich nicht das Przewalskipferd, sondern ein Monster mit Hufen, betitelt: ›Marschall Woroschilow zu Pferde‹ – Schöpfung eines Staatskünstlers –, als Urahne aller Stuten und Hengste auf Erden zu gelten hatte. Jene Gelehrtenrunde beim Tee am Rauschskaja-Ufer – eine Schnapsidee, idiotisch bis dorthinaus, und der Gedanke, auf den er hier in Swenigorod verfallen war, schien nicht weniger abwegig, es war nur so: Je tiefer seine Pläne in die Absurdität rutschten, desto vernünftiger kamen sie ihm vor; eine Entscheidung stand an; die Hand, die die Wohnungschlüssel in die Luft geworfen hatte, fing sie wieder auf und ballte sich um sie zur Faust. Endlich ging er hin – und vor Angst knickten ihm die Beine ein, der Moment, da er die zur Last gewordene Jelena von einer Schulter auf die andere gelegt hatte, war wieder da. Er hängte das Tischtuch vor den Wandspiegel, wischte mit einem Lappen über die Möbel und schloß dieses Zimmer ein für allemal ab, jedenfalls bis zu dem Tag, an dem die Meute aus dem Lubjanka-Zwinger eintreffen würde. ›Zutritt für *Unbefugte verboten*‹ sollte auf dem Schild stehen, das er in einer Werkstatt bestellte, um es an diese Tür zu hängen. Einen ganzen Monat brauchte er für die Renovierung der Wohnung, verrichtete jeden Handgriff selbst, die neuen Möbel wurden einzeln antransportiert – sowieso war Mobiliar, wie es sich für ein Büro der Zentrale am Dsershinski-Platz schickte, nicht als Garnitur zu haben. Die Einrichtung des Korridors wurde karger, das Elchgeweih in die Abstellkammer verbannt, an die Garderobe kam ein grauer Gabardinemantel mit den Schulterstücken eines Oberstleutnants (vom waffentechnischen Dienst – um die Aura des Geheimnisvollen zu verstärken) nebst Offiziersmütze, an die Wand ein Eisenbahnfahrplan, wie er auf Bahnhöfen hing – ein Blick dorthin genügte, und es beschlich einen die Ahnung, daß dies der Ort war, von dem aus die mit Augenfühlern begabten Mollusken durch das Land krochen. Noch eindrucksvoller das Arbeitszimmer: ein langer Konferenztisch mit grünem Tuch, zwei Reihen Stühle und an der Stirnseite ein massiver, dem Parkett schier entwachsener viersäuliger Schreibtisch, etwas höher als die Tischplatte, bei dessen Anblick einem Wörter wie ›Hochamt‹ und ›Heiligenschrein‹ in den Sinn kamen. Das Sofa, nunmehr ganz ohne Funktion, war natürlich entfernt worden, an den

Wänden hingen die Konterfeis von Lenin, Dsershinski und Stalin, schwere Vorhänge schirmten das Geschehen ab vor den Blicken all jener, die des Geheimnisses unter keinen Umständen teilhaftig werden, dem Gremium von welthistorischer Bedeutung nicht auf die Schliche kommen durften. Der Bücherschrank barg, hinter Glastüren sichtbar, die Allmacht und Wahrhaftigkeit der einzigen Lehre – die Werke der Patriarchen, aufgereiht in erhabener Front. Operatives, das Vorgehen zur Durchsetzung und Unsterblichmachung der Ideen dokumentierendes Material lag im Safe, ein weicher Teppich unter den Füßen, auf einem ovalen Rauchtisch ein Vorrat erstklassiger Papirossy: ›Herzegowina Flor‹, ›Sewernaja Palmira‹, ›Kasbek‹, letztere sowohl in den handelsüblichen Schachteln als auch in Packungen zu hundert Stück, welche auf dem Schwarzmarkt unter der Bezeichnung ›Botschaftsware‹ liefen. In diesem Kabinett also, zu beiden Seiten des langen Tisches, sollten handverlesene Mikrobiologen sitzen, und die Rede, die ihnen zu Gehör gebracht werden würde, ging etwa so: »Genossen! Ihr habt ja alle schon aufmerksam den Beschluß des ZK der WKP (B) zur Lage der biologischen Wissenschaft studiert und seid deswegen vom großen Sieg des Marxismus-Leninismus über die Weismannisten und Morganisten informiert, diesen üblen Abschaum, der mit dem Gesumme von Essigfliegen seine eigene moralische, philosophische, politische und so weiter Kümmerlichkeit zu verdecken (übertönen?) versucht hat. Jawohl, die formale Genetik ist an ihrem jämmerlichen Ende angekommen. Ich darf annehmen, manch einem von euch und besonders denen, die die Wahrheit und das Experiment in der Wissenschaft an erste Stelle zu setzen gewohnt sind, wird dieser Beschluß gar nicht schmecken, und ich schätze mal, keiner wird dem Glauben an die Chromosomentheorie in der Vererbung abschwören ... (Vieldeutiger Blick auf die Anwesenden.) Ihr seid an diesen Tisch gerufen worden, um den eigentlichen Sinn und Zweck dieser Vorgänge zu erfahren. Mit Sicherheit werden viele ernsthafte Gelehrte, zu denen ich auch euch zähle, sich jetzt die Frage stellen: Wie konnte unser großer Lenker und Lehrmeister (die Größe durch die Betonung untermauern!), der genialste Gelehrte aller Zeiten und Völker, mit seiner Autorität die durch und durch irrigen Argumente des Professor Lyssenko und all der übrigen Dunkelmänner stützen, wie die Zerschlagung einer modernen Wissenschaft zulassen? (Erstarrung in den Gesichtern: die durfte man genießen!) Zur Erläuterung: Genosse Stalin, ganz im Sinne Lenins und in Fortführung seiner Sache, handelte so, weil er einen grandiosen, strategisch ungemein wichtigen Plan gemacht hat, den zu realisieren nunmehr euch, jawohl, euch obliegt! Es existiert ein geheimer ZK-Beschluß (Finger tippen auf Ordner), der den genialen Schachzug des Genossen Stalin im einzelnen darlegt. Daß die Genetik eine Wissenschaft der Zukunft ist, muß ich euch nicht auseinandersetzen, doch besteht die Absicht, schon zum gegenwärtigen Zeitpunkt beziehungsweise in Bälde umfangreiche Forschungen zum Thema genetische Mutationen aufzunehmen, denn der Atombombenabwurf auf Hiroshima und Nagasaki hat uns einen Effekt vorgeführt, den nebensächlich zu nennen sich verbietet, da er die Sprengkraft und die Wärmewirkung der atomaren Explosion weit in den Schatten stellt, ihr wißt, wovon ich spreche: die Veränderung der Genstrukturen und der gesamte Komplex transmutativer Prozesse, ihre frappierende Wirkung ... (Vielsagende Pause.) Ihr könnt euch denken, daß künftig nur derjenige einen Krieg zu gewinnen imstande sein wird, der die besten Abwehrmethoden gegen radioaktive Verseuchung entwickelt, und der sowjetischen Genetik wird dabei eine kolossale Rolle zufallen. (Der S-Laut muß ordentlich zischen.) Jawohl, Genosse Stalin ist mit Herz und Verstand auf Seiten der Genetiker – ihre offizielle

Unterstützung zum gegenwärtigen Zeitpunkt hieße jedoch erstens, dem Gegner die geheime Stoßrichtung der geplanten Forschungen zu offenbaren, und zweitens, der Entwicklung der westlichen, imperialistischen Wissenschaft zu einem Sprung nach vorn zu verhelfen. Die schäbigen Methoden der westlichen Spionage sind euch bestens bekannt, viele unserer Institutionen sind von ihren Agenten unterwandert, für jeden ruhmreichen sowjetischen Gelehrten existiert eine schändliche Akte, und so hat Genosse Stalin den Befehl erteilt, die gesamte Forschungstätigkeit auf dem Gebiet der Genetik einem Kollektiv junger, bislang namenloser Wissenschaftler zu überantworten – ich betone: bislang namenloser, denn eines Tages wird die Welt von ihnen erfahren ...«

: 214 :

Eine solche Rede war entworfen und im Geiste geprobt, die sparsame Gestik dazu einstudiert, drei Telefonattrappen auf dem Tisch verkörperten den direkten Draht zu den höchsten Instanzen – nun mußten nur noch die Darsteller respektive »Zuhörer« aufgetrieben werden. Im Swenigoroder Unterschlupf, beim Wühlen in Klims Papieren, waren Iwan ein paar aus einer Zeitschrift gerissene Seiten mit einem Artikel unter dem konventionellen Titel ›Zu einigen Fragen der Ontogenese‹ eines gewissen W. N. Galzew in die Hände gefallen. Am Rand stand in Klims Schrift die Aufschlüsselung der Initialen (Wladimir Nikolajewitsch) sowie eine Telefonnummer (K4-15-18), letzteres konnte nur ein Privatanschluß sein, in Moskau-Stadtmitte befand sich keine einzige Institution biologischer Ausrichtung. Iwan rief aus der Zelle an, das Gespräch mit der Frau am anderen Ende ergab, daß Klim Galzew nicht erreicht haben konnte, denn dieser war seit Monaten auf Dienstreise in Sibirien, irgendeine landwirtschaftliche Versuchsstation am Amur, und gerade zum ersten Mal auf Urlaub in Moskau, mittags und abends würde er zu Hause sein. Anscheinend hatte Klim, durch den Artikel neugierig geworden, in der Redaktion der Zeitschrift angerufen und sich nach dem Verfasser erkundigt, Iwan tat es ihm nach, erfuhr dabei ein paar nützliche Details, las den Artikel zum zweiten Mal; dieser Galzew wußte zweifellos weit mehr, als er schrieb. Einzelheiten zu seiner Person, die Iwan in Erfahrung brachte, erweckten Sympathie und ein nicht näher zu begründendes Vertrauen. Der Biologe Wladimir Galzew hatte an der Leningrader Universität studiert, dann kam der Krieg und alles Weitere: Blockade, Verwundung, Entlassung, Hochzeit; er zog zu seiner Frau nach Moskau, wo er als Assistent an der Timirjasew-Akademie anfing, die er nach irgendeinem Krach wieder verließ; daraufhin wechselte er an das Institut für Experimentalbiologie. Daß er schon wieder geschieden war, bei einer entfernten Verwandten wohnte, dort aber selten übernachtete, war noch besser. Iwan observierte ihn eine Woche lang, folgte ihm zeitweise wie ein Schatten, sogar eine alte Veröffentlichung von ihm in der ›Biologischen Zeitschrift‹ stöberte er auf. Ferner unternahm er zwei Vorstöße in die Höhle des Löwen – das Bezirksparteikomitee, dort saßen die Handlanger der Lubjanka nebst ehrfurchtgebietenden Vorzimmerdamen, mit denen Iwan schnell warm wurde (wäre er hier übrigens dem Mamachen begegnet, hätte ihn das nicht gewundert). Und dennoch zauderte er, Galzew hierher vorladen zu lassen, denn der war gewiß zu klug und erfahren, hatte den Krieg und die Blockade durchgestanden, sich nicht nach Omsk evakuieren lassen und Tschekisten selbstverständlich zur Genüge gesehen. Hier aber roch es nach mieser, billiger Bauernfängerei, und unwillkürlich fiel Iwan in diesem Moment Sadofjew ein, seine Art zu reden und zu gestikulieren, die Ausdrücke, die er verwandte – Iwan spuckte aus: Er wußte plötzlich, weshalb ihm Sadofjew und die ganze Komiteekanaille so zuwider waren. Etwas Perverses war an des Oberst Auftreten gewesen, so als machte er Iwan den Hof, wollte von ihm wie eine Frau geliebt werden, mit Tändeln und Küssen und Kosen – und so wie sich ihm dieser Vergleich aufdrängte, kam Iwan zu dem endgültigen Schluß: Galzew mit Hilfe dieses Schaubudenkomitees anzubohren verbot sich von selbst! Er würde den Betrug wittern und die kalte Schulter zeigen. Besser war, ihn erst ganz zuletzt anbeißen zu lassen, ohne jedes Vorspiel; ihn mußte man einfach bei der Hand nehmen und ans Rauschskaja-Ufer führen, was er dort präsentiert bekam, sprach für sich und würde ihn überzeugen.

Nebenher erwischte Iwan auf seinem Moskauer Fischzug zwei weitere Biologen, die Galzew in manchem ähnlich waren und Fingerspitzengefühl verlangten. Mit kleineren Fischen ließ sich indes weniger Aufhebens machen, und so erhielt Nikolai Bestushew, achtundzwanzig Jahre, Lehrstuhlassistent an der Moskauer Universität, neugierig, ehrgeizig und ameisenfleißig, Mitte Juli eine offizielle Vorladung ins Bezirksparteikomitee. Iwan traf ihn auf dem Korridor, gab sich jovial und beflissen; die Bearbeitung dieses Bestushew erforderte einen Dekorationswechsel, Szenarium wie folgt: Überstellung an das Rauschskaja-Ufer, Wühlen im Safe, wo etwas den Biologen Betreffendes verwahrt lag, Telefonat mit Unbekannt, eigens bestimmt für die Ohren des eifrigen Assistenten, schließlich Aushändigung einer größeren Geldsumme, ohne Quittung. Doch zuviel der Mühe: Der Assistent knickte schon auf dem Korridor ein, gab sein mündliches Einverständnis, allen Anweisungen der Organe Folge zu leisten. Der Eindruck, der von dieser Begegnung blieb, glich dem Blick in den Frühling durch eine Scheibe voller Fliegendreck, man hatte das Bedürfnis, den Wassereimer zu holen, zu putzen und zu scheuern – ein abscheuliches Ekelgefühl ... Es verließ Iwan eine ganze Woche lang nicht; dann folgten Lichtblicke, er sah die Zeitungen vom Sommer durch, blätterte in Journalen und stieß auf

: 216 :

einen Namen, der ihm aus Nikitins Vorkriegsreden vertraut war: Spoljanski! Einstmals Abteilungsleiter am Institut für Pflanzenzucht, inzwischen Professor an der Leningrader Universität, sein Sechzigster stand bevor, ein Biologe von Rang, Galzew verehrte ihn. Wenn Iwan Nikitin herumkriegte und dieser Spoljanski, so würde dessen Auftritt in der Wohnung am Rauschskaja-Ufer seine Wirkung nicht verfehlen; ohne es zu ahnen, könnte der Professor die Rolle des Tschechowschen Hochzeitsgenerals spielen, dem künftigen Laboratorium, legal und illegal in einem, durch seine Präsenz die Weihe geben. Keinerlei Eröffnungsreden – Gott bewahre! Der Professor betritt das »Kabinett«, drückt Iwan die Hand, läßt den wohlwollenden Blick über die am Tisch versammelten Junggenies schweifen – mehr war nicht nötig. Nikitin mochte sich sträuben – doch vielleicht tat der Abglanz des seligen Surkow auch so seine Wirkung? Ob die beiden – Surkow und Spoljanski – sich gekannt hatten? Iwan stöberte in den Papieren des Geologen, verschnürte das Bündel wieder: Nein, die Lebenswege der beiden Koryphäen hatten sich nicht gekreuzt. Und die Tage verstrichen, der Monat neigte sich dem Ende zu, das über der Genetik schwebende Fallbeil konnte jederzeit niedersausen, dann würde sich Galzew, hitzig und stolz, wie er war, auf keinen Kontakt mehr einlassen. Iwan fuhr zu Nikitin, den Hefter mit Material für Spoljanski in der Aktentasche. Er schlief schlecht, es war heiß, und der Waggon knarrte, die ganze Nacht stand ihm Bestushews pickelige Physiognomie vor Augen, besonders sein Blick, der an irgendeinem Punkt ihres Gesprächs freudige Funken gesprüht hatte. Leningrad empfing ihn mit Sonne und regennassen Straßen, die gewisse Kneipe aufzusuchen, war es noch zu früh, sie öffnete erst um elf, außerdem war der Zug im Bogen von Osten her in die Stadt eingefahren und hielt am Finnischen Bahnhof, von hier war es ein Katzensprung zum vertrauten Prospekt,

Iwan bekam Lust, die Studentin zu sehen. Er frühstückte in der Bahnhofskantine und schlenderte gemächlich in Richtung Militärmedizinische Akademie, kaufte Blumen, die er liebend gern vor die Tür seiner alten Wohnung gelegt hätte; er lief ein erstes Mal an dem Haus vorbei, verweilte am Mineralwasserkarren, warf einen verstohlenen Blick auf die Uhr: Um diese Zeit pflegte die Mutter der Studentin Brot kaufen zu gehen. Gerade hatte er sein Glas Sprudel mit Kirschsirup geleert, die Anschläge zu Ende studiert und beschlossen, noch ein Defilee zu wagen, da kam die Botschaft, die ihn in die Flucht trieb. »Sehen Sie sich vor! Sie werden gesucht!« hatte ihm die Mutter der Studentin soeben in den Nacken gewispert, Iwan schlug sich durch einen Hinterhof in die nächste Parallelstraße, wo er die Straßenbahnhaltestelle wußte, stieg zweimal um, wechselte per Taxi ans andere Newaufer, tauchte in der Menge am Kaufhaus ›Gostiny dwor‹ unter und erst auf der Wassiljewski-Insel wieder auf. Um die Mittagszeit war er in der Rasstannaja, betrat die Bierkneipe jedoch nicht: Ein Kummer hatte ihn ergriffen, von dem die Beine gelähmt, die Gelenke wie verharzt schienen; die Angst um Nikitin piesackte den Körper mit tausend kleinen Nadeln. Im Pissoir beim Wochenmarkt riß er die für Spoljanski bestimmten Papiere in kleine Schnipsel, die Blumen hatte er schon vorher weggeworfen, die Aktentasche rutschte in eine Jauchegrube und versank ohne Blasen. Den Zug konnte er vergessen, doch mußte er schleunigst weg, raus aus Leningrad! – die Richtung war egal, nur der Norden schied aus, die finnische Grenze war nicht ohne weiteres passierbar und dorthin zu fliehen sowieso sinnlos, die Finnen lieferten aus, ein anderer Weg mußte gefunden werden, seine Überlegungen auf dem Bolschoi-Prospekt brachten ihn auf eine famose Idee. Iwan fuhr bis Tierpark und lief von da zur Peter-und-Pauls-Festung. Drei Busse warteten auf Reisegruppen, ein vierter, aus Wologda, spuckte eine Schar

Jungpioniere aus, eben kam noch einer an, mit einem gesetzteren Publikum – genau was er brauchte. Sich anschließen, die Festung besichtigen, dort eine passende Gruppe suchen, einfach dazugehören und mit ihr der gefährlichen Stadt den Rücken kehren – so sein Plan. Viel Volk begehrte Einlaß zur Gruft, so daß die Kathedrale gar nicht alle fassen konnte; die Sonne schien warm, machte träge; Iwan wartete, schaute und horchte, wägte ab. Irgendwer faßte ihn beim Ellbogen, er riß sich los; noch eine Berührung – flink packte er den ungeschickten Taschendieb bei der Hand, drehte ihm den Arm um, warf dabei einen Blick über die Schulter – und erstarrte: Sadofjew!

Der Oberst war in Zivil; freudestrahlend und ein wenig reumütig blickte er Iwan ins Gesicht, reckte den Kopf und hielt ihn dann schief. Der Reiseleiter hatte die Menge fortgeführt, die beiden waren miteinander allein. In Sadofjews Blick lag die Genugtuung des Vaters, der seinen Sohn nach langer Trennung wiedersieht: groß und stark geworden, ungeschoren aus den Scharmützeln des Lebens hervorgegangen, siegreich über seine Feinde, wiewohl diese in der Zwischenzeit manch Gerücht in die Welt gesetzt haben, das den guten Namen ihres Bezwingers in den Dreck zieht. »Das freut mich aber! ... Ach, wie mich das freut!« raunte der Oberst, griff nach Iwans hängender Rechter und drückte sie in einer Aufwallung von Dankbarkeit. Dann trat er einen Schritt zurück, wie um den Zeitraum zu fixieren, der seit ihrem letzten Treffen verstrichen war; aus dem zeitlichen Abstand maß er Iwan noch einmal mit einem langen Blick ungläubiger Vergewisserung: Vor ihm stand der entlaufene Untersuchungshäftling Iwan Leonidowitsch Barinow, der dem Leutnant Alexandrow schwere Verletzungen zugefügt und den Hauptmann Diwanjow ermordet hatte. Die kurzen Ärmchen des Obersts zuckten in einer flattrigen Geste des Bedauerns, tadelnd wiegte er den Kopf, staunend über die

Unvernunft des Arrestanten, der versucht hatte, eine meterdicke Mauer mit der Stirn zu durchbrechen. »Bleiben Sie ruhig, ganz ruhig! ...« sprach er, immer noch mit diesem milden Tadel in der Stimme, und fügte hinzu, er solle doch nicht die alten Fehler wiederholen, zu fliehen gebe es keinen Grund, niemand wolle ihn festhalten, jetzt nicht und fürderhin nicht, Iwan Barinow sei weder inhaftiert noch flüchtig, er sei ein freier Mann, und keiner wolle daran etwas ändern. Zwar habe er, Oberst Sadofjew, sich für den momentanen Aufenthaltsort des Oberleutnant Barinow interessiert, sogar eine entsprechende Order erteilt, dies jedoch sozusagen privatim; was jenen leidigen Vorfall in Minsk angehe, so sei Gras über die Sache gewachsen, Alexandrow sitze inzwischen in Narjan-Mar, pinsele dort seine Papierchen, und Diwanjow sei abgeschrieben, gewissermaßen zu den Akten gelegt; Barinow habe mithin nichts zu befürchten, könne tun und lassen, was er wolle, tue das ja wohl sowieso ... Protokolle? Gibt es nicht! Geschenkt! Freuen Sie sich Ihres Lebens, man lebt nur einmal, nicht wahr ... »Schwamm drüber?« fragte Sadofjew und streckte ihm die Hand entgegen; just als Iwan einschlug, fielen ihm Vor- und Vatersname ein – Georgi Apollonjewitsch – und der Oberst lächelte kokett, drohte Iwan, dem Schlingel, schalkhaft mit dem schmalen Finger: »Und Sie – wie heißen Sie denn so gerade?« Worauf sein seliges Stimmchen von neuem losschnurrte: Hach, diese jungen Leute, wollen nichts wissen von der Weitsicht des Alters, der weisen Vernunft, die hinter dem Anschein von Fadheit verborgen liegt; Sie ahnen ja nicht, wie ich alter Mann getrauert habe um den Verlust eines solchen Kompagnons und Gesprächspartners, die Sache ist darüber ganz ins Stocken gekommen, die großartige Sache, für die es zu kämpfen lohnt, um derentwillen man gerade wieder einmal einen Blick in das Loch wirft, wo die in der Festung einsitzenden Staatsverbrecher ihren Hofgang hatten, abgeschnitten vom Leben, mit Isolation bestraft: Der Hof ist gar nicht so klein, gut und gerne zehn Mann hätten hier spazieren können, doch Luft schnappen durfte immer nur ein einziger, und was die Hauptsache ist: Kein Laut drang von draußen herein, zu Nikolais Zeiten gab es weder Lokomotivenpfiffe noch Werkssirenen, keine quietschenden Straßenbahnen und keine dröhnenden Automotoren – Stille, absolute Stille! Das war der Fehler dieses Monarchen: den Gegner vom prallen, schallenden Leben in Freiheit fernzuhalten; viel besser ist es, mit dem Kontrast zu arbeiten, freies Leben und Gewahrsam dicht bei dicht, damit der Sträfling mitbekommt: Das Leben draußen geht weiter, einfach so, während du hier schmorst, schwerer Vergehen gegen Thron und Vaterland schuldig, eine Fußnote der Geschichte, ein Unikum, ein Floh, der gegen das Weltgebäude Sturm gelaufen ist ...

Die drei, vier Minuten, die die Straßenbahn brauchte, um die Newa zu queren, hielt Georgi Sadofjew den Mund; auf dem Marsfeld schwadronierte er schon wieder, pries die Stille, die er eben noch verpönt hatte. Gleich am Tag seines Dienstantritts in dieser Stadt sei er auf den Senatsplatz gelaufen, historisches Pflaster besichtigen, und wollte seinen Augen nicht trauen: Wie hatte dieser triumphale Akt in der Geschichte Rußlands auf so einem winzigen Fleck Erde vor sich gehen können, wo war hier Raum für die Kavallerieattacken aus der Schlacht bei Poltawa, wo die Weite der russischen Seele – nein, diese Enge!, das Pflaster vor dem Senat schien wahrlich nicht der Ort, wo Geschichte gemacht wurde, und doch war es hier geschehen! Und der Donner hallte ewig über der Newa und ganz Petersburg, weil die Akustik günstig war und ringsum Stille, jedes Rascheln ließ sich hören. Genauso der Platz vor dem Finnischen Bahnhof – heutzutage konnte man sich dort hinstellen und die lästerlichsten Flüche ausstoßen, drei Schritt weiter hörte einen keiner; Lenins nuscheliger Tenor von der Plattform des Panzerwagens war in ganz Petrograd zu vernehmen gewesen. Ja, alles Bedeutsame vollzieht sich im stillen, darum war er, Georgi Sadofjew, dem Lärm des Hörsaals entronnen und ins Silentium geheimdienstlicher Arbeit abgetaucht, die lautlos und im verborgenen geschah und doch so fruchtbringend war, zumal hier in Leningrad, wo die Zentrale am Litejny-Prospekt ihm für Monate Heim und Kabinett ersetzte ...

Unterdessen waren sie schon auf der Pestelstraße, und das Große Haus am Litejny grüßte herüber, rückte näher, immer häufiger kamen ihnen Typen entgegen, die sichtlich keinen Unterschied machten, ob eine Laus zu zerquetschen oder ein Mensch in den Dreck zu treten war. Iwan ließ den Blick über die Häuserwände und -ecken gleiten, suchte nach einer dunklen Einfahrt, in die man Sadofjew kurzerhand hätte hineinschieben können, um dem Jünger der tschekistischen Musen das Knie zwischen die Kiefer zu rammen, daß es ihm die Halswirbel auseinandertrieb ...

Plötzlich stoppte der Mann neben ihm, und was er sagte, klang bittend: Er, Oberst der Staatssicherheit Sadofjew, sei ja ganz in seines Begleiters Hand, denn gesetzt den Fall, Barinow würde verhaftet und packte die Sache mit Diwanjow aus, so käme eine für Sadofjew höchst kompromittierende Tatsache ans Licht, die Vernichtung der Protokolle nämlich, die ihm womöglich als Beihilfe zur Flucht ausgelegt würde, alles schon mal dagewesen ... Ob er denn so freundlich sein würde, mit ihm ins Büro hinaufzugehen, wo Iwan Barinow ein Papier ausgestellt bekäme, das ihm alle Nachstellungen und Verhöre vom Hals halten und, wenn schon nicht als offizielle Zuzugsgenehmigung, so doch als Zeugnis höchster Zuverlässigkeit dienen konnte, was meinte er? »Gut«, nickte Iwan und sank in sich zusammen: Er fühlte sich auf einmal so schwach und konfus, daß die Beine ihn kaum weitertrugen. Sadofjew stand schon vor der Pförtnerloge, um Iwan einen Passierschein ausstellen zu lassen, als er es sich offenbar anders überlegte: »Könnte peinlich werden, einen gefälschten Ausweis vorzulegen!« sagte er leise und schob Iwan vorbei an dem Wachhabenden, der es wohl gewohnt war, gewisse, speziell bevollmächtigte Personen umstandslos einzulassen. Sie gingen die breite Treppe hinauf in den ersten Stock, Sadofjew blieb vor einer Tür am Ende des Korridors stehen; während er die Schlüssel hervorkramte, schien er zu lauschen. Das Bürofenster ging zum Hof hinaus, es war duster, der Oberst machte kein Licht, bot Iwan beinahe verdrossen (»... ei, ei, so viel Mißtrauen!«) einen Stuhl an, während er selbst zum Tresor ging, ihm das Schlüsselchen zu einem Schränkchen entnahm, von da förderte er einen Stoß Akten sowie Kognak und Mineralwasser zutage; ja, er hatte einen seiner Männer zu Iwans elterlicher Wohnung am Karl-Marx-Prospekt geschickt, wie er offenherzig bekannte, und der Mitarbeiter war mit verheißungsvoller Kunde zurückgekommen: Barinow und Paschutin hätten sich endlich gefunden und vereint in ihrem wissenschaftlichen Streben, etwas anderes sei ja wohl auch nicht denkbar gewesen, dumm nur, daß man Klim Paschutin aus den Augen verloren habe, zum letzten Mal sei er am Busbahnhof Perejaslawl gesehen worden, dabei brauchte man Paschutin dringend, oh! wenn er wüßte, *wie* dringend man ihn brauchte – was also ließ sich anstellen, ihn zu finden? Eine offizielle Fahndung kam nicht in Frage, dafür hätte man unweigerlich gewisse Informationen über Paschutins Verbindungen zu den Deutschen lancieren müssen, und davon konnte nicht die Rede sein; Paschutin und der Iwan bestens bekannte Maisel hatten zusammen wichtige Experimente angestellt, von denen aus der Fachpresse bislang nichts zu erfahren war, darum durfte man es sich erlauben, Maisel zu vergessen und die gesamte in Berlin erbrachte Leistung Paschutin zuzuschreiben, der aber benötigte vorab noch etwas Reputation: zwei, drei Aufsätze zur Molekularbiologie, die schreibe er doch mit links, die Veröffentlichung sei seine, Sadofjews, Sache, die Arbeiten würden Wellen schlagen und all die verschreckten Genetiker aus ihren Löchern holen. Übrigens (Georgi Sadofjew nippte am Kognak), ganz grundlos sei deren Mutlosigkeit nicht: Wissenschaftler, so seine Beobachtung, ähneln Dschungelbewohnern, die nervös werden, lange bevor der Brand oder die Dürre ausbricht, Anzeichen von Panik ließen sich schon beobachten; die Sache sei die, daß zum baldigen Zeitpunkt eine Sondersitzung der Lenin-Akademie für Landwirtschaft der UdSSR einberufen werde, Lyssenko, der schärfste Widersacher der Genetik, werde mit einem vernichtenden Referat aufwarten, das sich derzeit bei Genossen Stalin zur Durchsicht befinde, man könne also davon ausgehen, daß politische Anklage erhoben werde, und in diesem Falle wären die Genetiker angehalten, ihren Überzeugungen abzuschwören, was freilich nicht alle tun würden, mancher zöge es vor, in die Verbannung zu gehen, seinen Arbeitsplatz zu verlieren, seine Meriten dem Vergessen anheimzugeben, wie auch immer, das Nest der Mendelisten und Morganisten würde jedenfalls ausgehoben, gesprengt, in alle Winde zerstreut, was hieße, daß diese Leute als viele kleine, unausgeschabte Eiterherde im Fleisch der Sowjetwissenschaft verblieben. Und die Zeit dränge, salbaderte der Oberst weiter, die Zeit warte nicht, der heikelste Moment in der Geschichte des Sozialismus stehe bevor, denn dieser, als die Gesellschaftsordnung mit Zukunft, könne sich nur entwickeln und vervollkommnen, wenn er die bürgerliche Zivilisation grundsätzlich negiere, und auf die Wissenschaft angewandt, bedeute dies folgendes: Die Genetik, wie etliche andere Theorien auch, gehöre mit Stumpf und Stiel ausgerottet, zu welchem Zweck man die versprengten rudimentären Elemente des Mendelismus/Morganismus an einem Ort konzentrieren müsse, und Paschutin sei der Mann, um den sich die Genetiker scharen würden, habe er doch, wie Sadofjew zu Ohren gekommen sei, ein paar hervorragende Entdeckungen gemacht, ein neidgeplagter Genosse von der Peripherie habe es den Organen hinterbracht. Nein, nein, Paschutin werde kein Haar gekrümmt, ihm drohe einzig und allein der Weltruhm, in dem er sich sonnen dürfe bis ans Ende seiner Tage; Iwan und seiner besseren Hälfte, haha, fiele die Aufgabe zu, die eingefleischten Genetiker um ein Lagerfeuer zu versammeln, er könne Iwan jedwede Hilfe zusichern, die er sich wünsche, dies betreffe auch die einzubeziehenden Kader, auf die man sich verlassen könne, richtig gute Leute würde Paschutin bekommen, nicht etwa solche, wie Iwan sie gerade zu rekrutieren suche – das sei es doch wohl, wovon einige Quellen berichteten? Nichts gegen illegale Laientätigkeit, die habe zweifellos ihre romantischen Reize, doch hier gehe es um die Überlebensfähigkeit des Sozialismus auf diesem Planeten, ein superwichtiger Kasus, darum müsse Iwan Barinow sich – zum Wohle Paschutins und im Namen der Wissenschaft – auf den gesamten Apparat der Sowjetmacht stützen und seinen ureigenen Platz im Apparat präzise bestimmen. »Major Barinow, Iwan Leonidowitsch – klingt doch ganz ordentlich, oder?« Und die Perspektiven seien grandios, die Tage der Knochenbrecher gezählt (immerhin handele es sich um eine Wissenschaft, die wolle wissenschaftlich betrachtet sein), und wenn erst einmal ein paar Jahre ins Land gegangen wären, so erführe die Welt, wie viel der Sozialismus für die allgemeinmenschliche Zivilisation bedeute, Generationen würden ihm dankbar sein für die Kühnheit des Gedankens, das Ausmaß des Fortschritts ...

Den Hirngespinsten lauschend, die er noch von Minsk her kannte, musterte Iwan die Einrichtung des Büros, verschmähte auch nicht die guten Papirossy. Der Oberst genoß in der örtlichen Staatssicherheitszentrale zweifellos die Rechte eines hochangesehenen Gastes, mehr aber nicht; Sitzungen mit großer Beteiligung wurden hier nicht abgehalten, an den beigestellten Tisch paßten nur vier Personen, die Wand verunzierte das Porträt Seiner Majestät J.W. Stalin, doch für Dsershinski, den Simpel, war kein Platz, dafür gab es gleich drei Bücherschränke, ohne Bücher, im halb offenstehenden Tresor lagen Dienstmütze und -pistole, der Mantel hing, der Tür gegenüber, offen am Haken, allerdings waren die Schulterstücke nicht die eines Obersten – anscheinend ein fremdes Kabinett, oder Sadofjew teilte es mit einem anderen, und wozu war der Mantel in dieser Augusthitze überhaupt gut? Was sollten die verschrobenen Ideen des Provinzphilosophen aus Saratow bewirken, wem nützten sie? »Ein Folterknecht läßt den anderen zappeln«? ... O Dementia sovietica! In was für einem Tollhaus lebte er! Voll von Idioten, denen die grauen Zellen umgestülpt und linksgewendet in den Gehirnkasten zurückgestopft worden waren! Dazu dieses manische Bedürfnis, sich mit allen erdenklichen Mitteln selbst zu schaden! Wo gibt es das: ein Land, das sich selbst eine Grube gräbt! Ein Grab schaufelt! Permanent auf der Suche nach Feinden, ohne die das Leben undenkbar scheint – was ja wahr ist: Agonist und Antagonist, und man denke an die Komplementärspirale, alles verständlich und erklärlich, ebendarin liegt das Wesen intrazellularer Vorgänge, doch dem Oberst schwant nicht, daß hier jede Generalisierung zum Tod führt, und um dieses Regime binnen kurzem zu fällen, sein Ende nicht noch um Jahrzehnte hinauszuziehen, muß man auf Sadofjews Offerte eingehen. Mitspielen! Major werden! Warum nicht gleich Oberstleutnant? Läßt sich aushandeln. Ein halbes Jahr verginge, und alles, was in der Disziplin Rang und Namen hat, schwänge in den Minen die Spitzhacken, ihnen hinterdrein rollten Züge voll mit Mathematikern, Physikern und Chemikern nach Sibirien, denn eines muß man diesem perversen System lassen: Es ist gründlich und allumfassend, stiftet seinen Unfug in geometrischer Progression. Die gesamte Zellforschung würde eingestellt, der Zuchtweizen mit Unkrautsamen vermengt, die Rasseherden kämen unters Schlachtmesser, Kolchosen und Sowchosen würden geschleift, Milch und Korn könnte man bei den Kapitalisten kaufen, neue Verhaftungen und Verschickungen stünden an, und Schuldige, Feinde also, ließen sich immer neue finden – Angst ginge um unter den Gelehrten des Landes, eine Heidenangst, die die Bolschewiken an den Bettelstab brächte! Und die Fäden zöge er, Iwan Barinow! Ihm gewährt das Schicksal die seltene Gunst, er darf Rache nehmen für all die Toten, unter ihnen Klim, und die Liquidierung der Biologen, Galzew an der Spitze, wäre der erste Schritt. Ausmerzen aus den Kompendien die verhaßten Namen all dieser Mendels und Morgans! Plattmachen die Laboreinrichtungen, die eigenen und die in Deutschland beschlagnahmten, auf den Schrott damit! Das Wort ›Gen‹ überhaupt verbieten – und sich ergötzen, totlachen, den Schmerz im Triumph ersticken – oh, wie süß ist die Rache, wie verlockend die Freiheit des Allmächtigen und wie erbärmlich hingegen Sadofjew, der plötzlich mit einem servilen Angebot herausrückte: ob er nicht Lust habe, in die alte Wohnung am Karl-Marx-Prospekt zurückzuziehen? Die zwei, die dort wohnten, könne man rausschmeißen, obwohl, er habe ja noch eine bessere Idee: die eine der Mieterinnen, Studentin, nettes Mädel, von den Organen hinreichend abgeklopft, durchaus ehetauglich für einen Tschekisten ... – wie wärs? Iwan lehnte ab, dankte für die Güte. Sadofjew drückte den Stempel auf das Papier, überreichte es Iwan nicht ohne Feierlichkeit, der es unbesehen in die Tasche steckte; die Schwünge des Kugelschreibers in der Hand des Offiziers hatten ihm schon verraten, daß das Dokument ihm seinen eigentlichen Namen zurückgab. Sie verabredeten ein Treffen in Moskau: wann er wo (an welchem Eingang des Ministeriumsgebäudes) sich einfinden sollte und unter welchem Ortsanschluß er die von Georgi Sadofjew geleitete Abteilung erreichen konnte; davon, daß diese Abteilung in absehbarer Zeit von Major resp. Oberstleutnant Barinow übernommen würde, war zwar nicht direkt die Rede, doch daß es dazu käme, schien Sadofjew zu erwarten, schon die kriecherische Art, wie er ihm sein weiches, kleines Händchen zum Abschied entgegenstreckte, mit diesem beinahe zärtlich zu nennenden Blick, deutete darauf hin. Wären die Fenster auf den Prospekt hinausgegangen, hätte Sadofjew ihm vermutlich hinterhergewinkt – unbemerkt von Iwan, der zusah, daß er diesem Heiratsvermittlungsbüro den Rücken kehrte, in Richtung Litejny-Brücke davonkam, auf den durchaus tauglichen, da von den Organen hinreichend abgeklopften Prospekt zu. Kurz vor der Newa bog er jedoch zum Kutusow-Ufer ab, lief im Zickzack zurück bis zum Michaelsschloß und von da weiter in den Sommergarten. Irgendeinen wichtigen Gedanken hatte Sadofjew in ihm wachgerufen, als er ihm die nicht ganz dienstliche Ehe mit der Studentin einzureden suchte; auf der Uferstraße holte ihn der Gedanke wieder ein und lenkte seine Schritte in diesen Park; da war sie, die Skulptur, deren Brüste er betastet hatte damals, als den Pennäler die Idee der Kugelförmigkeit allen Seins peinigte. Nur kurz verweilte er vor der stumpf und gleichgültig starrenden steinernen Frau, die ihn vergessen hatte, so wie er sie im nächsten Augenblick vergaß. Er schluckte etwas hinunter, trank etwas nach im Café am Kino ›Barrikada‹, erzählte der Frau, die mit ihm das Eisenbahncoupé teilte, irgendwelchen Zimt, brach das Gespräch ab, kletterte auf die obere Pritsche, schlief ein, erwachte in heilloser Verfassung: Im Traum hatte er wieder im Gestapokeller gestanden,

: 228 :

vor sich das Folterinstrumentarium, die zwei Deutschen in ihren Schürzen, die an der Schlachtbank Wodka tranken, und er, schlotternd in Erwartung der großen Pein, hörte unversehens die Einladung: »He, Russe, komm her und trink mit uns!« Wahrscheinlich hatte er im Schlaf geschrien, denn die Frau unter ihm schüttelte ihn, sie weinte; erst hier, im Abteil des Nachtzugs, kam ihm zu Bewußtsein, welche Ungeheuerlichkeit ihm am Vortag widerfahren war, in seinem Kopf knirschte, knackte und kreischte es; er sprang vom Bett, rannte aufs Klo und zerriß den von Sadofjew ausgestellten Schutzbrief. Die Metro fuhr mit ihm rasch davon, zweimaliges Umsteigen hängte die Verfolger, falls es sie gab, endgültig ab. ›Majakowskaja‹ stieg er aus, ließ sich vom Menschenstrom treiben und in eine Einfahrt schwemmen, bis auf den Hof des Hauses, wo Bestushew wohnte, dort postierte er sich so, daß er den Mann schnappen und zur Exekution schreiten konnte, Selbstjustiz hieß das wohl – wie und wo, wußte er nicht und versuchte es sich auch nicht vorzustellen, es würde sich von selbst ergeben. Das Warten hatte bald ein Ende, wie ein übermütiger Lausbub kam Bestushew aus der Haustür gesprungen, genau im Torbogen drang ihm Iwans Zeigefinger als kalter Pistolenlauf zwischen die Rippen, eine leise Drohung wurde in das Ohr des Denunzianten geträufelt, die nach oben geschnellten Arme fielen wieder herunter, die Beine wollten Bestushew nicht gehorchen und nicht Iwan; erst ein gezielter Tritt gegen den Knöchel brachte die erstarrten Gliedmaßen in Schwung. Iwan lief links von Bestushew und etwas hinter ihm, vereitelte alle Versuche seines Gefangenen, nach vorn oder zur Seite auszubrechen, indem er ihm entweder den Finger in die Rippen bohrte oder die flache, schwere Rechte auf den Rücken klatschen ließ. Am Sadowoje-Ring, wo die Karetnaja in die Samotetschnaja übergeht, verlangsamte Bestushew den Schritt und hob die eine Schulter, deutete mit ihr fragend auf einen Sprudelwasserkarren; dem letzten Wunsch des Todeskandidaten wurde stattgegeben. Iwans Entschluß, ausgelöst durch Sadofjew, war immer noch ohne zeitliche und örtliche Koordinaten, die Idee noch nicht zur Entfaltung gekommen – Knospe an einem Bäumchen, in das eben die ersten Säfte stiegen. Eines wußte Iwan schon: Bestushew nach Perowo zu schleppen war sinnlos, ihn dort zu töten, wo Klim sein Leben gelassen hatte, beinahe unmöglich, doch auch bis zu dem Holzschuppen, wo Iwan von Zeit zu Zeit vorbeischaute, um nach dem versteckten Geld zu sehen (was das Mamachen ebenfalls tat), war es weit und gefährlich – Verzweiflung trieb den Delinquenten, er spürte, das Schafott war nah, es wehte ihn schon an von dort, der letzte Windhauch seines Lebens, und Iwan, dem leider zu spät enttarnten Spitzel in den schmalen Nacken stierend, beschloß: In dem Keller sollte es sein, wo Klim seinen Donauwellenwalzer gehabt hatte, dort würde Bestushew sterben, dorthin war es nicht weit, man mußte jetzt, schon auf der Sucharewskaja, nur noch die Straßenseite wechseln. Eben hieß der Verkehrspolizist im weißen Helm die Fußgänger stehenbleiben und gab den Autos und Trolleybussen freie Fahrt, der Verkehr rollte langsam an, man gab Gas, da faßte Bestushew, der still und ergeben am Straßenrand gestanden hatte, sich ein Herz, warf sich nach vorn, als spränge er ins Wasser, direkt unter einen großen Lastkraftwagen mit Verdeck, die Menge ächzte. Ein schriller Pfiff des Polizisten, Bremsen quietschten, der Trolley kam so ruckartig zum Stehen, daß eine der Stangen von der Leitung rutschte und sich steil gen Himmel aufrichtete. Jemand riß schon einen Witz: »Da hat der Junge den Richtigen erwischt, der fährt rauf zur Chirurgie ...« Die ›Erste Hilfe‹ kam gefahren, die weißen Kittel beugten sich über Bestushew, der – mit dem linken Arm unter dem Rumpf, den rechten wie zum Kraulen nach vorn geworfen – den Fluß durchschwommen hatte, an dessen anderem Ufer die Ewigkeit lag. Tot!, vergewisserte sich Iwan und lief langsam zurück zum Zwetnoi-Boulevard. Als nächstes brauchte er Kaschparjawitschus, der Litauer wohnte nicht weit von hier zur Miete, aufsuchen durfte man ihn dort nur im Notfall. Der schien gegeben, auch von seiten Kaschparjawitschus', nie hatte Iwan ihn so zerknirscht und aufgelöst gesehen. »Sieht nicht gut aus, Mann ...« Besuch war da, drei junge Männer, allesamt Litauer, breitschultrig, stämmig, bärbeißig, hungrig, Wodka auf dem Tisch und litauischer Schinken, das lange Messer schnitt dünne Scheiben vom blutrot durchwachsenen Speck. Keiner würdigte Iwan eines Blickes, sie setzten ihr Gespräch fort; als der Wodka ausgeschenkt wurde, bekam Iwan den schäbigen Rest, einen Fingerhut voll, beim Anstoßen mied man es, das Glas des Russen zu berühren. Kaschparjawitschus öffnete die nächste Flasche, schenkte Iwan das Glas randvoll – mein Mann!, schien das besagen zu wollen – es hätte nicht geschadet, eine Handgranate in der Tasche zu haben, die Spannung am Tisch wuchs, viel fehlte nicht mehr, und das Messer würde gezückt. Dem Gespräch hatte er entnehmen können, daß Danute Kasismirowna verhaftet worden war und er – Russe, mit dunkler Vergangenheit, wiederholt auf dem Vorwerk gesichtet – der Denunziation verdächtigt wurde. »Ach, ihr Säue«, sagte Iwan und gab Kaschparjawitschus den Ausweis zurück, den er bis zuletzt benutzt hatte und mit dem er auf dem Standesamt gewesen war. »Ihr Hornochsen. Von mir aus könnt ihr ewig im Wald hocken und euch gegenseitig abschlachten ...« Er zog Kaschparjawitschus in die Küche, um ihn zu warnen: Du mußt den Kontakt zu mir abbrechen, ich bin aufgeflogen, sieh dich vor. Der andere nickte einsichtig, seufzte, umarmte ihn, schob ihm etwas in die Tasche: Das könne er wohl gebrauchen. Ein letztes Mal blickte Iwan zu ihm hin und auf die am Tisch sitzenden fressenden und saufenden

Gestalten, dann schloß sich die Tür – um im nächsten Moment wieder aufzugehen, Kaschparjawitschus flog auf ihn zu, umarmte ihn heftig, verschwand wieder, in den Augen die alte Frage (»Wo zum Teufel kenne ich dich Schurken her?«), auf die Iwan hätte Antwort geben können. Der allerletzte Blick auf die ihm fremde, verschworene litauische Clique hatte es ihm gesagt, hatte ihm die Szene ins Gedächtnis geblitzt: die Hütte, auf deren Lehmboden er lag, vor dem Ofen, fünf Deutsche um den Tisch, drei in Uniform, einer von den zweien in Zivil hatte mit dem Rücken zu ihm gesessen: Kaschparjawitschus ... Zu entscheiden, ob dem so war oder nicht, ging über seine Kräfte, er konnte die Vergangenheit nicht mehr durchschauen, Freund und Feind nicht mehr auseinanderhalten, wußte nicht mehr, wem zu trauen war. Freund und Feind waren passé, die Vergangenheit mußte man vergessen, und eine Zukunft gab es nicht. In Swenigorod warf Iwan den Schlüsselbund zu Jelenas Wohnung in den stinkenden Abtritt. Alles war zu Ende – nur noch wenige Tage, die er in der Höhle ausharren würde, von der noch niemand etwas wußte. Er schlich sich im Dunkeln ein, füllte sich mit Wodka ab, sank in Schlaf. Gegen Morgen waren von nebenan Stimmen zu hören, Iwan, schlagartig wach, horchte: Die Wirtsleute gingen in den Wald, Pilze suchen. Stille. Etwas zirpte und knarrte – zur Stille eines Hauses gehörig, dessen Bewohner für eine Weile fortgegangen waren. Er selbst lag, fast ohne zu atmen, auf dem Bett, starrte zur Decke. Es war seine letzte Zuflucht, die sicherste anscheinend. Wenn er hierhergekommen war, dann immer heimlich und höchstwahrscheinlich ohne Spanner. Sadofjew würde frühestens eine Woche nach der Akademiesitzung Alarm schlagen, nachdem er vergeblich auf ihn gewartet hatte. Iwan mußte verschwinden, untertauchen, sich in Luft auflösen. Der Wanduhr nach war es noch früh am Morgen, Iwan zog die Ofenklappe auf, verbrannte alles Papier, Klims Werke zerfielen zu Rauch und Asche, alles Überflüssige, Kompromittierende wurde den Flammen übergeben, wie gut, daß nichts davon am Rauschskaja-Ufer lag, keine Zeile, weder von ihm noch vom Vetter; viel zu sehr hatte er an seine hauseigene kleine Lubjanka geglaubt, als daß er ihr ganz hätte trauen können. Beim Wühlen in den Taschen stieß die Hand auf das von Kaschparjawitschus zugesteckte Bündelchen: Geld war darin, ein Arbeitsbuch und ein Ausweis. Er klappte ihn auf, vor Freude stockte ihm der Atem: Ogorodnikow, Sergej Kirillowitsch, geboren am 14. Mai 1922 in Nikito-Iwdel, Gebiet Swerdlowsk – war dies nicht jener allererste Ausweis, mit dem er sich in Moskau hatte sehen lassen? Er war es, und Kaschparjawitschus hatte ihn auf den neuesten Stand gebracht: Das Dorf hieß jetzt Iwdel und war nicht mehr Dorf, sondern Stadt. Das Arbeitsbuch nebst etlicher Zusatzbescheinigungen gaben der Phantasie Futter, steckten die Legende ab – es ließ sich leben, und wie!, man mußte nur jedes Mal zum Ausgangspunkt zurückkehren: Vergessen sollte der August 1948 sein, man schrieb den September 1945, ein Heuschober im weißrussischen Wald, darin ein armer Wicht, erfroren, und eine kleine Weißblechbonbonniere mit Ausweis darin. Eine neue Runde war eröffnet, müßig, noch länger hier herumzusitzen, Zeit zum Abmarsch, wer der Natur unter den Rock schielte, dem saß der Tod im Genick, und sich schadlos zu halten, war es ohnehin zu spät, die Schnittmuster der Unaussprechlichen waren durch den Schornstein gegangen. Berauscht vom eigenen Übermut, drohte Iwan der Natur jetzt mit der Faust, schimpfte sie eine Hure, die ihren Preis in dem Moment erhöht, da der Kunde die Geldbörse zückt. Das Wasser im Kessel auf dem Petroleumkocher brodelte, Iwan begann sich zu rasieren. Mit der Natur hatte er ein Einsehen, ließ sie in Frieden, übertrug seinen Zorn auf eine Fliege, die nicht wollte, daß er die Klinge glatt über das seifige Gesicht zog. Sie drehte über ihm ihre Runden, setzte sich auf den Spiegel, flog wieder auf, kreiselte vor seinen Augen, ließ sich schließlich auf der rasierenden Hand nieder, kitzelte sie so, daß das Messer die Haut ritzte und Blut floß. Iwan fluchte, und die Fliege schien sich zu schämen, saß jetzt auf der Tischkante und befaßte sich mit einer Brotkrume. Ein in Spucke geweichter Fetzen Zeitung schloß die kleine Wunde, das Gesicht, abgespült mit Wasser aus dem Eimer, kam Iwan fremd vor, was ihm nur recht war: zum frischen Ausweis ein fremdes Gesicht – gute Chancen für ein neues Leben. Ein Glas Wodka regte den Appetit an, aus der geöffneten Dose Sprotten roch es würzig, von der Papirossa wurde er ruhiger, das Ticken der Uhr erinnerte daran, daß der Aufbruch über alle Berge kurz bevorstand. Iwan schlug neugierig das Arbeitsbüchlein von Sergej Kirillowitsch Ogorodnikow auf – und erschrak: Da blickte ihm wer mit offenem Hohn ins Gesicht. Iwan tat, als hätte er nichts bemerkt, ließ den Blick träge durch das Zimmer schweifen, stellte die Augen verschieden scharf und sah plötzlich, wie die Fliege für den winzigen Bruchteil einer Sekunde herüberspähte, wonach sie gleich wieder so tat, als wäre sie blind. Sie saß fast unmittelbar neben ihm auf dem über die Stuhllehne geworfenen Handtuch und schien zu dösen; Iwan sah sie so deutlich wie durch die Gläser eines Binokels. Für den ersten Moment schien sie sich nicht von ihren Artgenossinnen zu unterscheiden, erst bei noch näherem Hinschauen entdeckte er die Besonderheit: Bauch und Brust hatten einen bläulich-bronzenen Ton, wie man ihn von den Mistfliegen kennt, zu denen dieses Exemplar unmöglich zählen konnte, denn es war kleiner und hatte andere Flügel. Nein, das hier war mit Sicherheit keine gemeine Stubenfliege, die sich von Brosamen nährte und auf diverse Drüsenabsonderungen scharf war, es handelte sich um die Kundschafterin jenes Schwarms, der es auf Iwan abgesehen und dieses unauffällige Tierchen vorgeschickt hatte. Da Iwan also die Taktik des Feindes durchschaut hatte, stand er auf, durchquerte in versonnenem Bogen den Raum, schloß wie zufällig das Fenster und hängte den Türhaken ein. Die Fliege saß in der Falle, konnte nicht entkommen, sie mußte dran glauben. Kaum hatte Iwan diesen Gedanken gedacht, als Leben in die Fliege auf dem Handtuch kam, sie löste sich von dem kühlen, feuchten Stoff, ihre Beinchen streckten sich, die Flügelchen wurden an den Leib gezogen – ein Ausdruck abschätziger Verwunderung, und die Fliege erhob sich in die Luft, landete im nächsten Moment auf dem Spiegel an der Wand zwischen den Fenstern, konnte sich darin sehen, buchstäblich auf den eigenen Füßen stehend. Während Iwan sich das Handtuch um die Faust wickelte, entwarf er einen Angriffsplan, der sich den Umstand zunutze machte, daß die Fliege, da sie auf dem Spiegel saß, in ihrer Orientierungsfähigkeit eingeschränkt sein und einen Anschlag von rechts für einen von links halten mochte; doch er hatte noch nicht das Handtuch geschwungen, als ihm aufging, daß die Fliege bestens im Bilde war, weder nach links noch nach rechts ausweichen, sondern sich einfach fallen lassen würde, in den unzugänglichen Spalt zwischen Wand und Truhe hinein. »Vvverdammtes Biest!« fluchte Iwan laut, worauf die Fliege grinste und ihm zuzwinkerte; die Tatsache, daß es aus diesem Zimmer kein Entkommen gab, daß sie einem technisch weit überlegenen Feind ausgeliefert war, schien sie nicht im geringsten zu beunruhigen: Sie blickte auf die Pistole in der Hand ihres Widersachers, als handelte es sich um ein Kinderspielzeug – davon, daß er es nie und nimmer wagen würde, die Waffe zu gebrauchen, war sie felsenfest überzeugt. Sehr wahrscheinlich war diese Fliege kein gewöhnlicher Spitzel, Ohrenbläser und Provokateur, vielmehr durfte man annehmen, daß sie als Ermittlungsrichter bestellt war und die Voruntersuchung führte. Aus dem Augenwinkel verfolgte Iwan, wie die Fliege sich nun krümmte, ihr Schwergewicht nach vorn verlegte und mit den zwei Hinterbeinen ihre Flügel glättete, ach: der dürre Gestapohenker, wie er sich die Gesäßbacken rieb. Ohne eine Patrone in den Lauf befördert zu haben, spannte Iwan mit vernehmlichem Klicken den Hahn der Pistole, hob sie und zielte. Die Fliege stutzte: So dreist war ihr auf einem Verhör noch keiner gekommen; sich der mattschwarzen Mündung gegenübersehend, verkrampfte sie und trudelte, während Iwan abdrückte und ein lautes metallisches Klirren die Stille durchschnitt, konfus in Richtung Fensterbrett, wo der Schlag mit dem Handtuch sie ereilte. Triumphierend beugte sich Iwan über den Körper des bezwungenen Feindes und zerquetschte ihn mit der Sohle seines Stiefels. Der Weg war frei, es konnte losgehen; nur wenige Stunden später hatte Iwan das Moskauer Gebiet verlassen. Er tauchte ein in Rußlands tiefste Tiefen – und wieder auf in Iwdel, um seine Legende zu präzisieren.

Im Zug, gen Osten brausend, erfuhr er von der Sondersitzung der Landwirtschaftsakademie und der Peitsche, die über der Genetik geschwungen wurde. Er empfand weder Schadenfreude noch Bitterkeit; mit jedem draußen vorüberfliegenden Kilometer entfernte er sich weiter von Moskau, Minsk und Leningrad, von Klim, Nikitin und Jelena, und die einstigen Leidenschaften kamen ihm wie wunderliche Grillen vor.

Die letzten Flöße gingen gerade den Jenissej hinunter in den hohen Norden, bis nach Dudinka; am Krasnojarsker Flußhafen wimmelte es von heimatlosen Vagabunden, Hände, die mit Axt und Säge umzugehen wußten, wurden überall gebraucht, Iwan verschlug es bis nach Bogutschany, wo er sich auf dem Holzplatz verdingte, Stämme dirigierte und Bretter auflud. Hier kam ein Mann auf Iwan zu, einer von der Sorte, die zupackte und sich in allem auskannte, der ihn in seine Brigade einlud – sie waren auf dem Sprung ins benachbarte Forstrevier, würden ein Jagen zugewiesen bekommen, guter Tannen- und Kiefernwald, die Normen annehmbar. Iwan tat, als müßte er nachdenken, willigte ein – das Angebot kam seinem Vorhaben entgegen. Der Winter ließ noch auf sich warten, bis zu den ersten Schneeflocken (weiße Fliegen, sagte der Volksmund) konnten noch drei Wochen vergehen, und richtig frieren würde es erst im November, vorher war, was er plante, nicht zu machen. Die Brigade bestand aus sechs Mann, der ihr zugewiesene Wald war prächtig, in erträglicher Entfernung zur Siedlung, die Norm (vierzig Festmeter) nicht ohne, doch für die Abfuhr war eine andere Brigade zuständig, das Wohnheim leidlich, die Abzüge für Kost hielten sich in Grenzen, die ansässige Bevölkerung schien ohne Feindseligkeit: Adygen, Schoren, eine Anzahl deportierter Litauer waren erst seit kurzem hier. Sägenpfleger war ein hochgewachsener, grauhaariger Alter in Reithosen der SS, er hatte zwei kleine Kinder und eine junge Frau, was auch der Grund war, weshalb er niemanden in sein Haus ließ; Iwan sprach ihn auf litauisch an, fragte, ob er etwas von einer Danute Kasismirowna wisse. Das Wohnheim hatte dichte Türen und Fenster, getrunken wurde in Maßen, geredet alles mögliche, nur nicht über sich selbst, auch der Vorsteher des Forstbetriebs hielt sich an die geltenden Regeln im Reservat der Abtrünnigen und Geächteten und wollte von keinem den Nachnamen wissen. Ein Tag um den anderen verging, die Angara dampfte, wartete auf den Frost, der sie festnageln würde. So auch Iwan. Er arbeitete schlecht, Geld hatte er nicht nötig, neue Kleider ebensowenig. Morgens, wenn sie die fünf Kilometer bis zum Einschlagplatz durch den Wald liefen, schaute er zum Himmel und zählte die Tage, die ihm noch blieben. Sie arbeiteten auch am Wochenende, doch den Siebten November feierten sie – so ausgiebig, daß sie sich noch am neunten weigerten, in den Wald zu gehen, das Besäufnis hatte sich über zwei volle Tage hingezogen. Daher konnte keiner sagen, wann jener abgebrochene Riese mit Panzerkappe in der Herberge aufgetaucht war, dessen drollige Physiognomie die pure Lust ausdrückte, »Weiber zu zwicken« und in ihr Quietschen einzustimmen – es mußte ihm schon als Kind im Gesicht gestanden haben. Er schleppte vier Flaschen Trinkspiritus an und füllte die Brigade »bis zur Arschfalte« ab; nicht genug, zog sie am Morgen des neunten geschlossen zur Verkaufsstelle, nur Iwan blieb, hatte seit langem den Wunsch, mit sich allein zu sein. Lag da mit geschlossenen Augen. Schlug sie auf, als jemand ihn am Bein zupfte: der Neue, der die anderen eben zum Laden komplimentiert hatte. Er hockte auf dem Nachbarbett und fragte ihn mit einem halb scheuen, halb mitleidigen Unterton: »Du bist Ogorodnikow, stimmts? Sergej? Kirillowitsch? Aus Iwdel, etwa nicht?« Da wußte Iwan, wen er vor sich hatte, und machte nicht erst den Versuch, sich zu verleugnen, außerdem war er neugierig: Daß die Schnüffelhunde von der Lubjanka in ihrem Jagdeifer Biß und ein gutes Näschen hatten, konnte nicht wundern – aber der da, Nikolai Ogorodnikow, Sergejs kleiner Bruder, woher hatte der diesen tierischen Instinkt? Denn der Kerl war ihm seit Ende August auf den Fersen, und Iwan war selbst schuld, hatte er doch in Iwdel »eine Marke gesetzt« – mit Bedacht, entschlossen zur »Flucht nach vorn«, war in die Stadtbibliothek gegangen und hatte seinen Ausweis zur Anmeldung vorgelegt; er mußte dringend etwas lesen und erfahren über das, worin Sergej Ogorodnikow (laut Arbeitsbuch) Fachmann war. Der Zufall wollte es, daß der kleine Bruder Nikolai ein Bücherwurm war, jeden Mist las, vorzugsweise »Historisches« und »was übern Krieg«. Die Bibliothekarin hatte ihm das Anmeldeformular seines Namensvetters vor die Nase gehalten – und Nikolai nahm ohne zu zögern die Verfolgung auf;

von Instinkt durfte man reden, auch wenn er vor Bogutschany schon an drei anderen Einschlagplätzen gewesen war, überall nach Sergej gefragt hatte. Was Iwan von dem Heuschober berichtete, schien der Junge ihm abzunehmen; vor allem die Tatsache, daß sein Bruder nicht allein, sondern mit einer Frau im Schober gelegen hatte, sah ihm ähnlich – keinen Schritt hatte der getan ohne ein Weib unterm Arm, sogar ins Badehaus nahm er sie mit, diesbezüglich hatte er es nicht einfach gehabt. Von so viel Erinnerung heulte Nikolai leise vor sich hin, wischte sich die Tränen mit dem Ärmel aus dem Gesicht. Mutti war noch vor dem Krieg gestorben, Vati im Herbst vierundvierzig eingezogen worden und bei Budapest gefallen, es hatte noch mehr Verwandte gegeben – in der Ukraine, auf der Krim und im Fernen Osten, keiner war mehr aufzutreiben, dabei hätte er sie so gern wiedergesehen! Was Iwan widerfahren war, warum er mit fremden Papieren lebte, vor wem er sich versteckte – nach alledem fragte Nikolai nicht, ihn zu verraten fiel ihm gar nicht ein. Was er sagte, klang nüchtern: »Wir könnten ja zusammen durch Sibirien schleichen – wo wir nun mal Brüder sind ...«

Keiner hatte etwas dagegen, ihn in die Brigade aufzunehmen, denn die weißen Fliegen flogen schon, bald würde die Taiga im Schnee versinken, die Säge aber mußte knapp über der Wurzel angesetzt werden, dreißig Zentimeter maximal; um an den Stamm zu kommen, brauchte es einen Beräumer, der sich durch die Wehen schaufelte, dafür kam der Kurze wie bestellt. Er lebte sich schnell ein, die Verwandtschaft mit Iwan fand Anerkennung, gern ließ man sich von seinen »schweinischen« Liedern unterhalten; er hatte eine zielstrebige Art, mit Frauen anzubändeln: krempelte sich den Ärmel hoch und ging ihnen unter den Rock. Der Angara war es noch nicht gelungen, sich unterm Eis zu verstecken, die nachts gebildete dünne Kruste bröselte tagsüber wieder, doch die Kälte nahm unmerklich zu, zehn, fünfzehn Grad minus hatte es schon. Dann endlich, mit einem Schlag, fiel das Thermometer unter vierzig; Windstille, der Rauch stieg aus den Schornsteinen in weißen Säulen, die den Himmel zu stützen schienen. Am Morgen war Iwan zum Litauer die Sägen schärfen gegangen, der warf einen Blick auf seine Filzstiefel und bot an, sie ihm billig zu reparieren. Iwan nickte: Gut, ich komme heute abend vorbei. Die Füße waren wie Eis, das stimmte – und es freute ihn. Die Brigade zog vor das Kontor und murrte ein bißchen, doch der Chef weigerte sich, ihnen den Tag gutzuschreiben, zeigte auf das Thermometer: bloß achtunddreißig. Sie stritten nicht lange, fuhren mit Schlitten zur Schneise vom Vortag, spannten das Pferd ein, das auf das Rücken der Stämme dressiert war. Die Schicht endete vor der Zeit, denn die Temperatur war unter vierzig gefallen, und es pfiff ein grimmiger Wind. Einen Kilometer vor der Siedlung sprang Iwan vom Schlitten, bereit, seinen Plan auszuführen. »Fahr zu, ich stell nur noch eine Hasenfalle auf«, sagte er zu Nikolai, der ihm nachgesprungen kam. Und, da er wußte, es würde der letzte sein, der ihn lebend sah: »Gib dir keine Mühe. Alles wird gut.«

Die Schlittenkufen knirschten, der Wind stob eine wirbelnde Schneewolke auf. Im nächsten Moment war der gespurte Weg verschwunden, weiße Nebelschwaden hüllten Iwan ein, Wind und Schnee drehten und drückten ihn von allein in die Richtung, in die er wollte. Er fiel hin und sank ein, stand wieder auf, kratzte sich die Eiskruste vom Gesicht, erreichte schließlich einige zeltförmige Buckel, deren vom Wind zerzauste Scheitel schwarz hervorstachen. Es waren Heuschober. Iwan stellte sich gegen den Wind, versuchte etwas zu sehen, doch dieser Wind war das einzige – vom Schnee so angedickt und mit ihm verbacken, daß man ihn greifen zu können glaubte. In den Händen war schon kein

Gefühl mehr, die Augen vermochten Hell und Dunkel gerade noch zu unterscheiden. Nun grub sich Iwan in das Heu, das ihm Vollendung gewähren sollte, Vollendung des Lebens und seiner Fragmente, Vollendung der Gefühle; hier endlich würden die Phantasien der Kindheit vom idealen Kreis, in dem alles aufgehoben war, Wirklichkeit werden; Anfänge und Enden, die sich einander genähert, aber nie zu fassen bekommen hatten, würden endlich zur Ewigkeit verschmelzen. Die Schmerzen traten zurück, mußten einer großen Heiterkeit Platz machen, der Wind blies und jaulte nicht mehr, jemand schien ihn zu dirigieren, einzelne, voneinander unterscheidbare Instrumente fügten sich zu einem Himmelsorchester, eine Melodie entstand, deren Schmissigkeit Iwan mitriß. Es war ein Walzer – überschwemmt sogleich von einem betörenden Parfümduft, an dem sich das Orchester verschluckte, es wurde neu angestimmt, in aromatischer Tonart; der Keller tauchte auf, Klim darin, beglückt vom Händedruck der goldlockigen Jelena; eine Wiese, Klein Lena pflückte Blümelein, lockte Klim in den Botanischen Garten; die Newa floß nicht mehr, war ein ruhender, schwarzer Spiegel, in dem die Couch sichtbar wurde, auf der Pantelej den Knaben Iwan züchtigte. Mit perlenden Läufen schlug das Orchester ein Loch in das Himmelszelt, damit Iwan hindurchschweben konnte zu den Sternen; Menschen kamen entgegengeflogen in den gelb erleuchteten Fenstern des Nachtzugs, Gesichter, die er vergessen hatte, die ihm freudig zulächelten; Seligkeit nahm von ihm Besitz, als Triumphator zog er ein ins Universum, dessen Geheimnisse er enthüllt hatte, einen Tag oder zwei früher als sein Vetter Klim, doch ihm zuliebe und um des Großen Friedens willen war er nun bereit, sich selbst von diesen feuchten, salzigen Erklärungen zu lösen, sie sollten vergessen sein ...

Plötzlich drang ein dumpfes Pochen zu ihm, immer härter; ein Gesicht machte sich bemerkbar, das seines war, obwohl er es sehen konnte, als stünde er daneben, und schließlich sah er sich ganz, im Schnee liegend, und jemand schlug auf ihn ein, aber so, daß Schmerzen nicht zu spüren waren. Alles um ihn war rot, und als die Augen zum Licht durchbrachen, wurden auch Töne hörbar. »Du Schwein hast Sergej umgebracht, du! Willst dich vor der Rache davonstehlen! Hast Angst vorm Volksgericht!« Nikolai war es, der schrie, der heulende Wind trug die Worte davon. Lange Nadeln, mit Widerhaken daran, stachen Iwan in Arme und Beine; in den Rippen ein Dröhnen. Dann schnaubte ein Pferd, er wurde gerüttelt, es gluckste, Iwan hustete sich den eingeflößten Spiritus aus der Kehle. Er lag vor dem Ofen. »Einen Hasen wollte er fangen«, sagte der Brigadier mit beißendem Spott in der Stimme, Nikolai schluchzte, er streichelte Iwan den Kopf, die SS-Reithosen waren in der Nähe. Der Schmerz kehrte zurück, trieb die Lust aus, die die Prügel ihm bereitet hatten. »Du hast ihn nicht umgebracht, ich weiß, daß du es nicht warst«, ließ Nikolai sich reumütig vernehmen. Er schob sein Bett neben das von Iwan, erzählte ihm bis zum nächsten Morgen seine und Sergejs Geschichte. Darüber, wie es weitergehen sollte, sprachen sie nicht, denn es war sowieso klar: Sie würden zusammenbleiben, nur nicht hier.

Die Brigade brach auf nach Motygino, Iwan und Nikolai kamen auf dem Holzplatz unter. Bei der Entrindung verdiente man gut, Iwan arbeitete dort drei Tage, wäre noch länger geblieben, aber Nikolai sträubte sich, hängte sich geradezu an ihn: Das laß ich nicht zu! Iwan lenkte ein – daß in seinem Hirn ein Bockspringen im Gange war, hatte er selbst schon gemerkt, wie gebannt schauten seine Augen auf das blitzende Kreissägeblatt, die Füße gerieten mir nichts, dir nichts ins Stolpern, ein paar Mal war er auf völlig ebener Fläche lang hingeschlagen. Es fand sich für sie ein anderer

Job: Sie hatten Eisenbahnschwellen zu stapeln, die per Förderband angeschwebt kamen; die Bezahlung ging einigermaßen, und die Arbeit war kaum gefährlich, man riß sich kein Bein aus, mußte schon sehr besoffen sein, die Zahlen nicht zu erkennen, die der Sortierer an die Stirnseiten der Schwellen geschrieben hatte, je nach Sorte und Größe wurden sie an verschiedenen Stellen vom Förderband gezogen, wichtig war, sie von hinten zu packen, denn griff man von vorn danach, konnte es passieren, daß die Schwelle auf einen zugeschnellt kam, und man wurde gegen den Stapel gepreßt. Zu zweit kamen sie spielend zurecht, kippten die Schwellen einfach vom Band, hatten bis zur nächsten Charge Zeit, sie ordentlich auf die Stapel bringen, und es blieben immer noch zehn Minuten Rauchpause. Im Wohnheim waren sie nicht lange geblieben, dort soff man zuviel, beim Feldscher fand sich ein Zimmer zur Miete. Nachts streckte Nikolai sich neben der Tür aus, wachte über Iwans Schlaf, er ließ auch sonst kein Auge von ihm, erlaubte nicht, daß Iwan zum Chef ging, wenn es zu maulen gab von wegen Abrechnung und Tarifen, erledigte das selbst. Morgens stand er eine Stunde früher auf, heizte den Ofen an, machte Frühstück. Aus der Bibliothek holte er stapelweise Bücher und verschlang sie: Vaterländischer Krieg 1812, Garibaldi und die Dekabristen; die Frauen in der Siedlung und auf dem Holzplatz titulierte er wechselweise »gnädiges Fräulein«, »Signorina« oder »Panienka«. Wie ein Hündchen lief er vor Iwan her, wenn sie zur Arbeit oder einkaufen gingen. Einmal brachte er für Iwan ein Mädchen angeschleppt, eine von den Neuen, einen ganzen Kopf größer als er; sie schien sich ihrer Größe zu schämen, mit eingezogenen Schultern stand sie in der Tür, schaute Iwan lange in die Augen, und man hatte den Eindruck, als stünde sie nicht auf festem Boden, sondern auf Eis: Vor lauter Lebenslust und Umtriebigkeit griffen die Hände immerfort nach etwas, das man nicht sah, konnten die Beine nicht stillstehen; nachgezogene Brauen, glühende Wangen, eine Backofenhitze ging von dem Mädchen aus. Iwan besah sich im Spiegel und schämte sich: Wie alt er aussah, wie verändert!

Ende März, als die Höhen des Quartalsplans erstürmt wurden, mußten sie Doppelschichten fahren, Iwan war müde, die Verlader kamen mit dem Abtransport der Stapel nicht nach, Schwellenhaufen versperrten die Gänge, und irgendwie fiel es Iwan plötzlich ein, sich hinter das Ende des Förderbands zu stellen und die Schwelle aus Lärchenholz auf sich zukommen zu lassen, um sie nicht noch zehn Meter schleppen zu müssen; Lärche ist das härteste und schwerste Holz, so schwer, daß es im Fluß versinkt, dafür wurde gut gezahlt. Er faßte die Schwelle am Rand, zerrte – und bekam sie nicht herunter, unterdessen stieß ihn der Holzblock vor die Brust und schob ihn vor sich her, Schritt für Schritt wich Iwan zurück, bis sein Rücken gegen einen Stapel knallte, die Schwelle drückte, der Brustkorb knackte schon ... Wie aus dem Himmel kam Nikolai gesprungen, rammte die Schwelle mit der Schulter beiseite, fiel dabei auf Iwan, heulte los mit kreischender Stimme: »Warum tust du mir das an, Bruder? ... Ohne dich komm ich nicht weit!« Iwan spuckte rote Klumpen, sank vor Nikolai auf die Knie, bat, es ihm nicht krummzunehmen, er habe nicht erdrückt werden wollen, den Tod bestimmt nicht gesucht, er wolle leben, basta! ... Irgendwie kriegten sie die restlichen Schwellen vom Band, gingen nach Hause, der Feldscher tastete Iwans Brust ab; nichts Ernstes, wie er meinte.

Im April war endlich alles den Winter über antransportierte Holz geschnitten; vom Holzplatz strömten die Leute ins Flößereikontor, Nikolai indes hatte in Bogutschany einen Brief erhalten, der ihn entzückte: Es gab Nachricht von einem Großonkel, er lebte mit seiner Frau im Gebiet Nowosibirsk, gar nicht so weit von ihnen, dazu noch eine Enkelin, elternlos, die die völlig heruntergekommenen Alten versorgte. Nikolai entsann sich, daß der Onkel so um das Jahr dreißig als Kulak enteignet und mitsamt den Kindern (fünf an der Zahl, alles Jungen!) in die Verbannung geschickt worden war, aus Briefen und durch Gerüchte hatte man erfahren, daß von den Jungen einer gestorben, ein anderer gefallen, ein dritter im Knast war ... – kurz, ob Iwan nicht Lust habe, für ein Weilchen dort hinzugehen, Verwandte immerhin, anschließend konnte man gleich nach Weißrußland weiterfahren und Sergej ordentlich unter die Erde bringen.

Der Heuschober samt triumphaler Himmelfahrt war nicht vergessen, der Tod nur deshalb nicht geglückt, weil noch nicht alles im Leben Erlittene seine Entsprechung gefunden hatte; Iwan willigte ein, ein zweiter Ausweis für den Notfall war auch wieder parat, und was sie bei Nikolais Sippschaft erwartete, konnte und wollte man vorher nicht wissen, eine neue Spiegelung der Vergangenheit in der Zukunft stand bevor, der spiralig verlaufende Lebensstrom setzte zur nächsten Windung an. Mit der Fähre überquerten sie den Jenissej, weiter ging es mit dem Bus, mit der Bahn, per Anhalter – es war schon Mai, als sie bei den Verwandten anlangten, die kurz vor dem Verhungern waren; im Ofen, auf dem die Kulakenbrut planmäßig vor sich hinkrepierte, glomm ein Feuerchen, das sie noch am Leben hielt, in der ganzen Hütte kein Korn, keine Knolle und als einziges Hühnchen die halbwüchsige Enkelin, deren Wangen röter glühten als das Feuer im Ofenloch, Nikolais Hand kroch von allein unter ihren Rock, während sich die andere im Sturzflug in den Ausschnitt senkte. »Das macht der Schreck, das macht der Schreck!« plapperte das Mädchen, als die zwei Alten den Verwandten abblitzen ließen: Ogorodnikow? – kennen wir nicht, wollen wir auch nicht kennen, nuschelten sie, wurden vom Ofen auf die Bank verfrachtet, Nikolai packte den Proviant aus, flößte dem zahnlosen Onkel Honig in den schwarzen Schlund; kaum daß die Tante etwas Eßbares zwischen den Kiefern spürte, schlug sie die Augen auf: »Habt ihr Tabak?« Iwan saß deprimiert dabei, rauchte, verspürte den Drang, sich überall zu kratzen – wie seinerzeit bei den Partisanen; die Armut war hier noch größer als in Weißrußland, man hatte die alten Leutchen wegen Nichterfüllung des Leistungslimits aus der Genossenschaft ausgeschlossen, die Enkelin, die als Sekretärin im Dorfsowjet arbeitete und auf Nikolais Brief geantwortet hatte, bekam zwei Kilo Gerstenmehl pro Monat, allerdings gab es auch Wohlhabende im Dorf, zu denen die Enkelin einkaufen geschickt wurde, sie kam zurück mit Milch und selbstgebranntem Schnaps, das Badehäuschen wurde angeheizt, das alte Pärchen einer Waschung unterzogen, den Schaben und Wanzen der Kampf angesagt; bei der Enkelin hatte Nikolai sich schon eine blutige Nase geholt, ließ aber nicht locker, wollte unbedingt wissen, ob sie noch Jungfrau sei oder schon verdorben. »Von wem denn?« seufzte das Mädchen und vergoß ein paar Tränen: Kein einziger Mann im Dorf sei aus dem Krieg heimgekehrt, und in der Stadt seien sie alle verheiratet, von den deutschen Kriegsgefangenen, die dort eine Ziegelei bauten, habe sie einen ins Gebüsch abgeschleppt, sich vor ihm ausgezogen, nimm mich! – doch der Mann habe den Kopf geschüttelt, nein! gesagt und geweint. »Faschist!« polterte Nikolai, des Onkels Enkelin hieß bei ihm von nun an ›Mamselle‹; wie sie genau miteinander verwandt waren, ließ sich nicht herausbekommen, die Kulaken weigerten sich standhaft, ihn als ihr Großneffchen an die Brust zu schließen, wiewohl die Namen der Söhne ihnen noch gegenwärtig waren; eine Verwandtschaft um irgendwelche sieben Ecken konnte Nikolai nicht zufriedenstellen, und es erging ein Vorschlag: Eine Dorfsowjetsekretärin habe ja wohl das Recht, sich als Ehefrau von irgendwem einzutragen – ob von ihm oder von Sergej (er nickte Iwan zu), könne sie sich aussuchen. Nach einigem Überlegen stimmte die Enkelin zu: mit wem von beiden, sei ihr egal, das sollten sie entscheiden – Hauptsache, ihr Mann habe eine gute Beurteilung. Nikolai zappelte vor Vergnügen mit den Beinen, wälzte sich am Boden vor Lachen, gluckste: »Gleich zeigen wir dir unsere Beurteilungen – und wehe, du bist keine Jungfer mehr, dann jagen wir dich aus dem Haus!« So flachsten sie noch ein bißchen und gingen dann schlafen, von dem Stör, dem Speck und dem Honig hatte das Mädchen sich den Magen verdorben; am nächsten Morgen sollte sie in die Stadt fahren, für die Hochzeit brauchte man doch wenigstens ein Kleid, ordentlichen Wodka und Konserven; vor Antritt der weiten Fahrt ging das Mädchen mit Iwan zum Dorfsowjet, setzte ihn neben das Telefon und erläuterte: Viermal klingeln heißt Bolschije Tscherdanzy, dreimal – Waluikino, zweimal ist für uns. Dann legte sie ein weißes Blatt vor ihn hin: Schreib dir eine positive Beurteilung!, verlangte sie, Nikolai nehme ich mit in die Stadt, damit du deine Ruhe hast, aber paß auf den Onkel auf, mit dem ist nicht gut Kirschen essen. Stalins Büste auf rotem Sockel, im Dorfsowjet war es stickig, man hatte eingeheizt wie im Dezember, Iwan genoß den Regen, den wolkenverhangenen Himmel. Das Telefon schellte, Rundruf vom Bezirk in die Dörfer, die Kolchosen hatten Bericht zu erstatten; um sich keine Blöße zu geben, nahm Iwan jedes Mal ab, erfuhr vom Fortgang der Aussaat, mit der man im Süden des Bezirks schon begonnen hatte. Dann schaute er nach, wo der Draht vom Mast herunter durch ein Löchlein über der Tür ins Haus führte, schnitt ihn durch, schloß ab und trollte sich zur Hütte der beiden Alten. Lange stand er vor dem Sack mit den Lebensmitteln, er würde einiges brauchen; eben hatte er mitgehört, wie der Bezirk sich bei dem im Dorfsowjet von Waluikino Dienst tuenden Invaliden erkundigt hatte, ob zwei Sibirier mit Namen Ogorodnikow im Dorf eingetroffen seien; Onkel und Tante waren schon wieder auf den Beinen, so unsicher zwar, daß sie keine drei Schritte vor die Tür wagten, eigentlich gehörten sie ins Krankenhaus, würden aber einstweilen für sich sorgen können, zu essen war genug da – so überlegte Iwan, derweil er ein Zweihundert-Gramm-Stück Speck in einen Lappen wickelte und damit zur Landstraße ging, es goß wie aus Kannen, der Regen hörte erst in Semipalatinsk auf, wo Iwan nach zwei Tagen eintraf, und Taschkent empfing ihn mit sengender Hitze, an die er sich gewöhnen mußte. Er sah seinen geschorenen Kopf im fliederfarben erblindeten Spiegel des Barbiers auf dem Basar, und ihm fiel ein, daß sein Großvater, der Kaufmann aus Pensa, irgendwann in dieser Gegend gelebt hatte, vielleicht sogar von hier stammte. In der orientalischen Altstadt traf er die Frau wieder, die einmal als Streckenwärterin gearbeitet und den aus dem Wald kommenden Iwan im September fünfundvierzig bei sich aufgenommen hatte; sie zeigte ihm, wie man Hammelkoteletts in Essig einlegt und Schaschlik brät – so stand er am Rost, im Chalat und mit einer schmierigen Tjubetejka auf dem slawischen Schädel. Als die Tage kürzer wurden, schloß er sich einem geologischen Erkundungstrupp an, ging mit ihm in die Wüste; erst übers Jahr wagte er sich nach Moskau, die versteckten Sparbücher holen, da hielt es ihn schon an keinem Ort mehr, auch nicht dem sichersten, so zog er kreuz und quer durch die von zweihundert Millionen Landsleuten bewohnte Wildnis, ließ sich von den Kriebelmücken am Irtysch auffressen und von der blauäugigen Buchhalterin eines Kolchosklubs in der Nähe von Tschita lieben, der er entfloh, als er ihren Namen hörte: Jelena. Jene aber, die echte, ging engumschlungen mit Klim im Paradiesgarten spazieren, mit dem Vegetationsgürtel des Planeten als Baldachin, nicht ah-

: 248 :

nend, daß Iwans tränenlose Augen sie einmal pro Jahr dort erblickten. Straßen und Eisenbahnlinien verfingen sich zu Knäueln, alljährlich verkrümelte er sich in einer der großen, babylonischen Städte und fiel, wie der litauische Bär zu Jagiellos Zeiten, in Winterschlaf; regelmäßig im September aber flanierte Iwan über den Karl-Marx-Prospekt. Die Studentin hatte inzwischen ihr Diplom und fuhr morgens nicht mehr auf die Wassiljewski-Insel zur Universität, sondern in die Ermitage, sie verging und auferstand in den Frauen auf den Leinwänden, die, so verewigt, nicht anders als schön sein konnten; sie ging ins Kino, Flieger und Artilleristen ließen Zitruswasser und Eis am Büfett für sie springen, sie weckte Hoffnungen und verteilte Körbe, bahnte dem einen eine Gasse, der kommen und sein würde wie der rote Chirurg Barinow. Von zugeschneiten Heuschobern ließ Iwan sich längst nicht mehr locken, und keiner kam mehr und wollte sein Bruder sein; am Sandstrand von Odessa schlug er eine nasse Zeitung auf und las von Watson und Crick, die es endlich geschafft hatten, die DNS-Doppelhelix zu modellieren; er dachte an den britischen Hang zur Gemütlichkeit und daran, daß ihm wohl noch ein langes Leben beschieden war – und Klim in seiner Ewigkeit würde auf einen, der es ihm auf Erden gleichgetan, noch eine ganze Weile warten müssen.

Über Kasan fegte ein Sturm, der an den heißen Wüstensand der Kysylkum denken ließ; wütend rissen die Winde an den Zelten der Geophysiker, entführten eine losgerissene Plane mitsamt baumelnder Pflöcke hinauf zu den Sternen; die Benzinsäge fraß sich hysterisch ins feste Mark einer Kiefer, die Scheinwerfer eines mit Schotter beladenen Kippers trieben die Finsternis vor sich her. – »Chef, mach mir die Abrechnung!« – Und er kam zurecht, um ihn zu sehen, den einst vom Revolutionären Militärrat in den Himmel Gelobten, der nun gerade einmal zum Studium an der

Militärmedizinischen Akademie zugelassen war; sie, die junge wissenschaftliche Mitarbeiterin der Ermitage, zu übersehen fiel dem wißbegierigen Brillenfuchs nicht ein, die Wahl der Tochter wurde befürwortet von der Mutter, die wiederum dem angehenden Doktor ebenso gefiel wie die Wohnung auf dem Prospekt, welch letztere eine rätselhafte Befangenheit in ihm auslöste. Iwan zählte an den Fingern ab: Wann würde es soweit sein? Über Kiew gelangte er nach Minsk, lief zwischen Gräbern umher wie durch ein Labyrinth, näherte sich dem geheiligten Stein; fünfzehn Jahre hatten die Eltern auf ihn gewartet, flehend, zürnend, froh darüber, daß er noch lebte und sich nicht so bald mit ihnen vereinen würde – und wenn sie demnächst einen in die Arme schlössen, so Nikitin, den alten Freund, der es geschafft hatte, die Tochter des nebenan ruhenden Bürgers zu bezirzen, und nunmehr über alle Rechte auf einen Platz im Jenseits an sanktioniertem Ort verfügte, seinen Obelisk hatte er schon stehen, wobei natürlich das Todesdatum noch fehlte und – sicherheitshalber – auch nur die ersten beiden Buchstaben des Namens (Ni...) in den Marmor gemeißelt waren – was darauf hindeutete, daß die zeit eines Lebens befolgten Prinzipien bis zuletzt nicht zu erschüttern waren. Derweil trat die wissenschaftliche Mitarbeiterin ihren Schwangerschaftsurlaub an, und es kam der Tag, der Iwan mit Freude und Glück erfüllte, er war nicht mehr allein, und es war natürlich ein Junge. Sie hatten ein stürmisches, regenreiches Jahr, im Spätherbst verstopften atlantische Luftmassen die Mündungen der großen Flüsse, deren Wasser stiegen an, wetterfühlige Säuglinge greinten und schrien, was sie konnten.

»Irgend etwas hat ihn erschreckt«, sprach, über seinen Sohn gebeugt, der Arzt des am stetig anschwellenden Fluß gelegenen Krankenhauses. »Nimm ihn auf den Arm, Beata...«

Die Frau schlief ein, den Sohn an sich gedrückt, und hatte einen schrecklichen Traum: Sie träumte, ein Dieb wäre in ihre Wohnung geschlichen und trachtete nach dem Kinderbett.

les*art*   RECLAM LEIPZIG

Wiktor Pelewin

Das Leben der Insekten

Roman

Aus dem Russischen übertragen von Andreas Tretner.
Format 11,8 × 21,5 cm
212 Seiten. Gebunden. 29,80 DM
ISBN 3-379-00764-1

Die fünfzehn Episoden des Romans sind keine klassischen Allegorien, in denen Tiere für Menschen stehen, um »menschliche Schwächen« aufzuspießen (die übliche Präparationsform für Insekten, wie man weiß). Pelewin geht einen schwierigeren Weg. Er läßt die Tierchen leben, wodurch auch der Mensch in ihnen richtig Mensch sein darf. Seine Protagonisten sind stets beides zugleich: Mensch und (Kerb-)Tier. Sie verpuppen und entpuppen sich immerzu als zutiefst animalische und höchst vergeistigte Wesen, was zu grotesken Zerreißproben führt.

»Ein deprimierend witziges, realistisch-phantastisches, satirisch-philosophisches Gesellschaftsporträt des ›Neuen Russen‹, dessen Kern aber noch für geraume Zeit der ›alte Sowjetmensch‹ bleiben wird. – Eine äußerst lesbare Literatur.« (Christoph Keller, ›Die Weltwoche‹)

lesart RECLAM LEIPZIG

Heiner Link

Affen zeichnen nicht

Humoresken

Format 11,8 × 21,5 cm
110 Seiten. Gebunden. 29,80 DM
ISBN 3-379-00769-2

Scapinelli streift mit seiner archäologischen Expedition durch die Wüste – auf der Suche nach einem Meer im Süden. Unbeirrt starrt er auf die Landkarte, obwohl er weiß, daß alle Karten von der Regierung gefälscht sind. Durch einen Zufall stoßen sie auf einen sensationellen Fund, Zeichnungen von Menschenaffen. Aber Scapinelli bleibt skeptisch. Er weiß: Affen zeichnen nicht.

Heiner Link führt den Leser seiner Humoresken in dubiose Welten, durch gefälschte Wüsten, New Yorker Bars und Waschanlagen. Seine Figuren, Sandflohhändler und Hutmacher, Girlies und Kaufleute, streben nach Höherem. Ob totale Entspannung oder internationaler Erfolg, Glück im Kartenspiel oder ein roter Ferrari: Der Zweck heiligt die Mittel. Entsprechend unverschämt bedient sich der Autor aus dem Arsenal der abendländischen Literatur: Gerade meint man noch die Stimme Homers zu vernehmen, schon ist man mitten in einem Frauenroman gelandet, um gleich darauf ein Echo Rolf Dieter Brinkmanns zu hören. Alles geklaut?

»Affen zeichnen nicht« ist ein Band mit aberwitzigen, anarchischen Grotesken, eine Reise durch die Welt der Erfolgsstrategien. Beißend-komisch.